检测原理与传感技术

主　编　杜清府　刘　海
副主编　郭　新　高志峰　毕云峰

山东大学出版社

图书在版编目(CIP)数据

检测原理与传感技术/杜清府，刘海主编. —济南：
山东大学出版社，2008.9（2022.1重印）
ISBN 978-7-5607-3662-4

Ⅰ. 检…
Ⅱ. ①杜…②刘…
Ⅲ. ①自动检测②传感器
Ⅳ. TP274　TP212

中国版本图书馆 CIP 数据核字(2008)第149455号

山东大学出版社出版发行
(山东省济南市山大南路27号　邮政编码:250100)
山 东 省 新 华 书 店 经 销
济南巨丰印刷有限公司
787×1092 毫米　1/16　14.5 印张　333 千字
2008 年 9 月第 1 版　2022 年 1 月第 2 次印刷
定价:32.00 元

前　言

人类进入21世纪，科学技术飞速发展，工业、农业、军事及科学研究等领域的自动化应用水平越来越高，而检测与传感器技术是实现自动化、信息化的基础和前提。科学技术，特别是现代传感器技术、微电子技术、新材料、先进的检测理论与方法、网络技术、信息化技术的迅猛发展，是带动和促进传统的检测技术发展的基础和条件。

本书在重点讲述检测理论的基本概念、基本理论和基本方法的基础上，再介绍传感器。首先，按照物理原理介绍各种传感器，重点介绍传感器的工作原理、特性、测量方法及其应用，使读者初步了解传感器的基础知识，了解同一原理的传感器可以检测不同物理量；其次，按照工业过程物理量的检测方法，重点介绍温度、流量、成分检测方法，使读者了解每个工业过程物理量可以采用不同原理的传感器进行测量，了解它们之间的区别。这样从两个侧面学习传感器的知识，深化对传感器知识的学习。

本书在编写过程中注重实践应用，符合工科类专业教材要求。全书共12章，各章相对独立，在使用本教材时，可以根据不同专业要求和特点，对内容进行取舍。

本书由杜清府编写了第1、2、4、10章，刘海和高志峰共同编写了第9章，高志峰编写第7章，毕云峰编写了8、11章，郭新编写第5、12章，刘海还对全书编写方向进行了指导。全书最后由杜清府统稿。

本书在编写过程中，编者与杨永竹教授、王书源教授进行讨论，两位教授提出很多宝贵建议；邹晓玉老师也提出了很多好的修改建议，赵丽红、王春晓在制图时给予很多帮助，我们参阅了许多专家的著作、论文、企业技术手册、网络文章，还得到很多企业和同行的支持。在此一并表示衷心的感谢。

由于作者水平有限，时间仓促，书中错误和遗漏在所难免，敬请广大读者批评指正。

编著者

2008年8月

内容简介

本书包括自动检测理论的基础知识、常用传感器的原理与应用、工业生产过程物理量的检测方法三部分内容。第一部分介绍检测理论的基本概念及理论基础、测量误差与处理的方法、传感器的静态和动态特性；第二部分介绍电阻式、电感式、电容式、压电式、光电式、霍尔式等传感器的工作原理与应用；第三部分从工业生产过程的角度，介绍常用物理量，如温度、流量、压力、成分等的检测方法和常用传感器。

本书可以作为测控技术与仪器仪表、自动化、电气工程及其自动化等专业的本科教材，也可以供相关领域的工程技术人员参考。

目　录

第1章 检测技术的理论基础

在科学技术高度发达的今天，人类已进入瞬息万变的信息时代。人们在从事工农业生产和科学实验等活动中，主要依靠对信息资源的开发、获取、传输和处理。传感器处于研究对象与测控系统的接口位置，是感知、获取与检测信息的窗口，一切科学实验和生产过程，特别是自动检测和自动控制系统要获取的信息，都要通过传感器将其转换为容易传输与处理的电信号。

测量就是将被测量的物理量与同类标准量进行比较的一个实验过程。在工程实践和科学实验中提出的检测任务，是正确及时地掌握各种信息，大多数情况下是要获取被测对象信息的大小，即被测量的大小。这样，信息采集的主要含义就是测量，取得测量数据。

“测量系统”这一概念是传感技术发展到一定阶段的产物。在工程中，需要有传感器与多台仪表组合在一起，才能完成信号的检测，这样便形成了测量系统。尤其是随着计算机技术及信息处理技术的发展，测量系统所涉及的内容也不断得以充实。为了更好地掌握传感器技术，需要对测量的基本概念，测量系统的特性，测量误差及数据处理等方面的理论及工程方法进行学习和研究，只有了解和掌握了这些基本理论，才能更有效地完成检测任务。

检测技术：是以研究检测系统中的信息提取、信息转换以及信息处理的理论与技术为主要内容的一门应用技术学科。

检测技术研究的主要内容：测量过程中所采用的测量原理和方法，测量系统如何构成，测量数据的处理方法。

测量原理：指用什么样的原理去测量被测物理量。

测量精度与测量误差相对应，误差理论目前已经发展成为一门测量专业的学科，涉及内容非常广泛。为了适应本课程学习需要，本章介绍测量误差的一些术语、概念、常用的误差处理方法，检测系统静态、动态特性和主要的性能指标。

1.1 测量系统

1.1.1 测量系统构成

在实现检测任务前，首先要解决应用什么样的测量原理、采取什么样的测量方法，然后就要考虑使用什么技术工具、测量的物质手段去进行测量。测量仪表就是进行测量所需要的技术工具的总称,也就是说,测量仪表是实现测量的物质手段。很显然,这里所说的测量仪表是一个广义概念。广义概念下的测量仪表包括敏感元件、传感器、变换器、运算器、显示器、数据处理装置等,测量仪表性能好坏直接影响测量结果的可信度。

测量系统是测量仪表的有机组合,对于比较简单的测量工作,只需要一台仪表就可以解决问题(见图 1-1)。但是,对于比较复杂、要求高的测量工作,往往需要使用多台测量仪表,并且按照一定规划构成测量系统。在现代化的工业生产过程中,工业过程参数的检测,往往是由智能的测量系统自动进行的,因此研究和掌握测量系统的功能和构造原理十分必要。

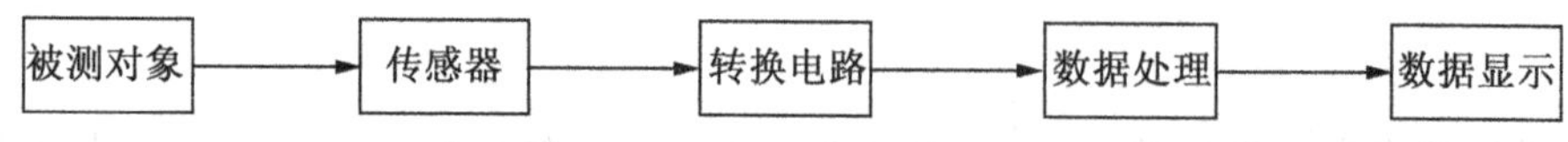

图 1-1　测量系统结构图

(1)被测对象　被测对象是指工业生产过程或人们日常生活中,需要测量和控制的各种物理量,如反应釜的温度、管道的流量、气罐内气体的压力等。

(2)传感器　传感器(主要部分为敏感元件),它首先从被测介质接受能量,同时产生一个与被测物理量有某种函数关系的输出量。敏感元件的输出信号通常是某些物理量的电信号,这些物理量的电信号比被测物理量易于处理,例如,位移或电压。

(3)转换电路　对于测量系统,为了完成所要求的功能,需要将原始传感器(敏感元件)的输出电信号做进一步的变换,通常这些信号很微弱,需要进行放大等处理,转换电路输出信号更适于处理,并且要求它应当保存着原始信号的全部信息。

(4)数据处理　测量系统要对测量所得数据进行数据处理(或运算)。数据处理环节现在实质上是一台小型计算机,这种数据处理工作由机器自动完成。处理内容主要是计算测量数据得出结果,或者是传感器输出信号和被测量关系不是线性关系,变换成线性关系等。

(5)数据显示　测量系统最后要将结果以指针、数字、图表或人们熟悉的符号显示出来,也可以打印到纸张上,符号通常是被测量物理量的真实数据。

1.1.2　测量系统分类

测量系统的原理各种各样,它与许多学科有关,种类繁多,所以,分类方法很多。按照在测量过程中是否向被测量对象施加能量,将测量系统分为主动式测量系统和被动式测量系统。

(1)主动式测量系统

主动测量系统的特点是在测量过程中,需要从外部向被测对象施加能量。例如,在测量阻抗元件的阻抗值时,必须向阻抗元件施加以电压或电流,供给一定的电能。

(2)被动式测量系统

被动式测量系统的特点是在测量过程中,不需要从外部向被测对象施加能量。例如,电压、电流、温度测量。飞机所用的空对空导弹的红外(热源)探测跟踪系统就属于被动式测量系统。

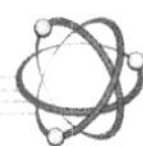

按照信号传输方向可以将测量系统分为开环式和闭环式两种。

(1)开环式测量系统

开环式测量系统的框图和信号流图如图 1-2 所示，系统全部信息变换只沿着一个方向进行，其输入输出关系为式中为各环节放大倍数。采用开环方式构成测量系统，虽然从结构上看比较简单，但缺点是所有变换器特性的变化都会造成测量误差。

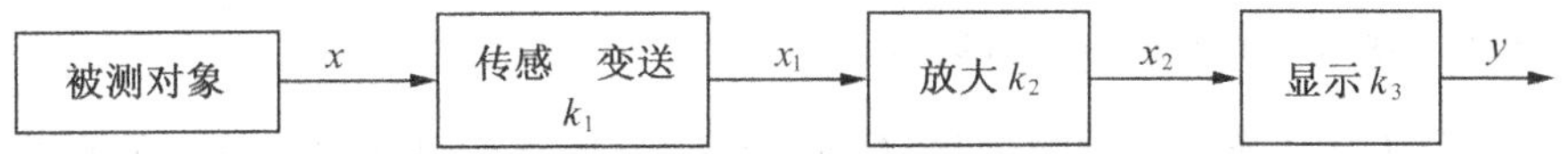

图 1-2　开环测量系统框图

其中 x 为输入量，y 为输出量，k_1、k_2、k_3 为各个环节的传递系数。输入、输出关系为：

$$y=k_1k_2k_3x \tag{1-1}$$

(2)闭环式测量系统

闭环测量系统有两个通道：一为正向通道，二为反馈通道，其结构如图 1-3 所示。

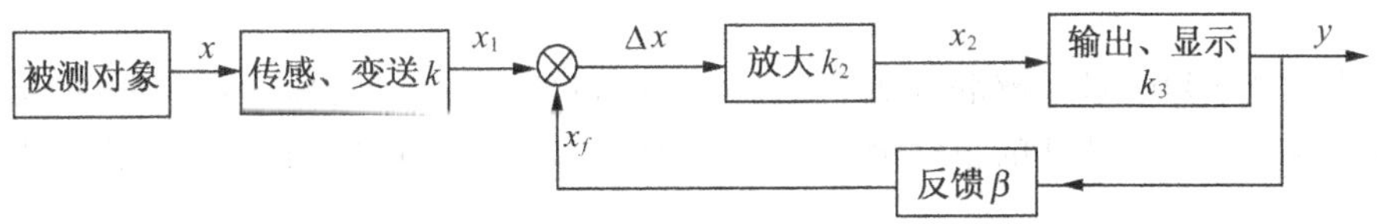

图 1-3　闭环测量系统框图

其中系统的输入信号为 x，则系统的输出为 y，是反馈系统的放大倍数 β，Δx 为正向通道的输入量，β 为反馈环节的传递系数，正向通道的总传递系数 $k=k_2k_3$。

$$x_f=\beta y$$

$$y=k\Delta x=k(x_1-x_f)=kx_1-k\beta y \tag{1-2}$$

$$\Delta x=x_1-x_f$$

$$y=\frac{k}{1+k\beta}x_1=\frac{1}{\frac{1}{k}+\beta}x_1 \tag{1-3}$$

当 $k\gg1$ 时，则 $y=x_1/\beta$。

很显然，这时整个系统的输入输出关系将由反馈系统的特性决定，二次变换器特性的变化不会造成测量误差或者说造成的误差很小。

根据以上分析可知，在构成测量系统时，应将开环系统与闭环系统巧妙地组合在一起加以应用，才能达到所期望的目的。对于闭环式测量系统，只有采用大回路闭环才更有利。开环式测量系统，容易产生误差，若希望减少误差时，可以考虑采用闭环测量系统。

1.2　测量方法

实现被测量与标准量比较得出比值的方法，称为测量方法。针对不同测量任务进行具体分析，以找出切实可行的测量方法，对测量工作是十分重要的。

系统的测量方法，从不同角度分析，有不同的分类方法。根据获得测量值的方法可分为直接测量、间接测量和组合测量；根据测量的精度因素情况可分为等精度测量与非等精度测量；根据测量方式可分为偏差式测量、零位法测量与微差法测量；根据被测量变化快慢可分为静态测量与动态测量；根据测量敏感元件是否与被测介质接触可分为接触测量与非接触测量；根据测量系统是否向被测对象施加能量可分为主动式测量与被动式测量等。

1.2.1 直接测量、间接测量与组合测量

在使用仪表或传感器进行测量时，对仪表读数不需要经过任何运算就能直接表示测量所需要的结果的测量方法称为直接测量。例如，用磁电式电流表测量电路的某一支路电流，用弹簧管压力表测量压力等，都属于直接测量。直接测量的优点是测量过程简单而又迅速，缺点是测量精度不高。

在使用仪表或传感器进行测量时，首先对与测量有确定函数关系的几个量进行测量，将测量结果代入函数关系式，经过计算得到所需要的结果，这种测量称为间接测量。间接测量测量手续繁琐，花费时间较长，一般用在直接测量不方便或者缺乏直接测量手段的场合。

若被测量必须经过求解联立方程组，才能得到最后结果，则称这样的测量为组合测量。组合测量是一种特殊的精密测量方法，操作手续复杂，花费时间长，多用于科学实验或特殊场合。

1.2.2 等精度测量与不等精度测量

用相同仪表(或同量程同精度仪表)与测量方法对同一被测量进行多次重复测量，称为等精度测量。

用不同精度的仪表或不同的测量方法，或在环境条件相差很大时对同一被测量进行多次重复测量称为非等精度测量。

1.2.3 偏差式测量、零位式测量与微差式测量

用仪表指针的位移(即偏差)决定被测量的量值，这种测量方法称为偏差式测量。应用这种方法测量时，仪表刻度事先用标准器具标定。在测量时，输入被测量，按照仪表指针在标尺上的显示值，决定被测量的数值。这种方法测量过程比较简单、迅速，但测量结果精度较低。

用指零仪表的零位指示检测测量系统的平衡状态，在测量系统平衡时，用已知的标准量决定被测量的量值，这种测量方法称为零位式测量。在测量时，已知标准量直接与被测量相比较，已知量应连续可调，指零仪表指零时，被测量与已知标准量相等。例如天平、电位差计等。零位式测量的优点是可以获得比较高的测量精度，但测量过程比较复杂，费时较长，不适用于测量迅速变化的信号。

微差式测量是综合了偏差式测量与零位式测量的优点而提出的一种测量方法。它将被测量与已知的标准量相比较，取得差值后，再用偏差法测得此差值。应用这种方法测量时，不需要调整标准量，而只需测量两者的差值。设：N 为标准量，x 为被测量，ΔN 为二

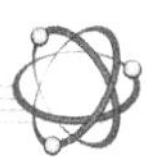

者之差，则 $x=N+\Delta N$。由于 N 是标准量，其误差很小，因此可选用高灵敏度的偏差式仪表测量 ΔN，即使测量 ΔN 的精度较低，但总的测量精度仍很高。

微差式测量的优点是反应快，而且测量精度高，特别适用于在线控制参数的测量。

1.3　测量系统误差分析基础

1.3.1　测量误差的基本概念

1.3.1.1　测量误差

测量某一个物理量，是将它进行变换、放大再与标准量进行比较、显示或读出数据等环节的综合处理过程。由于检测系统不可能绝对精确、测量原理的局限性、测量方法的不完善性、环境因素的变化、外界干扰的存在和被测量可能被影响等，所以，测量结果不能准确地反映被测量物理量的真值，而存在的偏差就是测量误差。

1.3.1.2　真值

被测量物理量被严格定义的理论值，如三角形内角和为 180°。很多物理量的理论真值在实际中很难得到，常用约定真值或相对真值代替理论真值。

(1)约定真值

国际计量委员会通过并发布的各种物理量单位的定义，利用当今最先进科学技术制定各物理量单位的基准，这些值被公认为国际或国家基准，称为约定真值。

如国际单位制中长度的单位，1983 年被定义为光在真空中 1/299792458 秒的时间内所通过的距离。在这之前，1960 年第十一届度量衡会议，通过了一米长度的定义为氪 86 原子从能量 2P10 至 5D5 跳跃时幅射线波长的 1650763.73 倍(真空中)。而质量单位千克，等于国际千克原器的质量，保存在国际计量局的 1kg 铂铱合金原器就是 1kg 质量的约定真值。时间单位秒定义为铯-133 原子基态的两个超精细能级之间跃迁，所对应的辐射的9 192 631 770个周期的持续时间为 1 秒的真值。

各国或各地通常利用这些约定真值的国际基准或国家基准进行传递，也可以对低一等级标准值(标准器)或标准仪器进行对比、计量和校准。而各地可用经过上级法定计量部门按照规定时间定期送检、校检过的标准器、标准仪表及修正值作为当地相应物理量单位的约定真值。

(2)相对真值

如果精度高一级检测仪器的误差为低一级检测仪器误差的 1/3～1/10，那么可以认为高一级的仪器对某物理量的测量值，为低一级仪器的测量值的相对真值。如，电子称称重精度通常高于杆秤的 1 个数量级，因此，电子称的称重值为杆秤的相对真值。

测量是以确定量值为目的的一系列操作。所以，测量也就是将被测量与同种性质的标准量进行比较，确定被测量对标准量的倍数。它可由下式表示：

$$x=nu \tag{1-4}$$

式中：x——被测量值；

u——标准量，即测量单位；

n——比值(纯数)，含有测量误差

由测量所获得的被测的量值叫测量结果。

测量结果可用一定的数值表示，也可以用一条曲线或某种图形表示。但无论其表现形式如何，测量结果应包括两部分：比值和测量单位。确切地讲，测量结果还应包括误差部分。被测量值和比值等都是测量过程的信息，这些信息依托于物质才能在空间和时间上进行传递。参数承载了信息而成为信号。选择其中适当的参数作为测量信号，例如热电偶温度传感器的工作参数是热电偶的电势，差压流量传感器中的孔板工作参数是差压 ΔP。测量过程就是传感器从被测对象获取被测量的信息，建立起测量信号，经过变换、传输、处理，从而获得被测量的量值。

1.3.1.3 标称值

标称值是指在计量或测量器具上标注的量值。如天平的砝码上标注 10g、尺子上标注 0.5m 等。这些测量器具在制造时由于条件的限制，它们的标称值和其真值间存在一定的误差，所以，使用这些值时存在不确定性，通常要根据其精度等级或误差范围进行估计其真值。

1.3.1.4 示值

示值是测量仪器（或系统）指示或显示的数值，也叫测量值或读数。因为测量仪器（系统）中传感器、信号处理过程都不可避免地存在误差，测量过程中还存在环境因素和干扰的影响，所以，示值和理论真值间存在误差。

1.3.1.5 误差公理

实际测量过程中，由于测量仪器不准确、方法不完善、程序不规范、环境因素的影响等，都会导致测量结果或多或少地偏离被测物理量的真值。测量的结果与真值之间存在误差，也就说测量误差存在是不可避免的，一切测量都具有误差，误差自始至终存在于所有的科学实验之中，这就是误差公理。

1.3.2 测量误差的表示方法

测量的目的是希望通过测量获取被测量的真实值。但由于种种原因，例如，传感器本身性能不十分优良，测量方法不十分完善，外界干扰的影响等，都会造成被测参数的测量值与真实值不一致，两者不一致程度用测量误差表示。

测量误差就是测量值与真实值之间的差值。它反映了测量质量的好坏。测量的可靠性至关重要，不同场合对测量结果可靠性的要求也不同。例如，在量值传递、经济核算、产品检验等场合应保证测量结果有足够的准确度。当测量值用作控制信号时，则要注意测量的稳定性和可靠性。因此，测量结果的准确程度应与测量的目的与要求相联系、相适应，那种不惜工本、不顾场合，一味追求准确度的作法是不可取的，要有技术与经济兼顾的意识。

测量误差的表示方法有多种，含义各异。

(1)绝对误差

绝对误差是指测量值 x 与被测量真值 x_0 的代数差值 Δx，可用下式定义：

$$\Delta x = x - x_0 \tag{1-5}$$

式中：Δx——绝对误差；

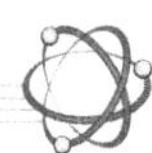

x——测量值；

x_0——真值。

真值 x_0 可以是约定真值，也可以是由高精度仪器测量得到的相对真值。绝对误差反映示值与真值间偏离的大小。为了减小测量误差，测量仪表内部对测量值进行修正时，往往要用到绝对误差。修正值是与绝对误差大小相等、符号相反的值，实际值等于测量值加上修正值。为了得到测量仪表误差的修正值，通常要标定或校准测量仪表，常采用比较法，即对于同一个被测量值，将标准表(具有更高精度的仪表)测量值作为真值 x_0，与被校验仪表测量值 X 进行比较，它们的差值就是被校验仪表的示值的绝对误差，若在测量范围内是一个恒值，即为被检测仪表的“系统误差”。该误差可能是仪表系统本身原因造成的误差，此时对检测仪表测量示值应加以修正，修正后才可以得到被测量的真值 x_0。

$$x_0 = x - \Delta x = X + C \tag{1-6}$$

式中 C 为修正值。在测量范围被对校验仪表进行校验，得到的误差若不是恒值，通常可以得到一个误差表或曲线，则修正值为 $C=f(x)$。

采用绝对误差表示测量误差，不能很好说明测量质量的好坏。例如，在温度测量时，绝对误差 $\Delta t=1$℃，对体温测量来说是不允许的，而对测量钢水温度来说却是一个极好的测量结果。

(2)相对误差

相对误差是指测量值的绝对误差 Δx 与被测量量的真值 x_0 的比值。可以由下式给出：

$$\delta = \frac{\Delta x}{x_0} \times 100\% \tag{1-7}$$

式中：δ——相对误差，一般用百分数给出；

Δx——绝对误差；

x_0——真实值。

由于被测量的真实值 x_0 无法知道，常用在被测量值没有变化的情况下，进行多次重复测量，用测量的平均值来代替真值，工程上当绝对误差较小时，有时用测量值 x 代替真实值 x_0 进行粗略计算。

在评价检测仪表的精度或测量质量时，利用相对误差作为衡量标准有时也不准确。如利用有确定精度等级的检测仪表，测量一个靠近测量范围下限的小值，计算得到的相对误差，往往总比用一个测量接近上限的仪表得到的相对误差大。

(3)引用误差

引用误差是测量仪表测量值的绝对误差 Δx 与测量仪表的量程 L 的比值。它是相对仪表满量程的一种误差，一般也用百分数表示，即：

$$\gamma = \frac{\Delta x}{L} \times 100\% \tag{1-8}$$

式中：γ——引用误差；

Δx——绝对误差；

L——为仪表的量程。

引用误差用量程代替相对误差中的测量点的真值，使用起来方便，但分子仍然为绝对误差，当测量值为检测范围内不同数值时，各点的绝对误差也可能不同，为了衡量仪表的精度水平，仪表精度等级是根据最大引用误差来确定的。

(4)最大引用误差

在规定的工作条件下，当被测量物理量平稳增加或减少时，在仪表全量程所有测量值的引用误差的最大者，为最大引用误差，或者说所有测量值中最大绝对误差与量程的比值。

$$\gamma_{max}=\left|\frac{\Delta x_{max}}{L}\right|\times 100\% \tag{1-9}$$

通常仪表或检测系统的误差用最大引用误差来表示。

1.3.3 检测仪器系统的精度等级与容许误差

1.3.3.1 精度等级

工业检测仪器与检测系统用最大引用误差作为精度等级的标志，也即用引用误差的最大值的绝对值去掉百分号来表示，精度等级用 G 表示。

为了统一和方便使用，国家标准 GB766-76《测量指示仪表通用技术条件》规定，测量指示仪表的精度等级 G 分为：0.1、0.2、0.5、1.0、1.5、2.5、5.0 七个等级，这也是工业检测仪器或系统常用的等级。仪表生产厂家根据其产品最大引用误差的大小，以选大不选小的原则就近套用上述精度等级，作为其仪表产品的精度等级。

例如，量程为 0～1000V 的数字电压表，如果其整个量程中最大绝对误差为 1.05V，则有：

$$\gamma_{max}=\left|\frac{\Delta x}{L}\right|\times 100\%=\frac{1.05}{1000}\times 100\%=0.105\% \tag{1-10}$$

由于 0.105 不是标准化精度等级值，因此需要就近套用标准化精度等级值。0.105 位于 0.1 级和 0.2 级之间，尽管该值与 0.1 更为接近，但按选大不选小的原则该数字电压表的精度等级 G 应为 0.2 级。所以，0.5 级表的引用误差的最大值不超过±0.5%，1.0 级表的引用误差的最大值不超过±1%。

因此，任何符合计量规范的检测仪器(系统)都满足：

$$|\gamma_{max}|\leqslant G\% \tag{1-11}$$

由此可见，仪表的精度等级是反映仪表性能的最主要的质量指标，它充分地说明了仪表的测量精度，可较好地用于评估检测仪表在正常工作时(单次)测量的测量误差范围。

1.3.3.2 容许误差

容许误差是指检测仪器在规定使用条件下可能产生的最大误差范围，它也是衡量检测仪器的最重要的质量指标之一。检测仪器的准确度、稳定度等指标都可用容许误差来表征。按照部颁标准 SJ943-82《电子仪器误差的一般规定》的规定，容许误差可用工作误差、固有误差、影响误差、稳定误差来描述，通常直接用绝对误差表示。

(1)工作误差

工作误差是指检测仪器(系统)在规定工作条件下正常工作时可能产生的最大误差。

即当仪器外部环境的各种影响、仪器内部的工作状况及被测对象状态为任意的组合时，仪器工作所能产生误差的最大值。这种表示方式的优点是使用方便，可利用工作误差直接估计测量结果误差的最大范围。缺点是由于工作误差是在最不利组合下给出的，而在实际测量中环境条件、仪表本身和被测对象所有最不利组合出现的概率很小，所以，用工作误差来估计平时某次正常测量误差，往往偏大。

(2)固有误差

当环境和各种试验条件均处于基准条件下时，检测仪器所反映的误差称固有误差。由于基准条件比较严格，所以，固有误差可以比较准确地反映仪器本身所固有的技术性能。

(3)影响误差

影响误差是指仅有一个参量处在检测仪器(系统)规定工作范围内，而其他所有参量均处在基准条件时检测仪器(系统)所具有的误差，如环境温度变化产生的误差、供电电压波动产生的误差等。影响误差可用于分析检测仪器(系统)误差的主要构成，以及寻找减少和降低仪器误差的主要方向。

(4)稳定性误差

稳定性误差是指仪表工作条件保持不变的情况下，在规定的时间内，检测仪器(系统)各测量值与其标称值间的最大偏差。用稳定性误差估计平时某次正常测量误差，通常比实际测量误差偏小。

工程上，常用工作误差和稳定性误差结合来估计平时测量误差和测量误差范围，评价检测仪器在正常使用时所具有的实际精度。

一般情况下，仪表精度等级的数字愈小，仪表的精度愈高。如0.5级的仪表精度优于1.0级仪表，而劣于0.2级仪表。工程上，单次测量值的误差通常就是用检测仪表的精度等级来估计的。但值得注意的是，精度等级高低仅说明该检测仪表的引用误差最大值的大小，它决不意味着该仪表某次实际测量中出现的具体误差值是多少。

例 1.1 被测电压实际值约为21.7V，现有四种电压表：1.5级、量程为0～30V的A表；1.5级、量程为0～50V的B表；1.0级、量程为0～50V的C表；0.2级、量程为0～360V的D表。请问选用哪种规格的电压表进行测量产生的测量误差较小?

解 根据(1-6)式，分别用四种表进行测量可能产生的最大绝对误差如下：

A表

$$|\Delta x_{\max}|=|\gamma_{\max}|\times L=1.5\%\times 30\text{V}=0.45\text{V}$$

B表

$$|\Delta x_{\max}|=|\gamma_{\max}|\times L=1.5\%\times 50\text{V}=0.75\text{V}$$

C表

$$|\Delta x_{\max}|=|\gamma_{\max}|\times L=1.0\%\times 50\text{V}=0.50\text{V}$$

D表

$$|\Delta x_{\max}|=|\gamma_{\max}|\times L=0.2\%\times 360\text{V}=0.72\text{V}$$

答：四者比较，通常选用A表进行测量所产生的测量误差较小。

由上例不难看出，检测仪表产生的测量误差不仅与所选仪表精度等级G有关，而且与所选仪表的量程有关。通常量程 L 和测量值 X 相差愈小，测量准确度较高。所以，在选择仪表时，应选择其量程尽可能接近测量值的仪表。

1.3.4 测量误差的分类

从不同的角度，测量误差可有不同的分类方法。

1.3.4.1 按误差的性质分类

根据测量误差的性质(或出现的规律)，产生的原因，测量误差可分为系统误差、随机误差和粗大误差三类。

(1)系统误差

在相同条件下，多次重复测量同一被测参量时，其测量误差的大小和符号保持不变，或在条件改变时，误差按某一确定的规律变化，这种测量误差称为系统误差。误差值恒定不变的又称为定值系统误差，误差值变化的则称为变值系统误差。变值系统误差又可分为累进性的、周期性的以及按复杂规律变化的几种。

系统误差产生的原因大体上有：测量所用的工具(仪器、量具等)本身性能不完善或安装、布置、调整不当而产生的误差；在测量过程中因温度、湿度、气压、电磁干扰等环境条件发生变化所产生的误差；因测量方法不完善或者测量所依据的理论本身不完善等原因所产生的误差；因操作人员视读方式不当造成的读数误差等。总之，系统误差的特征是测量误差出现的有规律性和产生原因的可知性。系统误差产生的原因和变化规律一般可通过实验和分析查出。因此，系统误差可被设法确定并消除。

测量结果的准确度由系统误差来表征，系统误差愈小，则表明测量准确度愈高。

(2)随机误差

在相同条件下多次重复测量同一被测参量时，测量误差的大小与符号均无规律变化，这类误差称为随机误差。随机误差主要是由于检测仪器或测量过程中某些未知或无法控制的随机因素(如仪器的某些元器件性能不稳定，外界温度、湿度变化，空中电磁波扰动，电网的畸变与波动等)综合作用的结果。随机误差的变化通常难以预测，因此也无法通过实验方法确定、修正和消除。但是通过足够多的测量比较可以发现随机误差服从某种统计规律(如正态分布、均匀分布、泊松分布等)。

通常用精密度表征随机误差的大小。精密度越低随机误差越大；反之，随机误差就越小。

(3)粗大误差

粗大误差是指明显超出规定条件下预期的误差。其特点是误差数值大，明显歪曲了测量结果。粗大误差一般有外界重大干扰或仪器故障或不正确的操作等引起。存在粗大误差的测量值称为异常值或坏值，一般容易发现，发现后应立即剔除。也就是说，正常的测量数据应是剔除了粗大误差的数据，所有我们通常研究的测量结果误差中仅包含系统和随机两类误差。

系统误差和随机误差虽然是两类性质不同的误差，但两者并不是彼此孤立的。它们总是同时存在并对测量结果产生影响。许多情况下，我们很难把它们严格区分开来，有时不得不把并没有完全掌握或者分析起来过于复杂的系统误差当作随机误差来处理。例

如，生产一批应变片，就每一只应变片而言，它的性能、误差是完全可以确定的，属于系统误差；但是由于应变片生产批量大和误差测定方法的限制，不允许逐只进行测定，而只能在同一批产品中按一定比例抽测，其余未测的只能按抽测误差来估计。这一估计具有随机误差的特点，是按随机误差方法来处理的。

同样，某些（如环境温度、电源电压波动等所引起的）随机误差，当掌握它的确切规律后，就可视为系统误差并设法修正。

由于在任何一次测量中，系统误差与随机误差一般都同时存在，所以常按其对测量结果的影响程度分三种情况来处理：系统误差远大于随机误差时，此时仅按系统误差处理；系统误差很小，已经校正，则可仅按随机误差处理；系统误差和随机误差差不多时应分别按不同方法来处理。

精度是反映检测仪器的综合指标，精度高必须做到准确度高、精密度也高，也就是说必须使系统误差和随机误差都小。

1.3.4.2 按被测参量与时间的关系分类

按被测参量与时间的关系，测量误差可分为静态误差和动态误差两大类。习惯上，将被测参量不随时间变化时所测得的误差称为静态误差；在被参测量随时间变化过程中进行测量时所产生的附加误差称为动态误差。动态误差是由于检测系统对输入信号变化响应上的滞后或输入型号中不同频率成分，通过检测系统时受到不同的衰减和延迟而造成的误差。

按产生误差的原因，把误差分为原理性误差、构造误差等。由于测量原理、方法的不完善，或对理论特性方程中的某些参数作了近似或略去了高次项而引起的误差叫原理性误差（也叫方法误差）；因检测仪器（系统）在结构上，在制造、调试工艺上不尽合理而引起的误差叫构造误差（也叫工具误差）。

1.3.5 有效数字

在测量和数字计算中，测量结果或计算结果该用几位数字，是一件很重要的事情。那种认为在一个数值中小数点后面的位数越多，这个数值就越精确；或在计算结果中，保留的位数越多，精确度便越大的看法是不正确的。

那什么是有效数字呢？它是指由数字组成的一个数，除了最末一位数字是不确切值或可疑值外，其他数字均为可靠值或确切值，则组成的该数所有数字包括末位数字称为有效数字。这里需要明确两点：第一，小数点的位置不是决定精确度的标准，小数点的位置仅与所用单位大小有关。例如，记电压为32.5mV与0.0325V，精确度完全相同。第二，写出测量或计算结果时，应该只有末位数字是可以存疑或不确定的，其余各位数字都是准确的。一般认为末位数字上下可以有一个单位的误差，或其下位的误差不超过5。

1.3.5.1 有效数字表示方法

在实践中，数有两种用途：一类是用来数“数目”的，这类数目的每一位都是确切的。另一类表示测量结果的，这一类数的末一位往往是估计出来的，因此，具有一定的误差或不确定性。

有效数字在表示测量结果时，表示的测量值中每一位数字全部有意义。例如，用米尺测量物体的长度，米尺刻度线是毫米，测量结果为 12.5mm，说明个位是准确的，有刻度的，而十分之一位是估算出来的，有人可能读成 12.6mm 或 12.4mm。因为，最后一位没有刻度，是人为估算的，所以，是有误差的。通常测量中，只应保留一位不准确数字，其他位都是准确的而无异议的，这时所记录的数字称为有效数字。

数字“0”，它可以是有效数字，也可以不是有效数字。例如，电流表读数 25.006mA 中的所有“0”都是有效数字；而 0.00560A 中的前 2 位“0”不是有效数字，而最后位的是，因为当单位变化后结果可以表示为 5.60mA，前 2 位“0”消失。为了消除“0”是否是有效数字这种不确定概念，通常采用“十的乘幂”表示方法。例如 2.0×10^4 m 表示 2 位有效数字，而 2.000×10^4 m 表示 4 位有效数字。

1.3.5.2 有效数字的化整规则

在数据处理中，首先需要将有效数字化整，其方法：

(1)若被舍去的第 n 位后的全部数字小于 n 的一半，则第 n 位不变。如，24.4436mm 化整后为 24.4mm。

(2)若被舍去的第 n 位后的全部数字大于 n 的一半，则第 n 位加 1。如，24.4636mm 化整后为 24.5mm。

(3)若被舍去的第 n 位后的全部数字等于 n 的一半，则化整后第 n 位应为偶数的原则。如，24.4500mm 化整后为 24.4mm。

这样的化整过程带来的误差不会超过末位的一半。

1.3.5.3 有效数字运算规则

在数据处理中，常需要运算一些精确度不相等的数值，按照一定的规则计算，可以节省时间，同时又可以避免因计算过于繁琐引起的错误。

(1)加、减运算。运算时将各数据化成同单位，其各数所保留的位数应比其中小数点后位数最少的多一位。计算结果应和原来数字中小数点后位数最少的那个相同。

例如，三个计量数字相加：100.6mm、101.12mm、100.623mm，此三个数中，其中小数点后位数最少的是一位，所以演算时应保留两位，按下式相加，得：

$$100.6+101.12+100.62=302.34\text{mm}$$

计算结果保留小数点后一位，应取 302.3mm。

(2)有效数字乘、除运算。运算时各数所保留的位数应比其中有效数字最少的多保留一位。计算结果中，应保留的位数与原来数字中有效数字最少的那个相同。

例如，100.6mm、101.12mm、100.623mm 相乘，其中有效数字最少的是四位，所以演算时应保留五位，按下式相乘，得：

$$100.6\times101.12\times100.62=1023574.257(\text{mm}^3)$$

计算结果保留四位有效数字，应取 $1.024\times10^6\text{mm}^3$

(3)小数的乘方、开方运算。计算结果应保留的位数和原来有效数字位数相同。

例如：100.6mm 的二次方为 $(100.6)^2=10120.36\text{mm}^2$

计算结果保留四位有效数字，应取 $1.012\times10^4\text{mm}^2$

(4)同时需作几种运算时，对需要作中间计算的数字所保留的位数，应比单一运算时所应保留的位数多一位。

1.4 测量数据的估计和处理

从工程测量实践可知，测量数据中含有系统误差和随机误差，有时还会含有粗大误差。它们的性质不同，对测量结果的影响及处理方法也不同。在测量中，对测量数据进行处理时，首先判断测量数据中是否含有粗大误差，如有，则必须加以剔除。再看数据中是否存在系统误差，对系统误差可设法消除或加以修正。对排除了系统误差和粗大误差的测量数据，则利用随机误差性质进行处理。总之，对于不同情况的测量数据，首先要加以分析研究，判断情况，分别处理，再经综合整理以得出合乎科学性的结果。

在一般工程测量中，系统误差与随机误差总是同时存在，尤其对装配刚结束、能正常运行的检测仪器，在出厂前进行的对比测试、校正和标定过程中，反映出的系统误差往往比随机误差大得多；而新购进检测仪器尽管在出厂前，生产厂家已经对仪器的系统误差进行过精确的校正，但一旦安装到用户使用现场，也会因仪器的工况改变产生新的、甚至是很大的系统误差，为此需要进行现场调试和校正；在检测仪器使用过程中还会因元器件老化、线路板及元器件上积尘、外部环境发生某种变化等原因而造成检测仪器系统误差的变化，因此需对检测仪器定期检定与校准。

不难看出，为保证和提高测量精度，需要研究发现系统误差、进而设法校正和消除系统误差的原理、方法与措施。

1.4.1 系统误差的特点及常见变化规律

系统误差的特点是其出现的有规律性，系统误差的产生原因一般可通过实验和分析研究确定与消除。由于检测仪器种类和型号繁多，使用环境往往差异很大，产生系统误差的因素众多，因此系统误差所表现的特征，即变化规律往往也不尽一致。

系统误差（这里用 Δx 表示）随测量时间变化的几种常见关系曲线如图 1-4 所示。

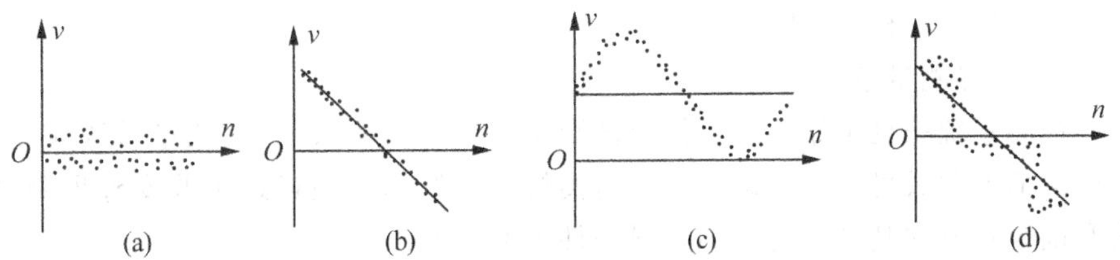

图 1-4 误差时间曲线图

图(a)表示测量误差的大小与方向不随时间变化的恒差型系统误差；图(b)为测量误差随时间以某种斜率呈线性变化的线性变差型系统误差；图(c)表示测量误差随时间作某种周期性变化的周期变差型系统误差；图(d)为上述三种关系曲线的某种组合形态，呈现复杂规律变化的复杂变差型系统误差。

1.4.2　系统误差的判别和确定

1.4.2.1　恒差系统误差的确定

(1)实验对比

对于不随时间变化的恒差型系统误差,通常可以采用通过实验比对的方法发现和确定。实验比对的方法又可分为标准器件法(简称标准件法)和标准仪器法(简称标准表法)两种。以电阻测量为例,标准件法就是检测仪器对高精度精密标准电阻器(其值作为约定真值)进行重复多次测量,测量值与标准电阻器的阻值的差值大小均稳定不变,该差值即可作为此检测仪器在该示值点的系统误差值。其相反数,即为此测量点的修正值。而标准表法就是把精度等级高于被检定仪器两档以上的同类高精度仪器作为近似没有误差的标准表,与被检定检测仪器同时、或依次对被测对象(本例为在被检定检测仪器测量范围内的电阻器)进行重复测量,把标准表示值视为相对真值,如果被检定检测仪器示值与标准表示值之差大小稳定不变,就可将该差值作为此检测仪器在该示值点的系统误差,该差值的相反数即为此检测仪器在此点的修正值。

当不能获得高精度的标准件或标准仪器时,可用多台同类或类似仪器进行重复测量、比对,把多台仪器重复测量的平均值近似作为相对真值,仔细观察和分析测量结果,亦可粗略地发现和确定被检仪器的系统误差。此方法只能判别被检仪器个体与其他群体间存在系统误差的情况。

(2)原理分析与理论计算

对一些因转换原理、检测方法或设计制造方面存在不足而产生的恒差型系统误差,可通过原理分析与理论计算来加以修正。这类“不足”,经常表现为在传感器转换过程中存在零位误差,传感器输出信号与被测参量间存在非线性,传感器内阻大而信号调理电路输入阻抗不够高,或是信号处理时采用的是略去高次项的近似经验公式,或是采用经简化的电路模型等。为此,需要针对性地仔细研究和计算、评估实际值与理想(或理论)值之间的恒定误差。然后设法校正、补偿和消除。

(3)改变外界测量条件

有些检测系统一旦工作环境条件或被测参量数值发生改变,其测量系统误差往往也从一个固定值变化成另一个确定值。对这类检测系统需要通过逐个改变外界测量条件,来发现和确定仪器在其允许的不同工况条件下的系统误差。

1.4.2.2　变差系统误差的确定

变差系统误差是指按某种确定规律变化的测量系统误差。对此可采用残差观察法或利用某些判断准则来发现,并确定是否存在变差系统误差。

(1)残差观察法

当系统误差比随机误差大时,通过观察和分析测量数据及各测量值与全部测量数据算术平均值之差,即剩余误差(也叫残差),常常能发现该误差是否为按某种规律变化的变差系统误差。通常的做法是把一系列等精度重复测量值及其残差按测量时的先后次序分别列表,仔细观察和分析各测量数据残差值的大小和符号的变化情况,如果发现残差序列呈有规律递增或递减,且残差序列减去其中值后的新数列在以中值为原点的数轴上呈正

负对称分布，则说明测量存在累进性的线性系统误差；如果发现偏差序列呈有规律交替重复变化，则说明测量存在周期性系统误差。

当系统误差比随机误差小时，就不能通过观察来发现系统误差，只能通过专门的判断准则才能较好地发现和确定。这些判断准则实质上是检验误差的分布是否偏离正态分布，常用的有马利科夫准则和阿贝-赫梅特准则等。

(2)马利科夫准则

马利科夫准则适用于判断、发现和确定线性系统误差。此准则的实际操作方法是将在同一条件下，顺序重复测量得到的一组测量值 $X_1, X_2, \cdots, X_n$ 顺序排列，并求出它们的残差 $v_1, v_2, \cdots, v_i, \cdots, v_n$。

$$v_i = X_i - \frac{1}{n}\sum_{i=1}^{n} X_i = X_i - \overline{X}_i \tag{1-12}$$

式中：X_i——第 i 次测量值；

n——测量次数；

$\overline{X}_i$——全部 n 次测量值的算术平均值，简称为测量均值；

v_i——i 次测量残差。

将这些残差序列以中间值 v_k 为界分成前后两组，分别求和，然后把两组残差和相减，即：

$$D = \sum_{i=1}^{k} v_i - \sum_{i=s}^{n} v_i \tag{1-13}$$

当 n 为偶数，取 $k=n/2, s=n/2+1$；当 n 为奇数，取 $k=s=(n+1)/2$。

若 D 近似等于零，说明测量中不含线性系统误差；若 D 明显不为零(且大于 v_i)，则表明这组测量数据中存在线性误差。

(3)阿贝-赫梅特准则

阿贝-赫梅特准则适用于判断、发现和确定周期性系统误差。该准则操作方法：将同一条件下重复测量得到的数据 $X_1, X_2, \cdots, X_n$ 按照顺序排列，根据式(1-12)求出相应的残差 $v_1, v_2, \cdots, v_i, \cdots, v_n$。然后，进行下式运算：

$$A = \left|\sum_{i=1}^{n-1} v_i \cdot v_{i+1}\right| = |v_1 v_2 + v_2 v_3 + \cdots + U_{n-1} v_n| \tag{1-14}$$

如果式中 $A > \sigma^2\sqrt{n-1}$ 成立(σ^2 为本测量数据序列的方差)，则表明测量数据中存在周期性系统误差。

1.4.3 系统误差的原因与减小

1.4.3.1 系统误差出现的原因

系统误差出现的原因，主要有下列几项：

(1)仪表误差 仪表误差是指由于测量使用的仪表或仪表组成的元件本身不完善所引起的误差。如仪表的刻度误差、仪表灵敏度误差，仪表电路中变换器、放大器本身的误差。此项误差最为常见。

(2)测量方法误差 是指由于测量方法不够完善而引起的误差，例如测量电流时没有考虑到电流表会引起分流作用，造成测量结果不准确。

(3)理论误差　由于测量理论本身不够完善而只能进行近似的测量所引起的误差。例如，测量任意波形电流的有效值，理论上应该实现完整的均方根变换，但通常以折线近似替代真实曲线，所以，会引起误差。

(4)仪器安置误差　由于测量仪表的安装或放置不合理或不正确所引起的误差。例如，流量仪表传感器前、后都有一定长度的直管段的要求，如果没有按照要求进行安装，就会引起测量误差。

(5)环境误差　由于测量仪表工作的环境不是仪表校验时的标准状态，而是随时间在变化的，会引起测量仪表的测量误差。

1.4.3.2　降低或消除系统误差

在测量过程中，若发现测量数据中存在系统误差，则需要作进一步地分析比较，找出产生该系统误差的原因，进而采用相应方法减小系统误差。由于产生系统误差的因素众多，有时是若干因素共同作用，因而显得更加复杂，难以找到一种普遍有效消除和减小系统误差的方法。下面几种是最常用的减小系统误差的方法。

(1)在测量结果中对已知的系统误差进行修正，可以用修正值对测量结果进行修正；对于变值系统误差，设法找出误差的变化规律，用修正公式或修正曲线对测量结果进行修正；对未知系统误差，则按随机误差进行处理。

(2)消除系统误差的根源，在测量之前，仔细检查仪表，正确调整和安装；防止外界干扰影响；选好观测位置，消除视差；选择环境条件比较稳定时进行读数等。

(3)在测量系统中采用补偿措施找出系统误差的规律，以便在测量过程中自动消除系统误差。如用热电偶测量温度时，热电偶参考端温度变化会引起系统误差，消除此误差的办法之一是在热电偶回路中加一个冷端补偿器，从而进行自动补偿。

(4)实时反馈修正。由于自动化测量技术及微机的应用，可用实时反馈修正的办法来消除复杂的变化系统误差。当查明某种误差因素的变化对测量结果有明显的复杂影响时，应尽可能找出其影响测量结果的函数关系或近似的函数关系。在测量过程中，用传感器将这些误差因素的变化转换成某种物理量形式(一般为电量)，及时按照其函数关系，通过计算机算出影响测量结果的误差值，对测量结果作实时的自动修正。

1.4.4　随机误差处理

1.4.4.1　随机误差的分布规律

在测量中，当系统误差已设法消除或减小到可以忽略的程度时，如果测量数据仍有不稳定的现象，说明存在随机误差。在等精度测量情况下，得 n 个测量值 $x_1, x_2, \cdots, x_n$，设只含有随机误差 $\delta_1, \delta_2, \cdots, \delta_n$。

$$\delta_1 = x_1 - x_0$$
$$\delta_2 = x_2 - x_0$$
$$\cdots$$
$$\delta_i = x_i - x_0$$
$$\cdots$$
$$\delta_n = x_n - x_0$$

式中：x_0——真值。

如果以偏差幅值（有正负）为横坐标，以偏差出现的次数为纵坐标作图。可以看出，随机误差整体上均具有下列统计特性：

(1)有界性　即各个随机误差的绝对值（幅度）均不超过一定的界限。

(2)单峰性　即绝对值（幅度）小的随机误差总要比绝对值（幅度）大的随机误差出现的概率大。

(3)对称性　（幅度）等值而符号相反的随机误差出现的概率接近相等。

(4)抵偿性　当等精度重复测量次数 $n \to \infty$ 时，所有测量值的随机误差的代数和为零，即

$$\lim_{n \to \infty} \sum_{i=1}^{n} \delta_i = 0 \tag{1-15}$$

所以，在等精度重复测量次数足够大时，其算术平均值就是其真值的较理想的替代值。

大量的试验结果还表明：测量值的偏差——当没有起决定性影响的误差源（项）存在时，随机误差的分布规律多数都服从正态分布：当有起决定性影响的误差源存在，还会出现诸如均匀分布、三角分布、梯形分布、t 分布等。下面对正态分布、均匀分布作简要介绍。

1)随机误差的正态分布曲线

高斯于 1795 年提出的连续型正态分布随机变量 x 的概率密度函数表达式：

$$y = f(x) = \frac{1}{\sigma\sqrt{2\pi}} e^{\frac{-(x-\mu)^2}{2\sigma^2}} \tag{1-16}$$

也就是：

$$f(\delta) = \frac{1}{\sigma\sqrt{2\pi}} e^{\frac{-\delta^2}{2\sigma^2}}$$

式中：e——自然对数的底；

n——随机变量个数；

σ——随机变量 x 的均方根（标准偏差）。

即：

$$\sigma = \lim_{n \to \infty} \sqrt{\frac{\sum_{i=1}^{n} (x_i - \mu)^2}{n}} \tag{1-17}$$

μ 为随机变量的数学期望；

其分布函数：

$$f(\delta) = \frac{1}{\sigma\sqrt{2\pi}}\int_{-\infty}^{\delta} e^{\frac{-\delta^2}{2\sigma^2}} d\delta \tag{1-18}$$

所以，分布曲线如图 1-5 所示。

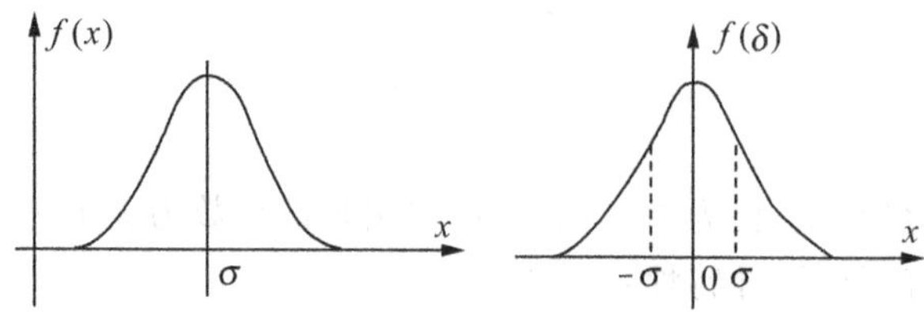

图 1-5　正态分布曲线

其中，μ 和 σ 是决定正态分布曲线的两个特征参数，μ 影响随机变量分布的集中位置，称为正态分布位置特征参数；σ 表征随机变量的分散程度，故称为正态分布的离散特征参数。当 σ 不变，而 μ 变化时，正态分布曲线形态保持不变，而位置随 μ 变化而移动；当 μ 不变，而 σ 化时，正态分布曲线的位置不变，而形状改变，σ 变小，则正态分布曲线变得尖锐，表示随机变量的离散性变小，σ 变大，则正态分布曲线变得平缓，表示随机变量的离散性变大。

2)随机误差的均匀分布

在测量数据中，随机误差有时还会服从均匀分布等。均匀分布的特点是：在某一区间内，随机误差出现的概率处处相等，区间外随机误差出现的概率为零。均匀分布的概率密度函数 $f(x)$ 为：

$$f(x)=\frac{1}{2\alpha} \quad (-\alpha\leqslant x\leqslant\alpha)$$

$$f(x)=0 \quad (|x|>\alpha) \tag{1-19}$$

式中：a——随机误差 x 的极限值。

均匀分布的随机误差概率密度函数的图形呈直线，如图 1-6 所示。

较为常见的均匀分布的随机误差是测量仪表的分辨率引起的误差，如智能仪表在数字信号处理中的量化误差等。

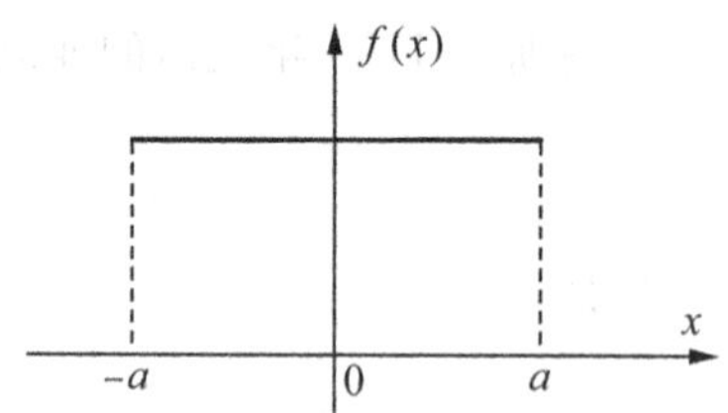

图 1-6　均匀分布曲线

1.4.4.2　随机误差的评价

(1)测量真值估计

测量值或随机误差都是随机事件，可以用概率论与数理统计的方法来研究。随机误差的处理任务是从随机数据中求出最接近真值的值(或称真值的最佳估计值)，对数据精密度的高低(或称可信赖的程度)进行评定并给出测量结果。

在实际测量时，真值 L 不可能得到。但如果随机误差服从正态分布，则算术平均值处随机误差的概率密度最大。对被测量进行等精度的 n 次测量，得 n 个测量值 $x_1, x_2, \cdots, x_n$，它们的算术平均值：

$$\overline{x}=\frac{1}{n}(x_1+x_2+\cdots+x_n)=\frac{1}{n}\sum_{i=1}^{n}x_i \tag{1-20}$$

算术平均值是参量真值 L(数学期望)的最可信赖的接近值,它可以作为等精度多次测量的结果。

(2)测量值的标准差

上述的算术平均值是反映随机误差的分布中心,而均方根偏差则反映随机误差的分布范围。均方根偏差愈大,测量数据的分散范围也愈大,所以均方根偏差 σ 可以描述测量数据和测量结果的精度。σ 愈小,分布曲线愈陡峭,说明随机变量的分散性小,测量精度高;反之,σ 愈大,分布曲线愈平坦,随机变量的分散性也大,则精度也低。

均方根偏差 σ 可由下式求得:

$$\sigma=\sqrt{\frac{\sum_{i=1}^{n}(x_i-L)^2}{n}}=\sqrt{\frac{\sum_{i=1}^{n}\delta_i^2}{n}} \tag{1-21}$$

式中:x_i——第 i 次测量值;

L——被测物理量的真值。

在实际测量时,由于真值 L 是无法确切知道的,用测量值的算术平均值代替之,各测量值与算术平均值的差值称为残余误差,即:

$$v_i=x_i-\overline{x}$$

用残余误差计算的均方根偏差称为均方根偏差的估计值 σ_s,即

$$\sigma_s=\sqrt{\frac{\sum_{i=1}^{n}(x_i-\overline{x})^2}{n-1}}=\sqrt{\frac{\sum_{i=1}^{n}v_i^2}{n-1}} \tag{1-22}$$

(3)算术平均值的标准偏差

上述采用测量值的算术平均值作为真值,即作为数学期望的估值。通常在有限次测量时,算术平均值不可能等于被测量的真值 L,它也是随机变动的,这就有必要研究算术平均值不可靠的评定标准。如果在相同条件下,对同一被测量进行 m 组的"多次测量",各组所得的算术平均值,围绕真值 L 有一定的分散性,也是随机变量。算术平均值的精度可由算术平均值的标准差来评定。它与 σ_s 的关系如下:

$$\sigma_{\overline{x}}=\frac{\sigma_s}{\sqrt{n}} \tag{1-23}$$

式中:$\sigma_{\overline{x}}$——算术平均值的标准差(均方根误差);

σ_s—— 一组测量值的标准差(均方根误差);

n——单次测量次数。

上式表明,算术平均值的方差仅为单次测量值的方差的 $1/n$,这就是说,算术平均值的离散度比测量数据的离散度要小。所以,在有限次等精度重复测量中,用算术平均值估计被测量值要比用测量数据序列中任何一个更为合理。

(4)测量的极限误差

测量的极限误差是极端误差,检测量结果的误差不超过极端误差的概率 P,使出现概

率为 $1-P$，误差超过该极端误差的检测量的测量结果可以忽略。

一组测量的测量次数足够多和单次测量误差为正态分布时，随机误差正态曲线下的全部面积，为全部误差出现的概率，即：

$$\int_{-\infty}^{+\infty} y\mathrm{d}v = \frac{1}{\sigma\sqrt{2\pi}}\int_{-\infty}^{+\infty} \mathrm{e}^{-\frac{\delta^2}{2\sigma^2}}\mathrm{d}\delta = 100\% = 1 \tag{1-24}$$

而随机误差在 $-\delta$ 到 δ 范围内概率为：

$$P(\pm\delta) = \frac{1}{\sigma\sqrt{2\pi}}\int_{-\delta}^{\delta} \mathrm{e}^{-\frac{\delta^2}{2\sigma^2}}\mathrm{d}\delta = \frac{2}{\sigma\sqrt{2\pi}}\int_{0}^{\delta} \mathrm{e}^{-\frac{\delta^2}{2\sigma^2}}\mathrm{d}\delta \tag{1-25}$$

设变量 t，则：

$$t=\frac{\delta}{\sigma}, \delta=t\sigma$$

$$P(\pm t\sigma) = \frac{2}{\sqrt{2\pi}}\int_{0}^{t} \mathrm{e}^{\frac{t^2}{2}}\mathrm{d}t = 2\Psi(t) \tag{1-26}$$

$$\text{其中}, \Psi(t) = \frac{1}{\sqrt{2\pi}}\int_{0}^{t} \mathrm{e}^{\frac{t^2}{2}}\mathrm{d}t$$

函数 $\Psi(t)$ 称为概率积分。

若概率误差在 $\pm t\sigma$ 范围内出现的概率为 $2\Psi(t)$，则超出该范围的概率为 $1-2\Psi(t)$。

表 1-1 给出几个典型的 t 值，及对应的不超出和超出概率(见图 1-7)。

表 1-1

t	$t\sigma$	$2\Psi(t)$	$1-2\Psi(t)$
0.6745	0.6745σ	0.5	0.5
1	1σ	0.6827	0.3173
2	2σ	0.9545	0.0455
3	3σ	0.9973	0.0027
4	4σ	0.99994	0.00006

由表可以看出，随着 t 的增大，超出 $|\delta|$ 的概率迅速减小，当 $t=3$ 时，误差不超出 $|\delta|$ 的概率为 99.73%，通常将这个误差称为单次测量的极限误差 $\delta_{\min}$(见图 1-7)。

$$\delta_{\min}=\pm 3\sigma$$

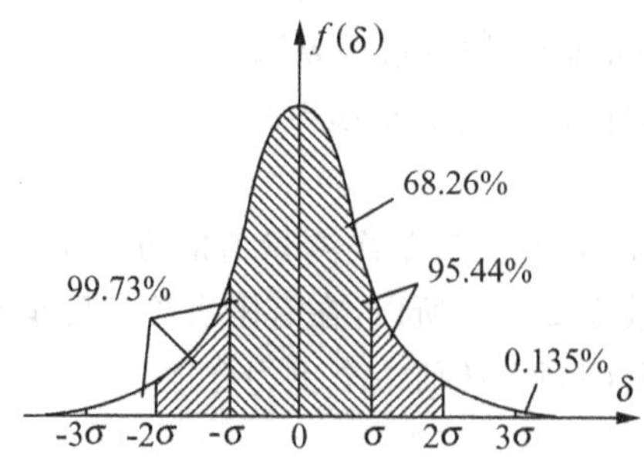

图 1-7　单次测量极限误差

例 1.1　表 1-2 中有一组测量值为 237.4,237.2,237.9,237.1,238.1,237.5,237.4,237.6,237.6,237.4,求测量结果。

解　算术平均值:$\bar{x}=\frac{230}{10}(7.4+7.2+7.9+7.1+8.1+7.5+7.4+7.6+7.6+7.4)$

$=237.52$

表 1-2　**测量值及其误差**

序号	测量值 x_i	残余误差 v_i	残余误差平方 v_i^2
1	237.4	−0.12	0.0144
2	237.2	−0.32	0.10
3	237.9	0.38	0.14
4	237.1	−0.42	0.18
5	238.1	0.58	0.34
6	237.5	−0.02	0.0004
7	237.4	−0.12	0.014
8	237.6	0.08	0.0064
9	237.6	0.08	0.0064
10	237.4	−0.12	0.014

标准差为:

$$\sigma_s=\sqrt{\frac{\sum v_i^2}{n-1}}=\sqrt{\frac{0.816}{10-1}}\approx 0.30$$

算术平均值的标准差:

$$\sigma_{\bar{x}}=\frac{\sigma_s}{\sqrt{n}}=\frac{0.30}{\sqrt{10}}\approx 0.09$$

所以,测量结果为:

$$x=237.52\pm 0.09$$

或　$x=237.52\pm 3\times 0.09=237.52\pm 0.27$

1.4.5　粗大误差处理

如前所述,在对重复测量所得一组测量值进行数据处理之前,首先应将具有粗大误差的可疑数据找出来加以剔除。但是,人们绝对不能凭主观意愿对数据任意进行取舍,而是要有一定的根据。原则就是要看这个可疑值的误差是否仍处于随机误差的范围之内,是则留,不是则弃。

下面就常用的几种判断粗大误差的准则介绍如下:

1.4.5.1　σ 准则(拉伊达准则)

拉伊达准则:对于服从正态分布的等精度测量,其某次的测量误差$|x_i-L|$大于 3σ 的

概率为0.27%。因此，通常把等于3σ的误差称为极限误差，某个测量值的残余误差的绝对值$|x_i-\overline{x}|>3\sigma$时，则该测量值为可疑值(坏值)，应剔除。

当某个可疑数据xk的$|x_i-\overline{x}|>3\sigma$时，则按照$3\sigma$准则，将其剔除，然后，将剩余的数据继续计算测量数据的平均值$\overline{x}$和3σ，按照此方法继续计算和剔除，直到没有坏值为止。

3σ准则是以测量误差符合正态分布为依据的，值得注意的是，一般工程等精度测量次数较小时，测量误差分布往往和标准正态分布相差较大；因此，当测量次数较少($n<20$)时，很难发现坏值，将其去掉。所以，3σ准则比较适合测量次数较多，而且测量误差分布接近正态分布的情况。

1.4.5.2 肖维勒准则

肖维勒准则以正态分布为前提，假设多次重复测量所得n个测量值中，某个测量值的残余误差$|v_i|>Z_c\sigma$，则剔除此数据。实用中$Z_c<3$，所以在一定程度上弥补了3σ准则的不足。

1.4.5.3 格拉布斯准则

格拉布准则是指小样本测量数据中，某一测量值满足表达式：

$$v_i=|x_i-\overline{x}|>k_g(n,a)\cdot\sigma \tag{1-27}$$

则该测量值x_i为坏值(粗大误差)，应剔除此数据。

式中：x_i——被怀疑为坏值的某次测量值；

$\overline{x}$——包括x_i在内的所有测量值的算术平均值；

σ——包括x_i在内的所有测量值的标准差；

$k_g(n,a)$——格拉布准则的鉴别值；

n——测量次数。

格拉布准则的鉴别值$k_g(n,a)$是和测量次数n、超差概率a相关数值，可以通过查相关的数据表格获得。表1-3是工程常用的$a=0.05$和$a=0.01$在不同测量次数时，对应的格拉布准则的鉴别值$k_g(n,a)$。

表1-3　格拉布准则的鉴别值$k_g(n,a)$

n \ a	0.01	0.05	n \ a	0.01	0.05	n \ a	0.01	0.05
3	1.16	1.15	12	2.55	2.29	21	2.91	2.58
4	1.49	1.46	13	2.61	2.33	22	2.94	2.60
5	1.75	1.67	14	2.66	2.37	23	2.96	2.62
6	1.91	1.82	15	2.70	2.41	24	2.99	2.64
7	2.10	1.94	16	2.74	2.44	25	3.01	2.66
8	2.22	2.03	17	2.78	2.47	30	3.10	2.74
9	2.32	2.11	18	2.82	2.50	35	3.18	2.81
10	2.41	2.18	19	2.85	2.53	40	3.24	2.87
11	2.48	2.23	20	2.88	2.56	50	3.34	2.96

在应用格拉布准则的时候，应该注意的是，当一次运算查处多个可疑测量数据时，不能全部将它们都看作坏值一并剔除，每次只能舍弃误差最大的那个测量数据，即使，误差超出鉴别值最大的两个可疑测量值相等，也只能先剔除一个，然后，按照剔除后的测量数据重新计算平均值、标准差，并查表获得格拉布准则的鉴别值，重新判别，直到无坏值为止。

格拉布准则是建立在统计理论基础上的，对于 $n<30$ 的小样本测量较为科学、合理的判断粗大误差的方法。因此，目前国内外普遍推荐使用此准则处理小样本测量数据中的粗大误差。

1.4.5.4　狄克逊准则

狄克逊准则是通过极差比判定和剔除异常数据。与一般比较简单极差的方法不同，该准则为了提高判断效率，对不同的实验量测定数应用不同的极差比进行计算。该准则认为异常数据应该是最大数据和最小数据，因此其基本方法是将数据按大小排队，检验最大数据和最小数据是否异常数据。具体做法如下：

将测量数据 x_i 按值的大小排成顺序统计量：

$$x(1),\leqslant x(2),\leqslant x(3),\cdots,\leqslant x(n)$$

按表 1-3 计算 f_0 值，然后根据表 1-3 将 f_0 与 $f(n,a)$ 进行比较，如果

$$f_0>f(n,a)$$

则判定该数据为异常数据，予以剔除（见表 1-4）。

以上准则是以数据按正态分布为前提的，当偏离正态分布，特别是测量次数很少时，则判断的可靠性就差。因此，对粗大误差除用剔除准则外，更重要的是要提高工作人员的技术水平和工作责任心。另外，要保证测量条件稳定，防止因环境条件剧烈变化而产生的突变影响。

表 1-4　狄克逊系数 $f(n,a)$ 与 f_0 的计算公式

	$f(n,a)$		f_0 计算公式	
	$a=0.01$	$a=0.05$	$x(1)$可以时	$x(n)$可以时
3	0.988	0.941	$\frac{x_{(2)}-x_{(1)}}{x_{(n)}-x_{(1)}}$	$\frac{x_{(n)}-x_{(n-1)}}{x_{(n)}-x_{(2)}}$
4	0.889	0.765		
5	0.780	0.642		
6	0.698	0.560		
7	0.637	0.507		
8	0.683	0.554	$\frac{x_{(n)}-x_{(n-1)}}{x_{(n)}-x_{(2)}}$	$\frac{x_{(n)}-x_{(n-1)}}{x_{(n)}-x_{(2)}}$
9	0.635	0.512		
10	0.597	0.477		
11	0.679	0.576	$\frac{x_{(n)}-x_{(n-2)}}{x_{(n)}-x_{(3)}}$	$\frac{x_{(n)}-x_{(n-2)}}{x_{(n)}-x_{(3)}}$
12	0.642	0.546		
13	0.615	0.521		

续表

14	0.641	0.546		
15	0.616	0.525		
16	0.595	0.507		
17	0.577	0.490		
18	0.561	0.475		
19	0.547	0.462	$\frac{x_{(n)}-x_{(n-2)}}{x_{(n)}-x_{(3)}}$	$\frac{x_{(n)}-x_{(n-2)}}{x_{(n)}-x_{(3)}}$
20	0.535	0.450		
21	0.524	0.440		
22	0.514	0.430		
23	0.505	0.421		
24	0.497	0.413		
25	0.489	0.406		

1.4.6 测量结果的数据整理规程

对于一项测量任务，完成多次测量后，要对测量数据进行科学处理，最后得出科学客观的结果，误差符合实际，这需要根据上述理论处理数据，为了处理方便，通常将测量数据列成表格，并按照下列规程处理数据：

(1)按照测量顺序，将等精度的测量数据填入表 1-5 中。

表 1-5 测量数据

读数	剩余误差	剩余误差平方
x_1	v_1	v_1^2
x_2	v_2	v_2^2
…	…	…
$\bar{x}=\sum_{i=1}^{n}x_i$	$\sum v_i=$	$\sum v_i^2$

(2)计算测量数据的算术平均值。

(3)计算每个测量数据的剩余误差，剩余误差的代数和近似为 0，否则重算。

(4)计算每个剩余误差的平方，然后计算出均方根误差。

(5)根据上述原则(3σ 准则、肖维勒准则、格拉布准则、狄克逊准则)，判断测量数据中是否有粗大误差，若有将其舍去，重新计算(2)→(5)，直到无粗大误差为止。

(6)计算测量读数(除粗大误差外)的均方根误差。

(7)写出最后的测量结果 $x=\bar{x}\pm\delta$ 或 $x=\bar{x}\pm3\delta$。

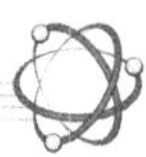

例 1.3 表 1-6 是对某一物理量进行等精度多次测量结果分别为:5.23,5.24,5.32,5.25,5.23,5.26,5.24,5.26,5.22,5.28,5.26,5.20,5.23,5.29,5.25,请求出测量点的残余误差和残余误差的平方,并填于表 1-6 中。

解:

多次测量的和 S

$$S=5.23+5.24+5.32+5.25+5.23+5.26+5.24+5.26+5.22+5.28+5.26+5.20+5.23+5.29+5.25=78.765$$

$$\bar{x}=\frac{S}{15}=\frac{78.675}{15}=5.251$$

表 1-6 各测量的残差、残差平方

序号	测量值 x_i	残余误差 v_i	残余误差平方 v_i^2
1	5.23	−0.021	0.000441
2	5.24	−0.011	0.000121
3	5.32	0.069	0.004761
4	5.25	−0.001	0.000001
5	5.23	−0.021	0.000441
6	5.26	0.009	0.000081
7	5.24	−0.011	0.000121
8	5.26	0.009	0.000081
9	5.22	−0.031	0.000961
10	5.28	0.029	0.000841
11	5.26	0.009	0.000081
12	5.20	−0.051	0.002601
13	5.23	−0.021	0.000441
14	5.29	0.039	0.001521
15	5.25	−0.001	0.000001

1.5 不等精度测量的权与误差

前面讲述的内容是等精度测量的问题。即多次重复测量得的各个测量值具有相同的精度,可用同一个均方根偏差 σ 值来表征,或者说具有相同的可信赖程度。

严格地说来,绝对的等精度测量是很难保证的,但对条件差别不大的测量,一般都当作等精度测量对待,某些条件的变化,如测量时温度的波动等,只作为误差来考虑。因此,在一般测量实践中,基本上都属等精度测量。

但在科学实验或高精度测量中，为了提高测量的可靠性和精度，往往在不同的测量条件下，用不同的测量仪表、不同的测量方法、不同的测量次数以及不同的测量者进行测量与对比，则认为它们是不等精度的测量。

1.5.1 “权”的概念

在不等精度测量时，对同一被测量进行 m 组测量，得到 m 组测量列（进行多次测量的一组数据称为一测量列）的测量结果及其误差，它们不能同等看待。精度高的测量列具有较高的可靠性，将这种可靠性的大小称为“权”。

1.5.2 加权算术平均值

加权算术平均值不同于一般的算术平均值，应考虑各测量列的权的情况。若对同一被测量进行 m 组不等精度测量，得到 m 个测量列的算术平均值 1，2，…，m，相应各组的权分别为 $p_1, p_2, \cdots, p_m$，则加权平均值可用下式表示：

$$\bar{x} = \frac{\bar{x}_1 p_1 + \bar{x}_2 p_2 + \cdots + \bar{x}_m p_m}{p_1 + p_2 + \cdots + p_m} = \frac{\sum_{i=1}^{m} \bar{x}_i p_i}{\sum_{i=1}^{m} p_i} \tag{1-28}$$

1.5.3 加权算术平均值 p 的标准误差 σ_p

当进一步计算加权算术平均值 p 的标准误差时，也要考虑各测量列的权的情况，标准误差 σ_p 可由下式计算：

$$\sigma_{\bar{x}p} = \sqrt{\frac{\sum_{i=1}^{m} p_i v_i^2}{(m-1)\sum_{i=1}^{m} p_i}} \tag{1-29}$$

1.6 测量误差的合成与分配

一个测量系统或一个传感器都是由若干部分组成。设各环节为 $x_1, x_2, \cdots, x_n$，系统总的输入输出关系为 $y=f(x_1, x_2, \cdots, x_n)$，而各部分又都存在测量误差。各局部误差对整个测量系统或传感器测量误差的影响就是误差的合成问题。若已知各环节的误差而求总的误差，叫做误差的合成；反之，总的误差确定后，要确定各环节具有多大误差才能保证总的误差值不超过规定值，这一过程叫做误差的分配。

不同误差由于其特点不同，它们的合成与分配的处理方法就会不同，这样就要研究各自的理论和方法。

1.6.1 测量误差的合成

由于随机误差和系统误差的规律和特点不同，误差的合成与分配的处理方法也不同，

下面分别介绍。

1.6.1.1 系统误差的合成

由于恒值系统误差的符号是确定的，所以，系统误差的合成是求各组误差的代数和。设系统总输出与各环节之间的函数关系为：

$$y=f(x_1,x_2,\cdots,x_n)$$

各部分定值系统误差分别为 $\Delta x_1,\Delta x_2,\cdots,\Delta x_n$，因为系统误差一般均很小，其误差可用微分来表示，故其合成表达式为：

实际计算误差时，是以各环节的定值系统误差 $\Delta x_1,\Delta x_2,\cdots,\Delta x_n$ 代替上式中的 $\mathrm{d}x_1$，$\mathrm{d}x_2,\cdots,\mathrm{d}x_n$，即：

$$\mathrm{d}y=\frac{\partial f}{\partial x_1}\mathrm{d}x_1+\frac{\partial f}{\partial x_2}\mathrm{d}x_2+\cdots+\frac{\partial f}{\partial x_n}\mathrm{d}x_n \tag{1-30}$$

$$\Delta y=\frac{\partial f}{\partial x_1}\Delta x_1+\frac{\partial f}{\partial x_2}\Delta x_2+\cdots+\frac{\partial f}{\partial x_n}\Delta x_n \tag{1-31}$$

式中 Δy 即合成后的总的定值系统误差。

1.6.1.2 随机误差的合成

如果各组成部分的随机误差属于正态分布，那么合成误差的分布也属于正态分布，可用方和根的方法合成误差。设测量系统或传感器有 n 个环节组成，各部分的均方根偏差为 $\sigma_{x1},\sigma_{x2},\cdots,\sigma_{xn}$，则随机误差的合成表达式为：

$$\sigma_y=\sqrt{\left(\frac{\partial f}{\partial x_1}\right)^2\sigma_{x_1}^2+\left(\frac{\partial f}{\partial x_2}\right)^2\sigma_{x_2}^2+\cdots+\left(\frac{\partial f}{\partial x_n}\right)^2\sigma_{x_n}^2} \tag{1-32}$$

若 $y=f(x_1,x_2,\cdots,x_n)$ 为线性函数，即

$$y=a_1x_1+a_2x_2+\cdots+a_nx_n \tag{1-33}$$

如果 $a_1=a_2=\cdots=a_n=1$，则 $\sigma_y=\sqrt{a_1^2\sigma_{x_1}^2+a_2^2\sigma_{x_2}^2+\cdots+a_n^2\sigma_{x_n}^2}$

$$\sigma_y=\sqrt{\sigma_{x_1}^2+\sigma_{x_2}^2+\cdots+\sigma_{x_n}^2} \tag{1-34}$$

1.6.1.3 总合成误差

设测量系统和传感器的系统误差和随机误差均为相互独立的，则总的合成误差 δ 表示为：

$$\delta=\Delta y\pm\sigma_y \tag{1-35}$$

1.6.2 测量误差的分配

在设计时，预先对测量系统或仪表的总误差提出要求，那么如何确定各组成环节的单项误差值，就是误差合理分配问题。

1.6.2.1 系统误差的分配

系统误差的分配是指在组成一测量系统或设计一测量仪器时，各电路部分(各单元或元件)的系统误差。假设采用电桥测量电阻，其测量电路如图 1-8 所示：

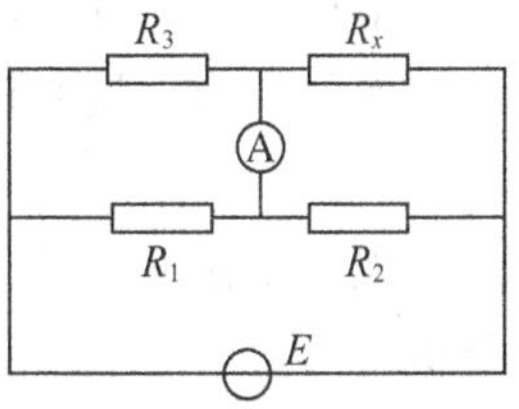

图 1-8 测量电路图

当电流表 A 电流为零时，电桥平衡，R_x 为：

$$R_x=\frac{R_3R_2}{R_1}$$

$$\Delta R_x=\frac{\Delta R_3R_2}{R_1}+\frac{\Delta R_3R_2}{R_1}-\frac{\Delta R_3R_2}{R_1^2}\Delta R_1$$

$$\therefore\frac{\Delta R_x}{R_x}=\frac{\Delta R_3}{R_3}+\frac{\Delta R_2}{R_2}-\frac{\Delta R_1}{R_1}$$

$$\therefore\delta_{R_x}=\delta_{R_3}+\delta_{R_2}-\delta_{R_1}$$

所以，通常实际测量中，将 R_3 采用标准电阻，R_1 和 R_2 选择同一性质，并一致性好的电阻，也就是 R_1 和 R_2 误差可以抵消，测量误差只取决于 R_3 的误差，将其采用精度高的标准电阻，使得测量误差大为降低。

1.6.2.2 随机误差的分配

由于随机误差的特点就是随机性，通常用均方根来表示，所以，分配随机误差具有一定的困难，为了简化系统，可以采用等精度分配原则，认为各环节的随机误差均等，把总误差均匀地分配到各环节。

1.6.2.3 系统设计注意问题

要设计一个测量系统或测量仪表，总希望得到高精度的、误差小的测量系统，这就要从各方面或各环节考虑，采取合理的措施，通常要注意以下问题：

(1)合理选择测量方法，减小由于测量方法不当引起的误差。

(2)合理配置测量系统的各环节，使得各环节互相衔接，减小由此造成的误差。

(3)选择典型的测量点，要具有该物理量代表性。

(4)合理选择测量仪表，要考虑到仪表对测量物理量的影响，使得该影响产生的误差尽量小。

(5)对于间接测量物理量，被测量与直接量之间的函数要准确可靠。

1.6.3 最小二乘法对测量数据处理的应用

在工程实践和科学研究中，经常会遇到需要对某一物理量的变化规律的研究，通常经过测量得到一组测量数据，希望得到一个函数来描述这种变化规律。

最小二乘法原理是一数学原理，它在误差的数据处理中作为一种数据处理手段。最小二乘法原理就是要获得最可信赖的测量结果，使各测量值的残余误差平方和为最小。在等精度测量和不等精度测量中，用算术平均值或加权算术平均值作为多次测量的结果，因为它们符合最小二乘法原理。最小二乘法在组合测量的数据处理，实验曲线的拟合及其他多种学科等方面，均获得了广泛的应用。

例如某物理量变化的函数 y 与变量 $x_i(i=1,2,\cdots,n)$ 的关系为：

$$Y=f(x_1,x_2,\cdots,x_n,a_0,a_1,\cdots,a_n)$$

现在要根据一组实验数据，确定系数 $a_0,a_1,\cdots,a_n$ 的值，工程上把这种方法称为回归分析。

当函数关系是线性关系时，如：

$$Y=a_0+a_1x_1+a_2x_2+\cdots+a_nx_n$$

称这种回归分析为线性回归。当变量是一个变量时，称为单值回归。

为了讨论方便起见，我们用线性函数通式表示。设 $X_1, X_2, \cdots, X_m$ 为待求量，$Y_1, Y_2, \cdots, Y_n$ 为直接测量值，它们相应的函数关系。

设有一个独立等精度的测量列 $x_i(i=1,2,\cdots,n)$

其残差为 $v_i = x_i - \overline{x}$，残差的平方和为：

$$\sum_{i=1}^{n} v_i^2 = \sum_{i=1}^{n} (x_i - \overline{x})^2 = \sum_{i=1}^{n} x_i^2 - n\overline{x^2}$$

式中：$\overline{x} = \sum_{i=1}^{n} \frac{x_i}{n}$

取 m 个平均值记，$\tilde{x}$，其残差 $d_i = x_i - \tilde{x}$

$$\sum_{i=1}^{n} d_i^2 = \sum_{i=1}^{n} (x_i - \tilde{x})^2 = \sum_{i=1}^{n} x_i^2 - 2n\overline{x}\,\tilde{x} + n\tilde{x}^2$$

$$\sum_{i=1}^{n} d_i^2 - \sum_{i=1}^{n} v_i^2 = n\overline{x}^2 - 2n\overline{x}\,\tilde{x} + n\tilde{x}^2 = n(\overline{x} - \tilde{x})^2 \geqslant 0$$

$$\sum_{i=1}^{n} d_i^2 > \sum_{i=1}^{n} v_i^2 = \min$$

下面以一维线性函数为例进行介绍。设某种待求的线性函数关系为：

$$Y = a + bx$$

而 $x_1, x_2, \cdots, x_n, y_1, y_2, \cdots, y_n$ 为一组测量值，测量值中必然存在误差，设每个测量值残差为 v_i，则有：

$$y_i = a + bx_i + v_i$$

i 取 $1,2,\cdots,n$

$$v_i = y_i - (a + bx_i)$$

v_i的平方和为：

$$Q = \sum_{i=1}^{n} v_i^2 = \sum_{i=1}^{n} [y_i - (a + bx_i)]^2$$

要使得上式表达式取最小值，其系数取值的必要条件为：

$$\frac{\partial Q}{\partial a} = -2\sum_{i=1}^{n} [y_i - (a + bx_i)] = 0$$

$$\frac{\partial Q}{\partial b} = -2\sum_{i=1}^{n} x_i \cdot [y_i - (a + bx_i)] = 0$$

解联立方程，可得：

$$a = (\frac{\sum_{i=1}^{n} x_i^2)(\sum_{i=1}^{n} y_i) - (\sum_{i=1}^{n} x_i)(\sum_{i=1}^{n} x_i y_i)}{n\sum_{i=1}^{n} x_i^2 - (\sum_{i=1}^{n} x_i)^2}$$

$$b = \frac{n\sum_{i=1}^{n} x_i y_i - (\sum_{i=1}^{n} x_i)(\sum_{i=1}^{n} y_i)}{n\sum_{i=1}^{n} x_i^2 - (\sum_{i=1}^{n} x_i)^2}$$

测量值 y_i 的残差估计值 v_i 为：

$$v_i = y_i - (a + bx_i) \tag{1-36}$$

称为回归直线的残差。

测量误差可以用方差的估计值进行评估：

$$\delta^2 = \frac{\sum_{i=1}^{n} v_i^2}{n-2} \tag{1-37}$$

$(n-2)$为自由度，由于函数式中常系数为两个时，需要解两个联立方程，将两对测量数据代入公式求常系数时，所得到的公式必然经过这两点，这两点无误差，而剩余的$(n-2)$个数据对应点与公式对应的曲线有一定的残差，因此，这些残差的平方和除以个数$(n-2)$，可以用来评估误差大小程度。

思考与习题

1. 测量系统是怎样构成的？

2. 按照在测量过程中是否向被测量对象施加能量进行分类，测量系统可分为什么类型？按照信号在测量系统传输方向可以将测量系统分为什么类型？

3. 什么是测量方法？

4. 什么是测量误差？什么是真值？什么是约定真值和相对真值？

5. 什么是误差公理？

6. 某同学用量程为 200V 的电压表，测量某标准 90V 的电压时，测量值为 90.8V，求该测量的绝对误差、相对误差。

7. 某同学用量程为 20mA 的电流表，测量标准电流 2mA、5mA、8mA、9mA 读数分别为 2.08mA、5.12mA、8.09mA、9.16mA，如果该测量中反映了这一量程的最大误差，那么其引用误差是多少？该仪表的精度等级是多少？

8. 被测电压实际值约为 20V，现有四种电压表：1.5 级、量程为 0～30V 的 A 表；1.5 级、量程为 0～50V 的 B 表；1.0 级、量程为 0～50V 的 C 表；0.2 级、量程为 0～360V 的 D 表。请问选用哪种规格的电压表进行测量产生的测量误差较小？

9. 按误差的性质分类，误差分为哪些类型？

10. 3 个串联电阻分别采用 3 个电压表测量电压，测量值为 100.6V、120.456V、50.26V，则总电压是多少？（考虑有效数字）

11. 如何发现测量系统误差？

12. 有一组测量值为 28.2、28.5、27.9、28.1、28.5、27.8、27.7，求测量结果。

13. 某压力计的量程为 0～2000kPa，在校验过程时，发现在 1000kPa 测量点误差最大，为 16kPa，试计算：a)相对误差；b)引用误差；c)压力计为几级？

14. 测量得到某组输出和输入数据为：

x	1.9	5.0	6.5	9.1	11.4	13.5
y	1.1	1.6	2.6	3.3	4.1	5.1

试用最小二乘法拟合直线，并求线性度。

第2章　传感器概述

2.1　传感器的组成和分类

传感器是能感受规定的被测量，并按照一定的规律将其转换成可用输出信号的器件或装置。传感器又称为敏感元件、检测器、转换器等。这些不同提法，反映了在不同的技术领域中，只是根据器件用途对同一类型的器件使用着不同的技术术语。如在电子技术领域，常把能感受信号的电子元件称为敏感元件，如热敏元件、磁敏元件、光敏元件及气敏元件等，在超声波技术中则强调的是能量的转换，如压电式换能器。这些提法在含义上有些狭窄，而传感器一词是使用最为广泛而概括的用语。

传感器的输出信号通常是电量，它便于传输、转换、处理、显示等。电量有很多形式，如电压、电流、电容、电阻等，输出信号的形式由传感器的原理确定。

通常传感器由敏感元件和转换元件组成。其中，敏感元件是指传感器中能直接感受或响应被测量的部分；转换元件是指传感器中将敏感元件感受或响应的被测量转换成适于传输或测量的电信号部分。由于传感器的输出信号一般都很微弱，因此需要有信号调理与转换电路对其进行放大、运算调制等。随着半导体器件与集成技术在传感器中的应用，传感器的信号调理与转换电路可能安装在传感器的壳体里或与敏感元件一起集成在同一芯片上。此外，信号调理转换电路以及传感器工作必须有辅助的电源，因此，信号调理转换电路以及所需的电源都应作为传感器组成的一部分。传感器组成框图如图 2-1 所示。

传感器技术是一门知识密集型技术，它与许多学科有关。传感器的原理各种各样，其种类十分繁多，分类方法也很多，但目前一般采用两种分类方法：一是按被测参数分类，如温度、压力、位移、速度等；二是按传感器的工作原理分类，如应变式、电容式、压电式、磁电式等。本书前部分是按后一种分类方法，来介绍各种传感器的，而后部分则是根据工程参数进行叙述的。对于初学者和应用传感器的工程技术人员来说，应先从工作原理出发，了解各种各样传感器，而对工程上的被测参数应着重于如何合理选择和使用传感器。

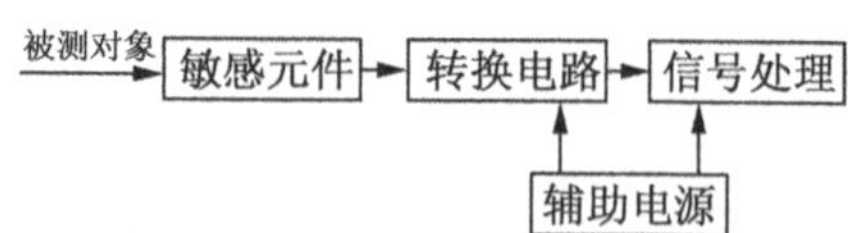

图 2-1　传感器框图

2.2　传感器技术的发展动向

在信息时代里，随着各种系统的自动化程度和复杂性的增加。需要获取的信息量越来越多，不仅对传感器的精度、可靠性和响应要求越来越高，还要求传感器有标准输出形式，以便连接成系统。近年来，微电子、微机械、新材料、新工艺的发展与计算机、通信技术的结合创造出新一代的传感器与检测系统。

2.2.1　发现新物理现象

利用物理现象、化学反应和生物效应是各种传感器工作的基本原理，所以，发现新现象与新效应是发展传感器技术的重要工作，是研究新型传感器的重要基础，其意义极为深远。

2.2.2　研究新材料

传感器材料是传感器技术的重要基础，由于材料科学的进步，人们在制造时，可任意控制它们的成分，从而设计制造出用于各种传感器的功能材料。

2.2.3　利用新的微细加工技术和工艺

微细加工技术的发展使加工工艺得到很大的提高。如氧化、光刻、扩散、沉积、平面电子工艺、各向异性腐蚀以及蒸镀、溅射薄膜工艺都可用于传感器制造，因而制造出各式各样的新型传感器。微传感器的特征之一是体积小，其敏感元件的尺寸一般为微米级。微机械加工技术制作，包括可活动的膜片、悬臂梁、桥以及凹槽、孔隙、锥体等。这些微结构与特殊用途的薄膜和高性能的集成电路相结合，已成功地用于制造各种微传感器乃至多功能的敏感元件阵列（如光电探测器等），实现了诸如压力、力、加速度、角速率、应力、应变、温度、流量、成像、磁场、湿度、pH 值、气体成分、离子和分子浓度以及生物传感器等。

2.2.4　研究集成多功能传感器

实际工程中测量的物理量很多，特别是某些相关的测量，通常是一起测量，然后进行数据处理。现在将各种传感器集成在一起，构成一个多功能传感器成为新的发展趋势。如，日本丰田研究所开发出同时检测 Na^+、K^+ 和 H^+ 等多离子传感器。

2.2.5　开发智能化传感器

所谓智能化传感器，是指传感器技术与专用微处理器融合，改善传统传感器的一些缺点，使得测量精度、性能更优越，它不但有检测功能，而且具有判断和信息处理功能。微处理器能按照给定的程序对传感器实施软件控制，把传感器从单功能变成多功能。包括自补偿、自校正、自诊断、远程设定、状态组合、信息存储和记忆等功能。

2.2.6 研究仿生传感器

由于机器人技术的发展，特别是智能化高级机器人研究的需要，仿生传感器的研究成为新的发展方向。仿生传感器就是模拟人的感觉器官的传感器，即模拟视觉、嗅觉、味觉、触觉、听觉的传感器。

2.3 传感器的基本特性

在生产过程和科学实验中，要对各种各样的参数进行检测和控制，就要求传感器能感受被测非电量的变化，并将其不失真地变换成相应的电量，这取决于传感器的基本特性，即输出—输入特性。如果把传感器看作二端口网络，即有两个输入端和两个输出端，那么传感器的输出—输入特性是与其内部结构参数有关的外部特性。传感器的基本特性可用静态特性和动态特性来描述。

2.3.1 传感器的静态特性

传感器的静态特性是指被测量的值处于稳定状态时的输出输入关系。只考虑传感器的静态特性时，静态特性的输入量与输出量之间的关系，可以认为不含有时间变量。传感器静态特性的重要指标主要是线性度、灵敏度、迟滞和重复性等。

2.3.1.1 测量范围

每个传感器都规定测量的范围，它是指该传感器按规定的精度进行测量的允许的范围。测量值的最小值称为传感器的测量下限，测量值允许的最大值称为测量上限。传感器的量程可以用来表示其测量范围的大小，用测量上限与下限的代数差的绝对值来表示，即

$$Y_{FS}=|Y_{\max}-Y_{\min}| \tag{2-1}$$

如温度传感器 Pt100，测量温度的上限为 850℃，下限温度为 −200℃，则该温度传感器的量程为：

$$Y_{FS}=|850-(-200)|=1050℃$$

2.3.1.2 线性度

传感器理想的输出与输入特性曲线是一条直线，但实际遇到的传感器大多为非线性。传感器的线性度是指传感器的输出与输入之间数量关系的线性程度，就是反映传感器（或测量系统）实际输入、输出关系曲线与据此拟合的理想直线的偏离程度。

假设传感器输出与输入函数关系是：

$$y=a_0+a_1x+a_2x^2+\cdots+a_nx^n \tag{2-2}$$

式中：a_0——输入量 x 为零时的输出量；

a_1——线性项系数（即理论灵敏度）；

$a_2,\cdots,a_n$——非线性项系数。

各项系数不同，决定了特性曲线的具体形式各不相同。

静特性曲线可通过实际测试获得。在实际使用中，为了标定和数据处理的方便，希望

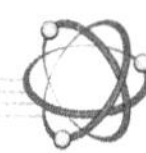

得到线性关系，因此引入各种非线性补偿环节。如采用非线性补偿电路或计算机软件进行线性化处理，从而使传感器的输出与输入关系为线性或接近线性。但如果传感器非线性的方次不高，输入量变化范围较小时，可用一条直线（切线或割线）近似地代表实际曲线的一段，如图 2-2 所示，使传感器输出-输入特性线性化。所采用的直线称为拟合直线。实际特性曲线与拟合直线之间的偏差称为传感器的非线性误差（或线性度），通常用相对误差 γ_L 表示，即

$$\gamma_L = \pm \frac{\Delta L_{max}}{Y_{FS}} \times 100\% \tag{2-3}$$

式中：ΔL_{max}——最大非线性绝对误差；

Y_{FS}——满量程输出。

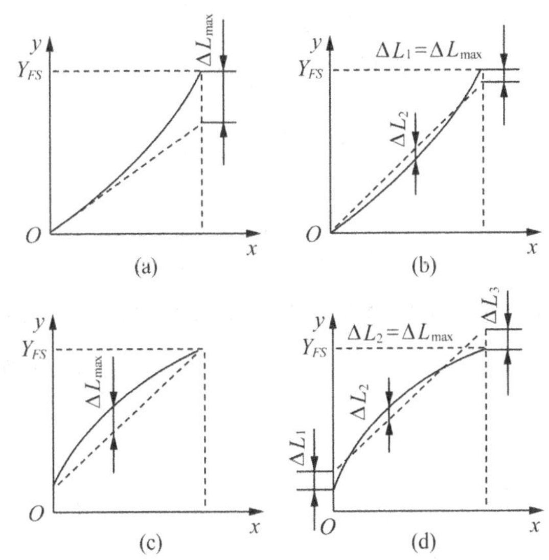

图 2-2　线性度误差

从图 2-2 中可见，即使是同类传感器，拟合直线选择不同，其线性度也是不同的。选取拟合直线的方法很多，用最小二乘法求取的拟合直线的拟合精度最高。现在常用的拟合方法很多，如图 2-2(a)理论拟合，按照传感器输出-输入的理想情况，拟合一直线，如 $y=kx$，通常线性误差较大；图 2-2(b)线性取半法，就是选择过零点的一直线，和实际曲线相交，取两个与直线误差最大点，使二者相等；图 2-2(c)弦线法，就是将实际曲线的两个端点相连的直线段作为拟合直线，通常线性度较大；图 2-2(d)弦线平移法，就是将 c 图进行平行移动，使最大的两点误差相等，这样可以使线性度减小一半。

用最小二乘法拟合的直线，通常被认为最为可靠。因为各校准点与拟合的直线间的残差平方和为最小。假设拟合的直线方程为：

$$y = a_0 + a_1 x \tag{2-4}$$

实际测量值有 n 个，则第 i 个测量点数据 y_i 与拟合直线上相应值之间的残差为：

$$\delta_i = y_i - (a_0 + a_1 x_i) \tag{2-5}$$

当 $\sum_{i=1}^{n}\delta_i^2$ 为最小值时，也就是 $\sum_{i=1}^{n}\delta_i^2$ 对 a_0 和 a_1 的偏导数等于零，即

$$\frac{\partial}{\partial a_0}\sum\delta_i^2 = 2\sum(y_i - a_0 - a_1x_i)(-1) = 0 \tag{2-6}$$

$$\frac{\partial}{\partial a_1}\sum\delta_i^2 = 2\sum(y_i - a_0 - a_1x_i)(-x_i) = 0 \tag{2-7}$$

所以

$$a_0 = \frac{\sum x_i^2\sum y_i - \sum x_i\sum x_iy_i}{n\sum x_1^2 - (\sum x_i)^2} \tag{2-8}$$

$$a_1 = \frac{n\sum x_iy_i - \sum x_i\sum y_i}{n\sum x_i^2 - (\sum x_i)^2} \tag{2-9}$$

将计算得到的系数代入(2-4)式，即可得到拟合的直线。

2.3.1.3 灵敏度

灵敏度 S 是指传感器在静态测量时，输出量增量 Δy 与引起此增量的输入量增量 Δx 的比值，即

$$S=\lim_{\Delta x\to 0}\left(\frac{\Delta y}{\Delta x}\right)=\frac{\mathrm{d}y}{\mathrm{d}x} \tag{2-10}$$

对于线性传感器，它的灵敏度就是它的静态特性的斜率，设传感器的线性方程为：$y=a_0+a_1x$，则灵敏度为 $S=\frac{\mathrm{d}y}{\mathrm{d}x}=a_1$ 为常数；而非线性传感器的灵敏度通常为变量。传感器的灵敏度如图 2-3 所示。

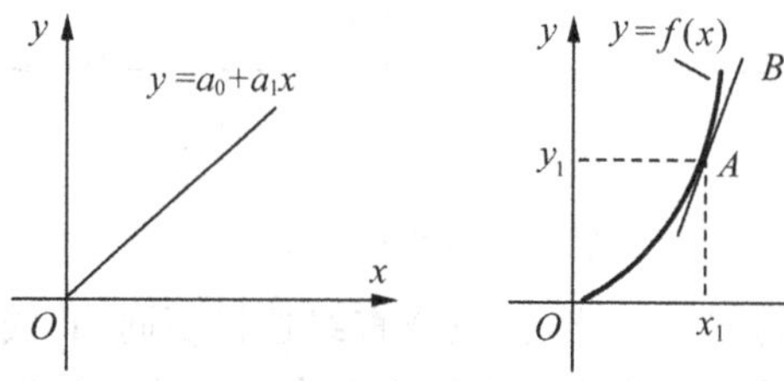

图 2-3 灵敏度

2.3.1.4 迟滞

迟滞反映传感器在正向(输入量增大)和反向(输入量减小)输入时，输出特性的不一致的程度，输入量变化行程期间其输出-输入特性曲线不重合的现象称为迟滞，如图 2-4 所示。也就是说，对于同一大小的输入信号，传感器的正反行程输出信号大小不相等。

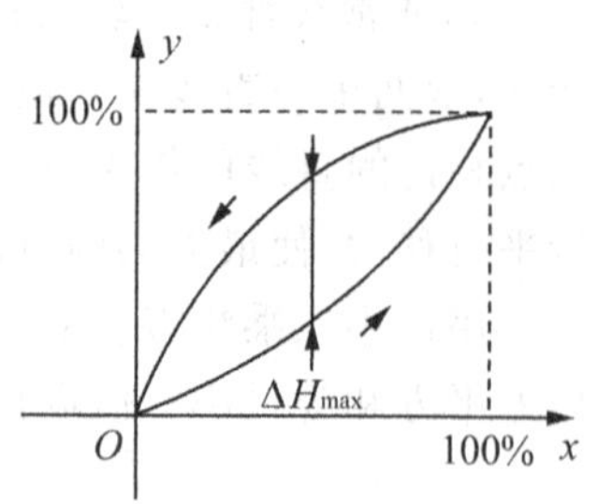

图 2-4 迟滞特性

迟滞大小通常由实验确定。迟滞误差 γ_H 可由下式计算：

$$\gamma_H = \pm \frac{1}{2} \frac{\Delta H_{max}}{y_{FS}} \times 100\% \qquad (2\text{-}11)$$

式中：ΔH_{max}——正反行程输出值间的最大差值；

Y_{FS}——传感器输出的满量程值。

在多次测量时，应分别以正、反程输出量平均值间的最大迟滞差来计算。迟滞误差这种现象的主要原因，是由于传感器敏感元件材料的物理性质和机械零部件的缺陷所造成的，例如弹性敏感元件的弹性滞后、运动部件摩擦、传动机构的间隙、紧固件松动等。

2.3.1.5　重复性

重复性是指传感器在输入量按同一方向（由小变大或由大变小）作全量程连续多次变化时，所得特性曲线不一致的程度，如图 2-5 所示。重复性误差属于随机误差，常用标准偏差表示，也可用正反行程中的最大偏差表示，即

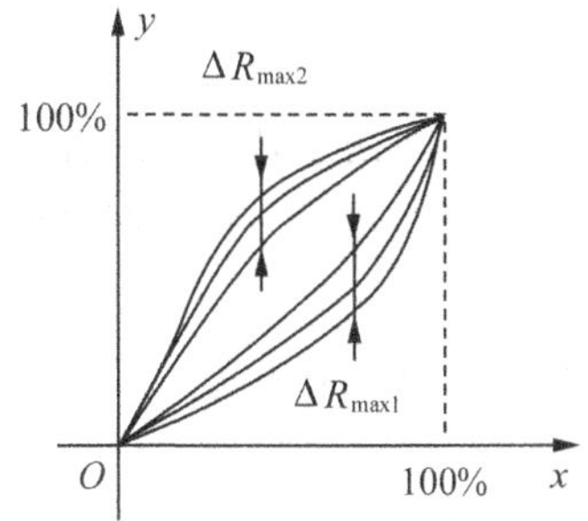

图 2-5　重复特性

重复性误差公式：

$$\gamma_R = \frac{\Delta R_{max}}{Y_{FS}} \times 100\% \qquad (2\text{-}12)$$

2.3.1.6　分辨率与阈值

分辨率是指传感器能检测到的最小的输入增量。有些传感器，如电位器式传感器，当输入量连续变化时，输出量只作阶梯变化，则分辨率就是输出量的每一个“阶梯”所代表的输入量的大小。分辨率可用绝对值表示，也可用与满量程的百分比表示。在传感器输入零点附近的分辨率称为阈值。

为了衡量各仪表的分辨率，通常要和量程结合起来考虑，用全量程中能引起输出变化的各最小输入量中的最大输入变化，相对于满量程输出值的百分数来表示。即

$$k = \frac{\Delta x_{max}}{Y_{FS}} \qquad (2\text{-}13)$$

2.3.1.7　稳定性

稳定性是指传感器在长时间工作情况下输出量发生的变化。也称为长时间工作稳定性或零点漂移。前后两次输出之差即为稳定性误差。稳定性误差可用相对误差表示，也可以用绝对误差来表示。

2.3.1.8　温度稳定性

温度稳定性又称为温度漂移。它是指传感器在外界温度变化情况下，输出量发生的变化。测试时先将传感器置于一定温度（例如 20℃）下。将其输出调至零点或某一特定点，使温度上升或下降一定的度数（例如 5℃或 10℃），再读出输出值，前后两次输出之差为温度稳定性误差。

温度稳定性误差用每若干度的绝对误差或相对误差表示，每℃的误差又称温度误差系数。

2.3.1.9　各种抗干扰能力

传感器对各种外界干扰的抵抗能力。例如抗冲击和抗振动能力、抗潮湿的能力、抗电磁场干扰的能力等，评价这些能力比较复杂，一般也不易给出数量概念，需要具体问题具体分析。

2.3.1.10 静态误差

传感器在其全量程内任一点的输出值与其理论输出值的偏离程度。静态误差的求取方法如下：把全部校准数据与拟合直线上对应值的残差，看成随机分布，求其标准偏差σ，即

$$\sigma=\sqrt{\frac{1}{n-1}\sum_{i=1}^{n}(\Delta y_i)^2} \tag{2-14}$$

取 2σ 或 3σ 值即为传感器的静态误差。有时也用相对误差表示，即

$$\gamma=\pm\frac{3\sigma}{Y_{FS}}\times100\% \tag{2-15}$$

静态误差是一项综合性指标，基本上包括前面介绍的线性度、迟滞误差、重复性误差、灵敏度误差等。将他们合成为：

$$\delta=\pm\sqrt{\gamma_L^2+\gamma_H^2+\gamma_R^2+\gamma_S^2} \tag{2-15}$$

2.3.1.11 可靠性

所谓可靠性，就是指产品在规定的条件下、规定的时间内，完成规定功能的能力。可靠性技术是研究如何评价、分析和提高产品可靠性的一门综合性边缘科学。产品的可靠性是一个与许多因素有关的综合的质量指标，主要特点有：

(1)时间性

产品的可靠性是指产品在使用过程中，主要性能指标的保持能力，保持的时间越长，产品的使用寿命越长。所以，产品的可靠性是时间的函数。在长期实践中，人们发现许多产品失效率曲线具有典型的两头高中间低的特点，习惯称之为浴盆曲线。

(2)统计性

产品的可靠性指标与产品的技术性能指标之间有一个重要区别。产品的可靠性指标是通过产品的抽样实验，利用统计理论估计整批产品的可靠性；而产品的性能指标可以利用仪器仪表直接测量得到，如灵敏度、重复性、非线性、迟滞等。

(3)可比性

可靠性的指标可以通过对比，如产品的工作条件、环境不同可靠性就有很大的差异；规定的使用时间不同，可靠性也不同；产品的功能判断不同，将得到不同的可靠性评定结果。所以，应明确可靠性评定指标、使用条件、规定的时间，否则将失去对比性。

(4)典型指标

传感器或检测系统一旦出现故障，就会导致整个自动化系统瘫痪，有时会造成严重的生产事故，所以，必须十分重视传感器的可靠性。衡量其可靠性的指标有：

平均无故障时间　指传感器或检测系统在正常的工作的条件下，连续不间断工作，直到发生故障，而丧失正常工作能力为止的时间。

故障率　也称失效率，它是平均无故障时间的倒数。

有效度　衡量传感器或检测系统可靠性的综合指标，对于排除故障，修复后可投入正常工作的传感器或检测系统，其有效度 A 定义为平均无故障时间与平均无故障时间 MT-BF(Mean Time Between Failure)、平均故障修复时间 MTTR(Mean Time to Repair)和的比值，即

$$A=\frac{MTBF}{MTBF+MTTR} \tag{2-16}$$

对于用户来说，希望平均无故障时间尽可能长，平均故障修复时间尽可能短，即有效度的数值越大越好，此值越接近1越可靠。

2.3.2　传感器的动态特性

传感器的动态特性是指其输出对随时间变化的输入量的响应特性。当被测量随时间变化是时间的函数时，则传感器的输出量也是时间的函数，其间的关系要用动态特性来表示。一个动态特性好的传感器，其输出将再现输入量的变化规律，即具有相同的时间函数。实际上除了具有理想的比例特性外，输出信号将不会与输入信号具有完全相同的时间函数，这种输出与输入间的差异就是所谓的动态误差。

为了说明传感器的动态特性，下面简要介绍动态测温的问题。在被测温度随时间变化或传感器突然插入被测介质中，以及传感器以扫描方式测量某温度场的温度分布等情况下，都存在动态测温问题。如把一支热电偶从温度为 t_0℃环境中迅速插入一个温度为 t℃的恒温水槽中(插入时间忽略不计)，这时热电偶测量的介质温度从 t_0℃突然上升到 t℃，而热电偶反映出来的温度从 t_0℃变化到 t℃需要经历一段时间，即有一段过渡过程，如图2-6所示。热电偶反映出来的温度与介质温度的差值就称为动态误差。

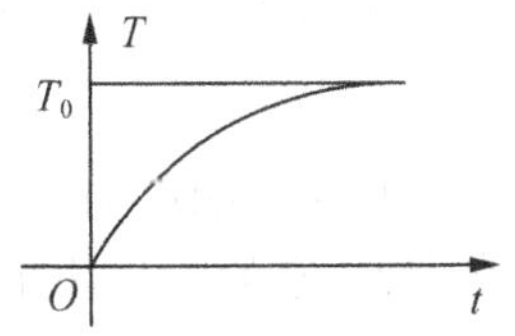

图2-6　动态误差

造成热电偶输出波形失真和产生动态误差的原因，是因为温度传感器有热惯性(由传感器的比热容和质量大小决定)和传热热阻，使得在动态测温时传感器输出总是滞后于被测介质的温度变化。如带有套管的热电偶的热惯性要比裸热电偶大得多。这种热惯性是热电偶固有的，这种热惯性决定了热电偶测量快速温度变化时，会产生动态误差。影响动态特性的“固有因素”任何传感器都有，只不过它们的表现形式和作用程度不同而已。

动态特性除了与传感器的固有因素有关之外，还与传感器输入量的变化形式有关。也就是说，我们在研究传感器动特性时，通常是根据不同输入变化规律来考察传感器的响应的情况。大多数传感器都是线性的或在特定范围内是线性的，对线性系统通常在时域内用微分方程描述，如

$$a_n\frac{\mathrm{d}^n y}{\mathrm{d}t^n}+a_{n-1}\frac{\mathrm{d}_y^{n-1}}{\mathrm{d}t^{n-1}}+\cdots+a_1\frac{\mathrm{d}y}{\mathrm{d}t}+a_0=b_m\frac{\mathrm{d}^m x}{\mathrm{d}t^m}+b_{m-1}\frac{\mathrm{d}^{m-1}x}{\mathrm{d}t^{m-1}}+\cdots+b_1\frac{\mathrm{d}x}{\mathrm{d}t}+b_0 \tag{2-17}$$

其算子形式为

$$(a_nP^n+a_{n-1}P^{n-1}+\cdots+a_1P+a_0)y=(b_mP^m+b_{m-1}P^{m-1}+\cdots+b_1P+b_0)x \tag{2-18}$$

则

$$y=\frac{b_mP^m+b_{m-1}P^{m-1}+\cdots+b_1P+b_0}{a_nP^n+a_{n-1}P^{n-1}+\cdots+a_1P+a_0} \tag{2-19}$$

而在频域内采用传递函数描述为：

$$G(s)=\frac{Y(s)}{X(s)}=\frac{b_ms^m+b_{m-1}s^{m-1}+\cdots+b_1s+b_0}{a_ns^n+a_{n-1}s^{n-1}+\cdots+a_1s+a_0} \tag{2-20}$$

虽然传感器的种类和形式很多，但它们一般可以简化为一阶或二阶系统(高阶可以分

解成若干个低阶环节)。因此,一阶和二阶传感器是最基本的。传感器的输入量随时间变化的规律是各种各样的,下面在对传感器动态特性进行分析时,采用最典型、最简单、易实现的正弦信号和阶跃信号作为标准输入信号。对于正弦输入信号,传感器的响应称为频率响应或稳态响应;对于阶跃输入信号,则称为阶跃响应或瞬态响应。

2.3.2.1 瞬态响应特性

传感器的瞬态响应是时间响应。在研究传感器的动态特性时,有时需要从时域中对传感器的响应和过渡过程进行分析。这种分析方法是时域分析法,传感器对所加激励信号响应称瞬态响应。常用激励信号有阶跃函数、斜坡函数、脉冲函数等。下面以传感器的单位阶跃响应来评价传感器的动态性能指标。

(1)一阶传感器的单位阶跃响应

设 $x(t)$ 和 $y(t)$ 分别为传感器的输入量和输出量,都是时间的函数,则一阶传感器的传递函数为

$$H(s)=\frac{Y(S)}{X(S)}=\frac{k}{\tau s+1} \tag{2-21}$$

对初始状态为零的传感器,当输入一个单位阶跃信号时,其响应为

$$y(t)=1-e^{\frac{t}{\tau}} \tag{2-22}$$

相应的响应曲线如图 2-7 所示。由图可见,传感器存在惯性,它的输出不能立即复现输入信号,而是从零开始,按指数规律上升,最终达到稳态值。理论上传感器的响应只在 t 趋于无穷大时才达到稳态值,但实际上当 $t=4\tau$ 时其输出达到稳态值的 98.2%,可以认为已达到稳态。τ 越小,响应曲线越接近于输入阶跃曲线,因此,τ 值是一阶传感器重要的性能参数。

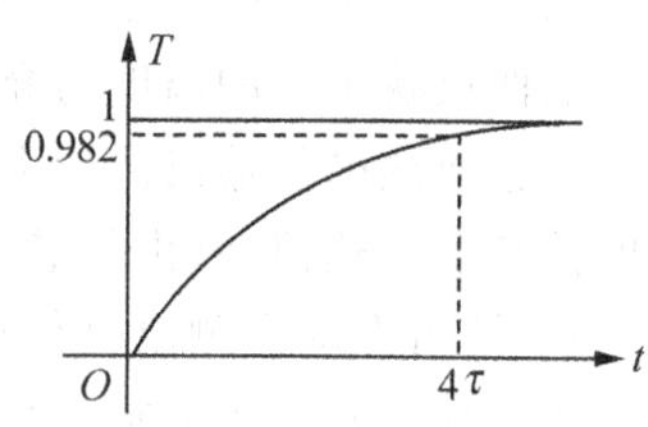

图 2-7 阶跃响应曲线

时间常数越小,响应曲线越接近输入阶跃曲线,因此,一阶传感器系统时间常数越小,动态特性越好。

(2)二阶传感器的单位阶跃响应

二阶传感器的传递函数为

$$H(s)=\frac{Y(s)}{X(s)}=\frac{w_n^2}{s^2+2\xi w_n s+w_n^2} \tag{2-23}$$

式中:ω_n——传感器的固有频率;

ξ——传感器的阻尼比。

在单位阶跃信号作用下,传感器的输出的拉氏变换为

$$Y(s)=X(s)\cdot\frac{w_n^2}{s^2+2\xi w_n s+w_n^2}=\frac{w_n^2}{s(s^2+2\xi w_n s+w_n^2)} \tag{2-24}$$

二阶传感器对阶跃信号的响应在很大程度上取决于阻尼比 ξ 和固有频率 ω_n。固有频率 ω_n 由传感器主要结构参数所决定,ω_n 越高,传感器的响应越快。当 ω_n 为常数时,传感器的响应取决于阻尼比 ξ。图 2-8 为二阶传感器的单位阶跃响应曲线。阻尼比 ξ 直接影响超调量和振荡次数。$\xi=0$,为临界阻尼,超调量为 100%,产生等幅振荡,达不到稳态。

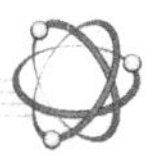

$\xi>1$，为过阻尼，无超调也无振荡，但达到稳态所需时间较长。$\xi<1$，为欠阻尼，衰减振荡，达到稳态值所需时间随 ξ 的减小而加长。$\xi=1$ 时响应时间最短。但实际使用中常按稍欠阻尼调整，ξ 取 0.7～0.8 为最好。如带保护套管的热电偶是一个典型的二阶传感器。

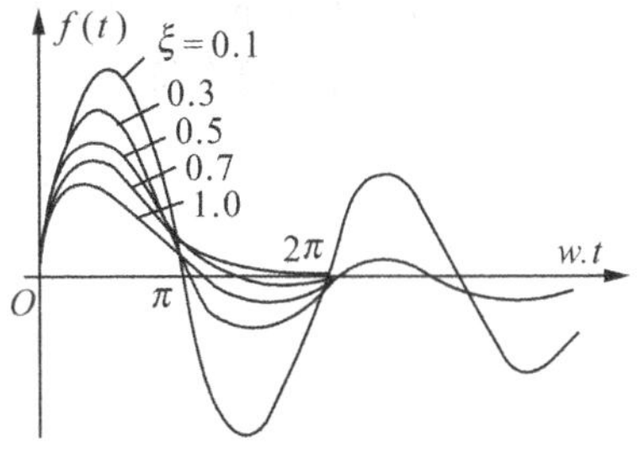

图 2-8 二阶系统的阶跃响应

(3)瞬态响应特性指标

①时间常数 τ 一阶传感器时间常数 τ 越小，响应速度越快。

②延时时间 t_p 传感器输出达到稳态值的 50% 所需时间。

③上升时间 t_r 传感器输出达到稳态值的 90%所需时间。

④超调量 σ 传感器输出超过稳态值的最大值。

2.3.2.2 频率响应特性

传感器对正弦输入信号的响应特性，称为频率响应特性。频率响应法是从传感器的频率特性出发研究传感器的动态特性的方法。

(1)一阶传感器的频率响应

将一阶传感器的传递函数中的 s 用 $j\omega$ 代替后，即可得频率特性表达式，即

$$H(jw)=\frac{Y(jw)}{X(jw)}=\frac{1}{jw\tau+1} \tag{2-25}$$

幅频特性为

$$|H|=\sqrt{\frac{1}{(w\tau)^2+1}} \tag{2-26}$$

相频特性为

$$\Phi(w)=-\arctan(w\tau) \tag{2-27}$$

一阶传感器的幅频特性与相频特性如图 2-9 所示。

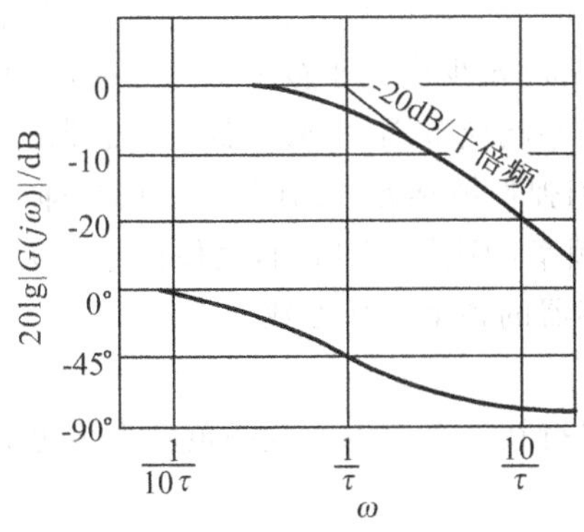

图 2-9 一阶系统波特图

从式(2-26)、(2-27)和图 2-9 看出，时间常数 τ 越小，频率响应特性越好。当 $\omega\tau=1$ 时，$G(\omega)\approx1$，$\Phi(\omega)\approx0$，表明传感器输出与输入为线性关系，且相位差也很小，输出 $y(t)$

比较真实地反映输入 $x(t)$ 的变化规律。因此，减小 τ 可改善传感器的频率特性。

(2)二阶传感器的频率响应

二阶传感器的频率特性表达式、幅频特性、相频特性分别为：

$$H(jw)=\frac{1}{1-\left(\frac{w}{w_n}\right)^2+2j\xi\frac{w}{w_n}} \tag{2-28}$$

$$|H|=\frac{1}{\sqrt{\left[1-\left(\frac{w}{w_n}\right)^2\right]^2+\left(2\xi\frac{w}{w_n}\right)^2}} \tag{2-29}$$

$$\Phi(w)=-\arctan\left[\frac{2\xi\frac{w}{w_n}}{1-\left(\frac{w}{w_n}\right)^2}\right] \tag{2-30}$$

图 2-10 为二阶传感器的频率响应特性曲线。从式(2-28)、(2-29)和图 2-10 可见，传感器的频率响应特性的好坏主要取决于传感器的固有频率 ω_n 和阻尼比 ξ。

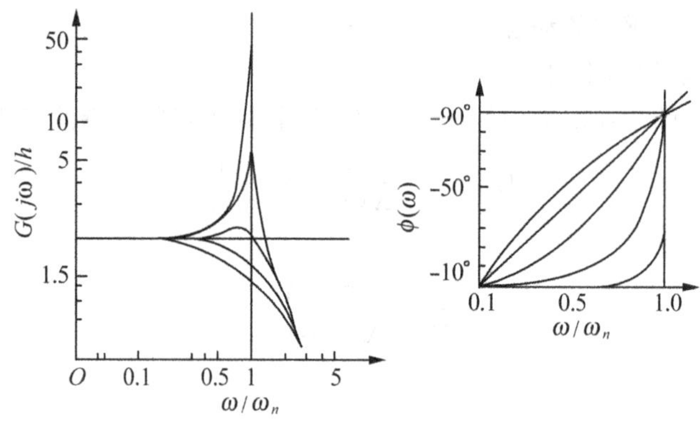

图 2-10　频率特性曲线

当 $\xi<1,\omega/\omega_n$ 时，$|H(\omega)|\approx 1,\Phi(\omega)$ 很小，此时，传感器的输出 $y(t)$ 再现了输入 $x(t)$ 的波形。通常固有频率 ωn 至少应大于被测信号频率 ω 的 3～5 倍，即 $\omega_n\geqslant(3\sim5)\omega$。为了减小动态误差和扩大频率响应范围，一般是提高传感器固有频率 ω_n。而固有频率 ωn 与传感器运动部件质量 m 和弹性敏感元件的刚度 k 有关，即 $\omega_n=(k/m)1/2$。增大刚度 k 和减小质量 m 可提高固有频率，但刚度 k 增加，会使传感器灵敏度降低。所以在实际中，应综合各种因素来确定传感器的各个特征参数。

(3)频率响应特性指标

①频带。传感器增益保持在一定值内的频率范围为传感器频带或通频带，对应有上、下截止频率。

②时间常数 τ。用时间常数 τ 来表征一阶传感器的动态特性。τ 越小，频带越宽。

③固有频率 ω_n。二阶传感器的固有频率 ω_n 表征了其动态特性。

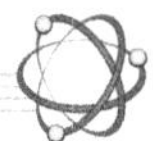

思考与习题

1. 某温度传感器，在输入量变化 40Ω 时，输出温度变化 100℃，求其灵敏度。

2. 试计算下表中传感器的迟滞误差和重复性误差。

		压力					
		正行程 1	负行程 1	正行程 2	负行程 2	正行程 3	负行程 3
输出电压（MPa）	0.0	1.10	1.20	1.19	1.22	1.19	1.21
	0.2	19.10	19.20	19.15	19.24	19.13	19.20
	0.4	38.30	38.41	38.36	38.65	38.39	38.47
	0.6	57.61	57.86	57.68	57.89	57.69	57.84
	0.8	76.97	77.21	76.99	77.30	77.15	77.25
	1.0	96.41	96.58	96.52	96.61	96.63	96.70

3. 某温度传感器为一阶系统，时间常数为 3s，当温度传感器受突变作用后，求传感器指示出温差的 1/3 和 1/2 时所需要的时间。

4. 什么是传感器的静态特性？主要有哪些指标？

第 3 章　电阻式传感器

电阻式传感器是一种把被测物理量转化为电阻变化的传感器。按照工作原理可以分为变阻器式传感器和电阻应变式传感器两类。

3.1　变阻器式电阻传感器

变阻器式传感器也称为电位器式传感器，它是一种传感元件，主要把线性位移或角位移输入量转换为与它成一定函数关系的电阻或电压输出。

电位器式传感器的优点：如结构简单、尺寸小、重量轻、精度高、输出信号大、性能稳定并容易实现任意函数。

电位器式传感器的缺点：要求输入能量大，电刷与电阻元件之间容易磨损。分辨率不高，因为受到电阻丝直径的限制。

3.1.1　电位器的空载特性

电位器的空载特性是指在电位器未添加负载时的输出特性曲线，线性的电位器理想空载特性曲线应具有严格的线性关系。

3.1.1.1　线性位移电位器（见图 3-1）的理想空载特性公式

$$R_x = \frac{x}{x_{max}} \cdot R_{max} \tag{3-1}$$

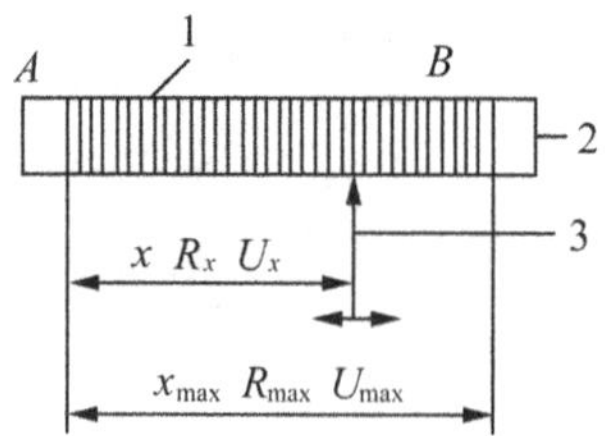

图 3-1　线形位移电位器示意图

$$U_x = \frac{x}{x_{max}} \cdot U_{max} \tag{3-2}$$

式中：x, x_{max}——指当前位移量和最大的位移量；

R_x, R_{max}——对应当前位移量和最大位移量的阻值，

U_x, U_{max}——对应的输出电压值。

3.1.1.2 角位移型电位器（见图 3-2）的理想空载特性公式

$$R_\alpha = \frac{\alpha}{\alpha_{max}} \cdot R_{max} \tag{3-3}$$

$$U_\alpha = \frac{\alpha}{\alpha_{max}} \cdot U_{max} \tag{3-4}$$

式中：α, α_{max}——当前角位移量和最大角位移量；

R_α, R_{max}——当前角位移量和最大位移量对应的阻值；

U_α, U_{max}——对应输出电压值。

3.1.1.3 非线性位移型电位器（见图 3-3）的理想空载特性公式

$$R_x = \frac{f(x)}{x_{max}} \cdot R_{max} \tag{3-5}$$

$$U_x = \frac{f(x)}{x_{max}} \cdot U_{max} \tag{3-6}$$

式中：x, x_{max}——当前位移量和最大的位移量；

R_x, R_{max}——对应当前位移量和最大位移量的阻值；

U_x, U_{max}——对应的输出电压值。

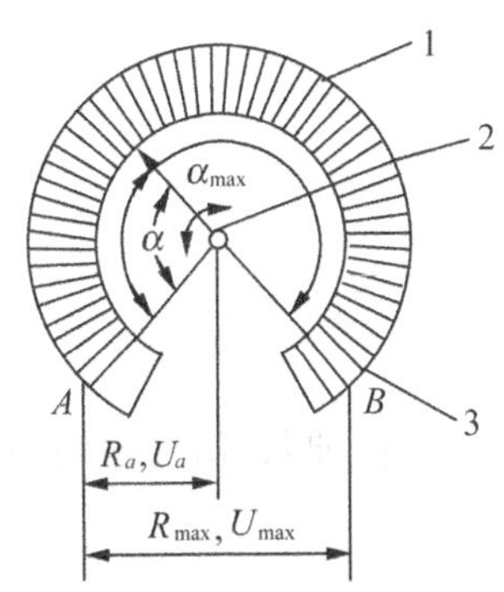

图 3-2 角位移电位器示意图

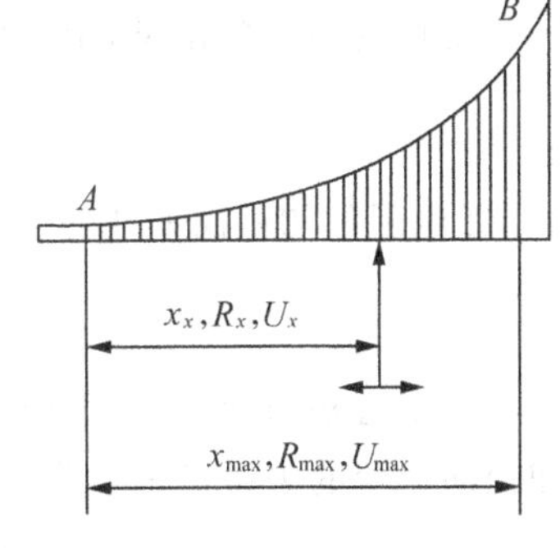

图 3-3 非线性位移型电位器示意图

变阻器式传感器被用于线位移、角度位移测量，在测量仪器中用于伺服记录仪器或电子电位差计等等。

3.2 应变片式电阻传感器

电阻应变式传感器是利用电阻应变片将应变转换为电阻变化的传感器，传感器由在弹性元件上粘贴电阻应变敏感元件构成。

当被测物理量作用在弹性元件上时，弹性元件的变形引起应变敏感元件的阻值变化，通过转换电路将其转变成电量输出，电量变化的大小反映了被测物理量的大小。应变式

电阻传感器是目前测量力、力矩、压力、加速度、重量等参数应用最广泛的传感器。

电阻应变片的工作原理是基于应变效应，即在导体产生机械变形时，它的电阻值相应发生变化。如图 3-4 所示，一根金属电阻丝，在其未受力时，原始电阻值为

$$R=\frac{\rho L}{S}$$

式中：ρ——电阻丝的电阻率；

L——电阻丝的长度；

S——电阻丝的截面积。

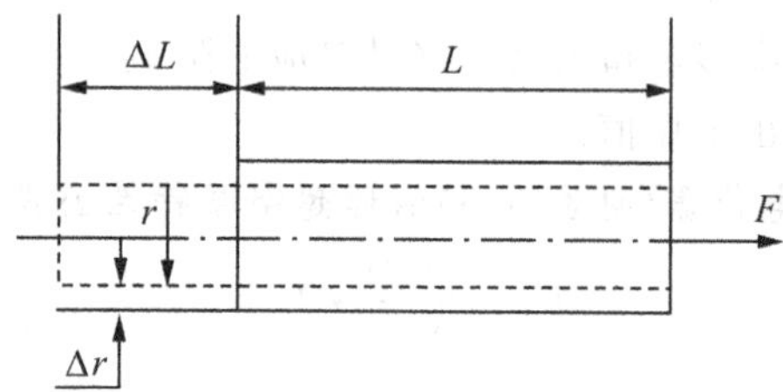

图 3-4　金属电阻丝的应变效应

当电阻丝受到拉力 F 作用时，将伸长 ΔL，横截面积相应减小 ΔS，电阻率将因晶格发生变形等因素而改变 $\Delta\rho$，故引起电阻值相对变化量为

$$\frac{\Delta R}{R}=\frac{\Delta L}{L}-\frac{\Delta S}{S}+\frac{\Delta\rho}{\rho} \tag{3-7}$$

式中 $\Delta L/L$ 是长度相对变化量，用应变 ε 表示

$$\varepsilon=\frac{\Delta L}{L} \tag{3-8}$$

$\Delta S/S$ 为圆形电阻丝的截面积相对变化量，即

$$\frac{\Delta S}{S}=\frac{2\Delta r}{r} \tag{3-9}$$

由材料力学可知，在弹性范围内，金属丝受拉力时，沿轴向伸长，沿径向缩短，那么轴向应变和径向应变的关系可表示为

$$\frac{\Delta r}{r}=-\mu\frac{\Delta L}{L}=-\mu\varepsilon \tag{3-10}$$

式中：μ——电阻丝材料的泊松比，负号表示应变方向相反。

将式(3-10)、式(3-8)代入式(3-7)，可得

$$\frac{\Delta R}{R}=(1+2\mu)\varepsilon+\frac{\Delta\rho}{\rho} \tag{3-11}$$

通常把单位应变能引起的电阻值变化称为电阻丝的灵敏度系数。其物理意义是单位应变所引起的电阻相对变化量，其表达式为

$$\frac{\frac{\Delta R}{R}}{\varepsilon}=(1+2\mu)+\frac{\frac{\Delta\rho}{\rho}}{\varepsilon} \tag{3-12}$$

灵敏度系数受两个因素影响：一个是受力后材料几何尺寸的变化，即$(1+2\mu)$；另一个是受力后材料的电阻率发生的变化，即$(\Delta\rho/\rho)/\varepsilon$。对金属材料电阻丝来说，灵敏度系数

表达式中$(1+2\mu)$的值要比$(\Delta\rho/\rho)/\varepsilon$大得多，而半导体材料的$(\Delta\rho/\rho)/\varepsilon$项的值比$(1+2\mu)$大得多。大量实验证明，在电阻丝拉伸极限内，电阻的相对变化与应变成正比，即K为常数。

$$K=1+2\mu+\frac{\frac{\Delta\rho}{\rho}}{\varepsilon} \tag{3-13}$$

用应变片测量应变或应力时，根据上述特点，在外力作用下，被测对象产生微小机械变形，应变片随着发生相同的变化，同时应变片电阻值也发生相应变化。当测得应变片电阻值变化量ΔR时，便可得到被测对象的应变值。根据应力与应变的关系，得到应力值σ为

$$\sigma=E\cdot\varepsilon \tag{3-14}$$

式中：σ——试件的应力；

ε——试件的应变；

E——试件材料的弹性模量，不同材料的弹性模量不同。

由此可知，应力值σ正比于应变ε，而试件应变ε正比于电阻值的变化，所以应力σ正比于电阻值的变化，这就是利用应变片测量应变的基本原理。

3.3　电阻应变片特性

3.3.1　电阻应变片的种类

电阻应变片品种繁多，形式多样。但常用的应变片可分为两类：金属电阻应变片和半导体电阻应变片。金属应变片由敏感栅、基片、覆盖层和引线等部分组成，如图3-5所示。

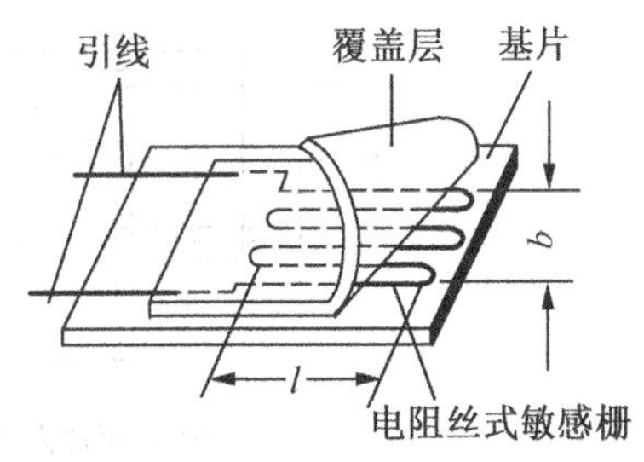

图3-5　金属电阻应变片的结构

敏感栅是应变片的核心部分，它粘贴在绝缘的基片上，其上再粘贴起保护作用的覆盖层，两端焊接引出导线。金属电阻应变片的敏感栅有丝式、箔式和薄膜式三种。

箔式应变片是利用光刻、腐蚀等工艺制成的一种很薄的金属箔栅，其厚度一般在0.003～0.01mm。其优点是散热条件好，允许通过的电流较大，可制成各种所需的形状，便于批量生产。薄膜应变片是采用真空蒸发或真空沉淀等方法在薄的绝缘基片上形成0.1μm以下的金属电阻薄膜的敏感栅，最后再加上保护层。它的优点是应变灵敏度系数大，允许电流密度大，工作范围广。

半导体应变片是用半导体材料制成的，其工作原理是基于半导体材料的压阻效应。所谓压阻效应，是指半导体材料在某一轴向受外力作用时，其电阻率ρ发生变化的现象。

半导体应变片受轴向力作用时，其电阻相对变化为

$$\frac{\Delta R}{R}=(1+2\mu)\varepsilon+\frac{\Delta\rho}{\rho} \tag{3-15}$$

式中：$\Delta\rho/\rho$为半导体应变片的电阻率相对变化量，其值与半导体敏感元件在轴向所受的

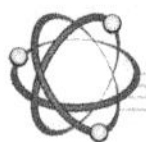

应变力关系为

$$\frac{\Delta\rho}{\rho}=\sigma\pi=\pi\cdot E\cdot\varepsilon \tag{3-16}$$

式中：π——半导体材料的压阻系数。

将式(3-15)代入式(3-16)中得

$$\frac{\Delta\rho}{\rho}=(1+2\mu+E\pi)\cdot\varepsilon \tag{3-17}$$

实验证明，πE 比$(1+2\mu)$大上百倍，所以$(1+2\mu)$可以忽略，因而半导体应变片的灵敏系数为：

$$K_S=(\Delta R/R)/\varepsilon=E$$

半导体应变片突出优点是灵敏度高，比金属丝式高 50～80 倍，尺寸小，横向效应小，动态响应好。但它有温度系数大，应变时非线性比较严重等缺点。

3.3.2 横向效应

当将图 3-6 所示的应变片粘贴在被测试件上时，由于其敏感栅是由 n 条长度为 l_1 的直线段和$(n-1)$个半径为 r 的半圆组成，若该应变片承受轴向应力而产生纵向拉应变 ε_x 时，则各直线段的电阻将增加，但在半圆弧段则受到从 $+\mu\varepsilon_x$ 到 $-\mu\varepsilon_x$ 之间变化的应变，圆弧段电阻的变化将小于沿轴向安放的同样长度电阻丝电阻的变化。综上所述，将直的电阻丝绕成敏感栅后，虽然长度不变，应变状态相同，但由于应变片敏感栅的电阻变化较小，因而其灵敏系数 K 较电阻丝的灵敏系数 K_0 小，这种现象称为应变片的横向效应。

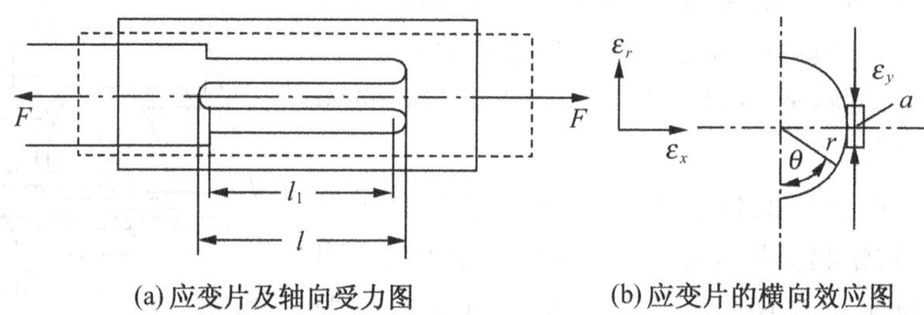

图 3-6　应变片轴向受力及横向效应

当实际使用应变片的条件与其灵敏系数 K 的标定条件不同时，如 $\mu\neq0.285$ 或受非单向应力状态，由于横向效应的影响，实际 K 值要改变，如仍按标称灵敏系数来进行计算，可能造成较大误差。当不能满足测量精度要求时，应进行必要的修正，为了减小横向效应产生的测量误差，现在一般多采用箔式应变片。

3.3.3 应变计的动态特性

在测量频率较高的动态应变时，应考虑到它的动态响应特性。在动态情况下，应变以波动形式在材料中传播，传播速度为声速。应力波从试件通过胶层、基片传到敏感栅需要一定时间。沿应变计长度方向经过敏感栅需要更长一些的时间。敏感栅电阻的变化是对某一瞬时作用于其上应力的平均值的反应。如钢材声速为 5000m/s，胶层声速为1000m/s。

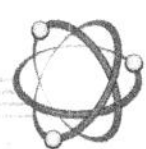

胶层和基片的总厚度约为 0.05mm，由试件经过胶层和基片传到敏感栅的时间约为 5×10^{-8}s，可以忽略不计。然而，当应变波沿敏感栅长度方向传播的影响，应加以考虑。

图 3-7(a)的阶跃波沿敏感栅轴向传播时，由于应变波通过敏感栅需要一定时间，当阶跃波的跃起部分通过敏感栅全部长度后，电阻变化才达到最大值。应变计的理论响应特性如图 3-7(b)所示。由于应变计粘合层对应变中高次谐波的衰减作用，实际波形如图 3-7(c)所示。如以输出从最大值的 10%上升到 90%的这段时间为上升时间，则 t_k 和可测频率分别为：

$$t_k=0.8\frac{L}{v},f=\frac{0.35}{t_k}\frac{0.35v}{0.8L}=0.44\frac{v}{L}$$

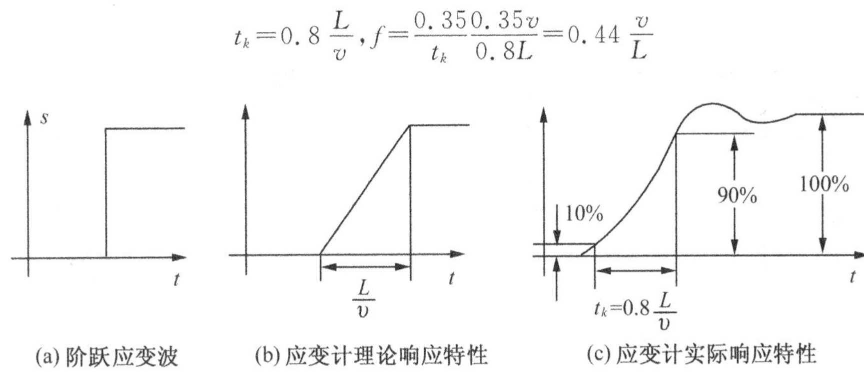

(a) 阶跃应变波　(b) 应变计理论响应特性　(c) 应变计实际响应特性

图 3-7　阶跃应变波通过敏感栅及其波形图

实际上 t_k 值是很小的。例如，应变计基长 $L=20$mm，应变波速 $v=5000$m/s 时，$t_k=3.2\times10^{-6}$s，$f=110$kHz。

当测量按正弦规律变化的应变波时，由于应变计反映的应变波形，是应变计线栅长度内所感受应变量的平均值，因此应变计反应的波幅将低于真实应变波，从而带来一定误差。显然，这种误差将随应变计基长的增加而加大。当基片一定时将随频率的增加而加大。图 3-8 表示应变计正处于应变波达到最大值时的瞬时情况。应变波的波长为 λ，应变计的基长为 L，两端点的坐标为 x_1 和 x_2，而

$$x_1=\frac{\lambda}{4}-\frac{L}{2},x_2=\frac{\lambda}{4}+\frac{L}{2}$$

此时应变计在其基长 L 内测得的平均应变 ε_p 达到最大值。其值为

$$\begin{aligned}\varepsilon_p&=\frac{\int_{x_1}^{x_2}\varepsilon_0\sin\frac{2\pi}{\lambda}x\,\mathrm{d}x}{x_2-x_1}=-\frac{\lambda\varepsilon_0}{2\pi L}\left(\cos\frac{2\pi}{\lambda}x_2-\cos\frac{2\pi}{\lambda}x_1\right)\\&=\frac{\lambda}{\pi L}\sin\frac{\pi L}{\lambda}=\varepsilon_0\frac{\sin\frac{\pi L}{\lambda}}{\frac{\pi L}{\lambda}}\end{aligned}$$

设 $\varphi=\frac{\pi L}{\lambda}$，因而应变波幅测量的相对误差 e 为

$$e=\frac{\varepsilon_0-\varepsilon_p}{\varepsilon_0}=1-\frac{\sin\varphi}{\varphi}\approx\frac{\varphi^2}{6}=\frac{1}{6}\left(\frac{\pi L}{\lambda}\right)^2$$

因为 $\lambda=\frac{v}{f}$，所以 $f=\frac{v}{\pi l}\sqrt{6e}$。

对于钢材 $v=5000\mathrm{m/s}$，若要 $e=1\%$ 时，对 $L=1\mathrm{mm}$ 的应变计，其允许的最高工作频率为

$$f=\frac{5\times10^6}{\pi\times1}\sqrt{6\times0.01}=390\mathrm{kHz}$$

由上式可知，测量误差 e 与应变波长对基长的相对比值 $n=\lambda/L$ 有关，其关系曲线如图 3-9 所示。λ/L 愈大，误差 e 愈小。一般可取 $\lambda/L=10\sim20$，其误差 e 小于 $1.6\%\sim0.4\%$。又有 $f=v/(nL)$。即 n 愈大，工作频率愈高。

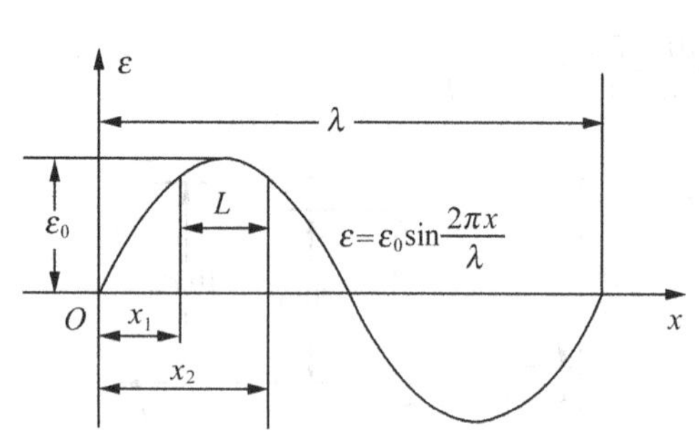

图 3-8　应变波形图

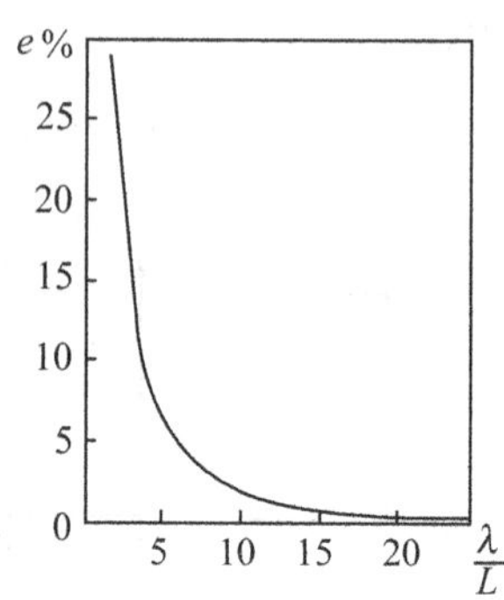

图 3-9　测量误差和应变波长与基长比值关系图

3.3.4　应变片的温度误差及补偿

3.3.4.1　应变片的温度误差

由于测量现场环境温度的改变而给测量带来的附加误差，称为应变片的温度误差。产生应变片温度误差的主要因素有：

(1)电阻温度系数的影响

敏感栅的电阻丝阻值随温度变化的关系可用下式表示：

$$R_t=R_0(1+\alpha_0\Delta_t) \tag{3-18}$$

式中：R_t——温度为 t℃时的电阻值；

R_0——温度为 t℃时的电阻值；

α_0——金属丝的电阻温度系数；

Δt——温度变化值，$\Delta t=t-t_0$。

当温度变化 Δt 时，电阻丝电阻的变化值为

$$\Delta R_t=R_t-R_0=R_0\alpha_0\Delta t \tag{3-19}$$

(2)试件材料和电阻丝材料的线膨胀系数的影响

当试件与电阻丝材料的线膨胀系数相同时，不论环境温度如何变化，电阻丝的变形仍和自由状态一样，不会产生附加变形。当试件和电阻丝线膨胀系数不同时，由于环境温度的变化，电阻丝会产生附加变形，从而产生附加电阻。

设电阻丝和试件在温度为 0℃时的长度均为 L_0，它们的线膨胀系数分别为 β_s 和 β_g，若两者不粘贴，则它们的长度分别为

$$L_s=L_0(1+\beta_s\Delta t) \tag{3-20}$$

$$L_g=L_0(1+\beta_g\Delta t) \tag{3-21}$$

当二者粘贴在一起时，电阻丝产生的附加变形 ΔL，附加应变 ε_β 和附加电阻变化 ΔR_β 分别为

$$\Delta L = L_g - L_s = (\beta_g - \beta_s) L_0 \Delta t \tag{3-22}$$

$$\varepsilon_\beta = \Delta L / L_0 = (\beta_g - \beta_s) \Delta t \tag{3-23}$$

$$\Delta R\beta = K_0 R_0 \varepsilon_\beta = K_0 R_0 (\beta_g - \beta_s) \Delta t \tag{3-24}$$

由式(3-11)和式(3-24)，可得由于温度变化而引起应变片总电阻相对变化量为：

$$\begin{aligned}\frac{\Delta R}{R_0} &= \frac{\Delta R\alpha + \Delta R\beta}{R_0} \\ &= \alpha_0 \Delta t + K_0(\beta_g - \beta_s)\Delta t \\ &= [\alpha_0 \Delta t + K_0(\beta_g - \beta_s)]\Delta t = \alpha \Delta t\end{aligned} \tag{3-25}$$

折合成附加应变量或虚假的应变 ε_t，有

$$\varepsilon_t = (\Delta R / R_0) / K = \left[\frac{\alpha_0}{K} + (\beta_g - \beta_s)\right]\Delta t \tag{3-26}$$

由式(3-25)和式(3-26)可知，因环境温度变化而引起的附加电阻的相对变化量，除了与环境温度有关外，还与应变片自身的性能参数(K_0，α_0，β_s)以及被测试件线膨胀系数 β_g 有关。

3.3.4.2　电阻应变片的温度补偿方法

电阻应变片的温度补偿方法通常有线路补偿法和应变片自补偿两大类。

(1)线路补偿法

电桥补偿是最常用的且效果较好的线路补偿法。电桥输出电压 Uo 与桥臂参数的关系为

$$U_0 = A(R_1 R_4 - R_B R_3) \tag{3-27}$$

式中：A——由桥臂电阻和电源电压决定的常数。

R_1——工作应变片；

R_B——补偿应变片。

由上式可知，当 R_3 和 R_4 为常数时，R_1 和 R_B 对电桥输出电压 U_0 的作用方向相反。利用这一基本关系可实现对温度的补偿。测量应变时，工作应变片 R_1 粘贴在被测试件表面上，补偿应变片 R_B 粘贴在与被测试件材料完全相同的补偿块上，且仅工作应变片承受应变。

当被测试件不承受应变时，R_1 和 R_B 又处于同一环境温度为 t℃的温度场中，调整电桥参数，使之达到平衡，有

$$U_0 = A(R_1 R_4 - R_B R_3) = 0 \tag{3-28}$$

工程上，一般按 $R_1 = R_2 = R_3 = R_4$ 选取桥臂电阻。当温度升高或降低 $\Delta t = t - t_0$ 时，两个应变片的因温度而引起的电阻变化量相等，电桥仍处于平衡状态，即

$$U_0 = A[(R_1 + \Delta R_1 t) R_4 - (R_B + \Delta R_B t) R_3] = 0 \tag{3-29}$$

若此时被测试件有应变 ε 的作用，则应变片电阻 R_1 又有新的增量 $\Delta R_1 = R_1 K\varepsilon$，而补偿片因不承受应变，故不产生新的增量，此时电桥输出电压为

$$U_0 = A R_1 R_4 K \varepsilon \tag{3-30}$$

由上式可知，电桥的输出电压 U_0 仅与被测试件的应变 ε 有关，而与环境温度无关。

应当指出，若实现完全补偿，上述分析过程必须满足四个条件：

①在应变片工作过程中，保证 $R_3=R_4$。

② R_1 和 R_B 两个应变片应具有相同的电阻温度系数 α，线膨胀系数 β，应变灵敏度系数 K 和初始电阻值 R_0。

③粘贴补偿片补偿块材料和粘贴工作片的被测试件材料必须一样，两者线膨胀系数相同。

④两应变片应处于同一温度场。

(2)应变片的自补偿法

这种利用自身具有温度补偿作用进行温度补偿的应变片，称之为温度自补偿应变片。温度自补偿应变片的工作原理可由式(3-29)得出，要实现温度自补偿，必须有

$$\alpha_0=-K_0(\beta_g-\beta_s) \tag{3-31}$$

上式表明，当被测试件的线膨胀系数 β_g 已知时，如果合理选择敏感栅材料，即其电阻温度系数 α_0、灵敏系数 K_0 和线膨胀系数 β_s，使式(3-31)成立，则不论温度如何变化，均有 $\Delta R_t/R_0=0$，从而达到温度自补偿的目的。

3.4 电阻应变片的测量电路

由于机械应变一般都很小，要把微小应变引起的微小电阻变化测量出来，同时要把电阻相对变化 $\Delta R/R$ 转换为电压或电流的变化。因此，需要有专用测量电路用于测量应变变化而引起电阻变化的测量电路，通常采用直流电桥和交流电桥。

3.4.1 直流电桥

3.4.1.1 直流电桥平衡条件

电桥如图 3-10 所示，E 为电源，R_1、R_2、R_3 及 R_4 为桥臂电阻，R_L 为负载电阻。

$$U_0=E\left(\frac{R_1}{R_1+R_2}-\frac{R_3}{R_3+R_4}\right)$$

当电桥平衡时，$U_0=0$，则有

$$R_1R_4=R_2R_3 \tag{3-32}$$

式(3-32)称为电桥平衡条件。这说明欲使电桥平衡，其相邻两臂电阻的比值应相等，或相对两臂电阻的乘积相等

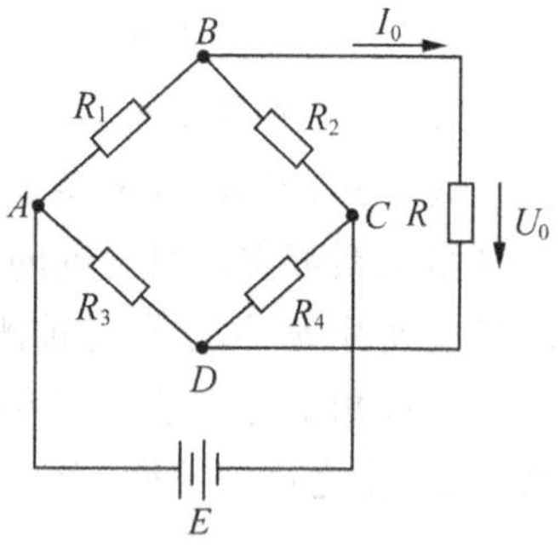

图 3-10 直流电桥

3.4.1.2 电压灵敏度

R_1 为电阻应变片，R_2、R_3、R_4 为电桥固定电阻，这就构成了单臂电桥。应变片工作时，其电阻值变化很小，电桥相应输出电压也很小，一般需要加入放大器放大。由于放大器的输入阻抗比桥路输出阻抗高很多，所以此时仍视电桥为开路情况。当产生应变时，若应变片电阻变化为 ΔR_1，其他桥臂固定不变，电桥输出电压 $U_0\neq0$，则电桥不平衡输出电压为

$$U_0=E\left(\frac{R_1+\Delta R_1}{R_1+\Delta R_1+R_2}-\frac{R_3}{R_3+R_4}\right)=E\,\frac{\Delta R_1R_4}{(R_1+\Delta R_1+R_2)(R_3+R_4)}$$
$$=E\,\frac{\frac{R_4}{R_3}\frac{\Delta R_1}{R_1}}{\left(1+\frac{\Delta R}{R_1}+\frac{R_2}{R_1}\right)\left(1+\frac{R_4}{R_3}\right)} \tag{3-33}$$

设桥臂比 $n=R_2/R_1$，由于 $\Delta R_1\ll R_1$，分母中 $\Delta R_1/R_1$ 可忽略，并考虑到平衡条件 $R_2/R_1=R_4/R_3$，则式(3-33)可写为

$$U_0=E\cdot\frac{n}{(1+n)^2}\cdot\frac{\Delta R_1}{R_1} \tag{3-34}$$

电桥电压灵敏度定义为

$$K_U=\frac{U_0}{\Delta R_1/R_1}=E\,\frac{n}{(1+n)^2} \tag{3-35}$$

从式(3-35)分析发现：

①电桥电压灵敏度正比于电桥供电电压，供电电压越高，电桥电压灵敏度越高，但供电电压的提高受到应变片允许功耗的限制，所以要作适当选择。

②电桥电压灵敏度是桥臂电阻比值 n 的函数，恰当地选择桥臂比 n 的值，保证电桥具有较高的电压灵敏度。

当 E 值确定后，n 值取何值时使 K_U 最高？由 $\mathrm{d}K_U/\mathrm{d}n=0$，求 R_U 的最大值，得

$$\frac{\mathrm{d}R_U}{\mathrm{d}n}=\frac{1-n^2}{(1+n)^3}=0$$

求得 $n=1$ 时，K_U 为最大值。这就是说，在电桥电压确定后，当 $R_1=R_2=R_3=R_4$ 时，电桥电压灵敏度最高，此时有

$$U_0=\frac{E}{4}\cdot\frac{\Delta R_1}{R}=\frac{E}{4} \tag{3-36}$$

从上述可知，当电源电压 E 和电阻相对变化量 $\Delta R_1/R_1$ 一定时，电桥的输出电压及其灵敏度也是定值，且与各桥臂电阻阻值大小无关。

3.4.1.3 非线性误差及其补偿方法

由式(3-33)所得输出电压因略去分母中的 $\Delta R_1/R_1$ 项而得出的是理想值，实际值计算为：

$$U_0'=E\,\frac{n\,\frac{\Delta R_1}{R_1}}{\left(1+n+\frac{\Delta R_1}{R_1}\right)(1+n)} \tag{3-37}$$

如果是四等臂电桥，$R_1=R_2=R_3=R_4$，则

$$\frac{U_0-U_0'}{U_0}=\frac{\frac{\Delta R_1}{R_1}}{1+n+\frac{\Delta R_1}{R_1}}=\frac{\frac{\Delta R_1}{2R_1}}{1+\frac{\Delta R}{2R_1}} \tag{3-38}$$

对于一般应变片来说，所受应变 ε 通常在 5×10^{-3} 以下，

若取 $K_U=2$，则 $\Delta R_1/R_1=K_u\cdot\varepsilon=0.01$，代入式(3-38)计算得非线性误差为 0.5%；

若 $K_U=130$，$\varepsilon=10^{-3}$ 时，$\Delta R_1/R_1=0.130$，则得到非线性误差为 6%，故当非线性误差不能满足测量要求时，必须予以消除。

为了减小和克服非线性误差，常采用差动电桥如图 3-11 所示，在试件上安装两个工作应变片，一个受拉应变，一个受压应变，接入电桥相邻桥臂，称为半桥差动电路，该电桥输出电压为：

$$U_0=E\left(\frac{\Delta R_1+R_1}{\Delta R_1+R_1+R_2-\Delta R_2}-\frac{R_3}{R_3+R_4}\right) \tag{3-39}$$

由式(3-39)可知，U_0 与($\Delta R_1/R_1$)呈线性关系，差动电桥无非线性误差，而且电桥电压灵敏度 $K_U=E/2$，比单臂工作时提高一倍，同时还具有温度补偿作用。

若将电桥四臂接入四片应变片，如图 3-11(b)所示，即两个受拉应变，两个受压应变，将两个应变符号相同的接入相对桥臂上，构成全桥差动电路，若 $\Delta R_1=\Delta R_2=\Delta R_3=\Delta R_4$，且 $R_1=R_2=R_3=R_4$，则

$$U_0=E\frac{\Delta R_1}{R_1},K_U=E$$

此时全桥差动电路不仅没有非线性误差，而且电压灵敏度是单片的 4 倍，同时仍具有温度补偿作用。

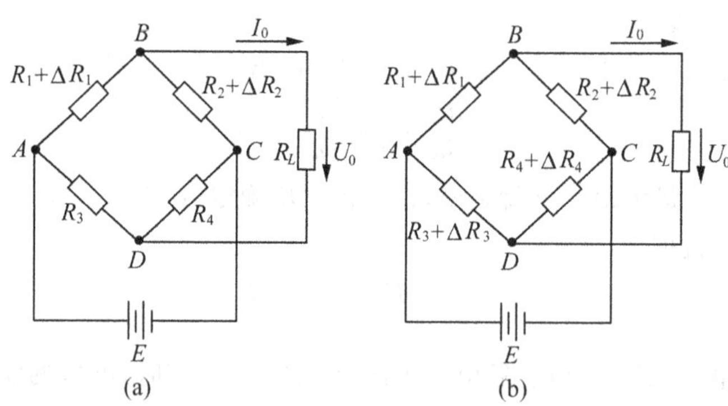

图 3-11　差动电桥

3.4.2　交流电桥

根据直流电桥分析可知，由于应变电桥输出电压很小，一般都要加放大器，而直流放大器易于产生零漂，因此应变电桥多采用交流电桥。

图 3-12 为交流电桥，$\dot{U}$ 为交流电压源，开路输出电压为 $\dot{U}_0$。

由于供桥电源为交流电源，引线分布电容使得二桥臂应变片呈现复阻抗特性，即相当于二只应变片各并联了一个电容，则每一桥臂上复阻抗分别为

$$Z_1=\frac{R_1}{R_1+jwR_1C_1},Z_2=\frac{R_2}{R_2+jwR_2C_2},Z_3=R_3,Z_4=R_4 \tag{3-40}$$

式中：C_1、C_2——表示应变片引线分布电容，由交流电路分析可得。

$$\dot{U}_0=\frac{\dot{U}(Z_1Z_4-Z_2Z_3)}{(Z_1+Z_2)(Z_3+Z_4)} \tag{3-41}$$

要满足电桥平衡条件，即 $\dot{U}_0=0$，则有 $Z_1Z_4=Z_2Z_3$。取 $Z_1=Z_2=Z_3=Z_4$，将式(3-40)代入式(3-41)，可得

$$\frac{R_1}{1+jwR_1C_1}R_4=\frac{R_2}{1+jwR_2C_2}R_3$$

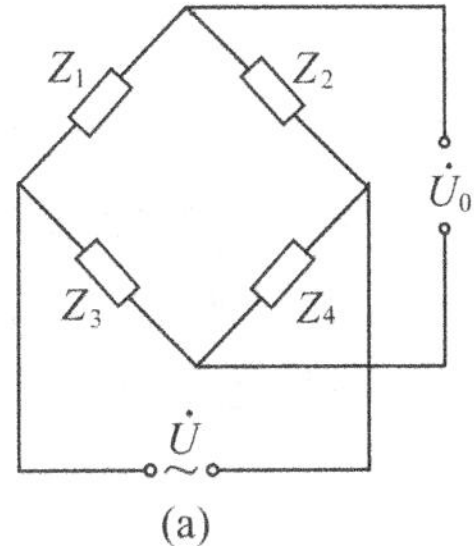

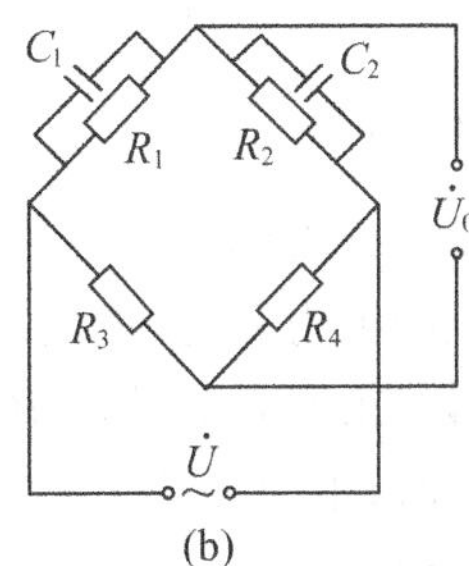

图 3-12 交流电桥

进一步整理得到：

$$\frac{R_3}{R_1}+jwR_3C_1=\frac{R_4}{R_2}+jwR_4C_2$$

其实部、虚部分别相等，并整理可得交流电桥的平衡条件为：

$$\frac{R_2}{R_1}=\frac{R_4}{R_3} \quad 及 \quad \frac{R_2}{R_1}=\frac{C_1}{C_2}$$

对这种交流电容电桥，除要满足电阻平衡条件外，还必须满足电容平衡条件。为此在桥路上除设有电阻平衡调节外还设有电容平衡调节。电桥平衡调节电路如图 3-13 所示。

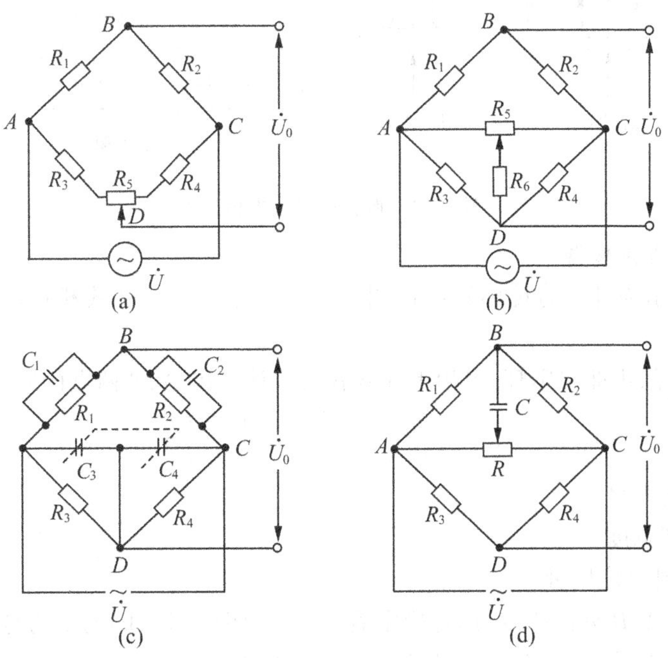

图 3-13 交流电桥平衡调节

当被测应力变化引起 $Z_1=Z_0+\Delta Z, Z_2=Z_0-\Delta Z$ 变化时，则电桥输出为

$$\dot{U}=\dot{U}\left(\frac{Z_0+\Delta Z}{2Z_0}-\frac{1}{2}\right)=\frac{1}{2}\dot{U}\cdot\frac{\Delta Z}{Z_0}$$

3.5 应变式传感器应用

3.5.1 应变式力传感器

被测物理量为荷重或力的应变式传感器，统称为应变式力传感器。其主要用作各种电子称与材料试验机的测力元件、发动机的推力测试、水坝坝体承载状况监测等。

应变式力传感器要求有较高的灵敏度和稳定性，当传感器在受到侧向作用力或力的作用点发生轻微变化时，不应对输出有明显的影响。

3.5.1.1 柱(筒)式力传感器

图 3-14 所示为柱式、筒式力传感器，应变片粘贴在弹性体外壁应力分布均匀的中间部分，对称地粘贴多片，电桥接线时应尽量减小载荷偏心和弯矩的影响，贴片在圆柱面上位置及其在桥路中的连接如图 3-14(c)、(d)所示，R_1 和 R_3 串接，R_2 和 R_4 串接，并置于桥路对臂上以减小弯矩影响，横向贴片作温度补偿用。

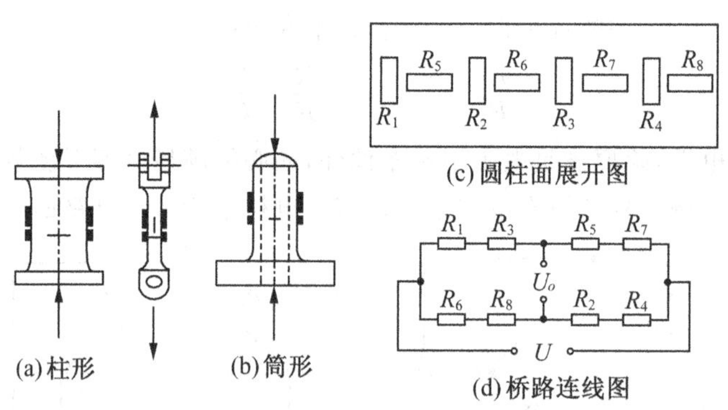

图 3-14 圆柱(筒)式力传感器

3.5.1.2 环式力传感器

图 3-15 所示为环式力传感器结构图及应力分布图。与柱式相比，应力分布变化较大，且有正有负。

对 $R/h>5$ 的小曲率圆环，可用下面两各公式计算出 A、B 两点的应变。

$$\varepsilon_A=\frac{1.91FR}{bh^2E} \quad \varepsilon_B=-\frac{1.09FR}{bh^2E}$$

式中：h——圆环厚度；

b——圆环宽度；

E——材料弹性模量。

这样，测出 A、B 处的应变，即可确定载荷 F。由图 3-15(b)的应力分布可以看出，R_2 应变片所在位置应变为零。故 R_2 应变片起温度补偿作用。

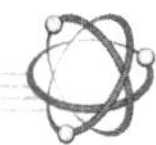

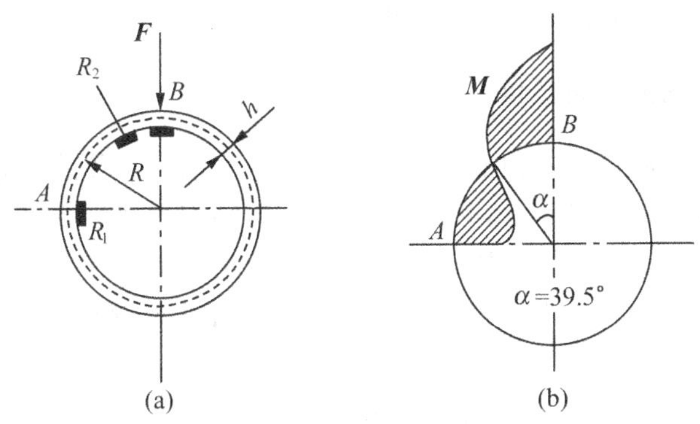

图 3-15 环式力传感器

3.5.2 应变式压力传感器

应变式压力传感器主要用来测量流动介质的动态或静态压力。如动力管道设备的进出口气体或液体的压力、发动机内部的压力变化，枪管及炮管内部的压力、内燃机管道压力等。应变片压力传感器大多采用膜片式或筒式弹性元件。

图 3-16 所示为膜片式压力传感器，应变片贴在膜片内壁，在压力 p 作用下，膜片产生径向应变 ε_r 和切向应变 ε_t，表达式分别为：

$$\varepsilon_r=\frac{3p(1-\mu^2)(R^2-3x^2)}{8h^2E}$$

$$\varepsilon_t=\frac{3p(1-\mu^2)(R^2-x^2)}{8h^2E}$$

式中：p——膜片上均匀分布的压力；

R,h——膜片的半径和厚度；

x——离圆心的径向距离。

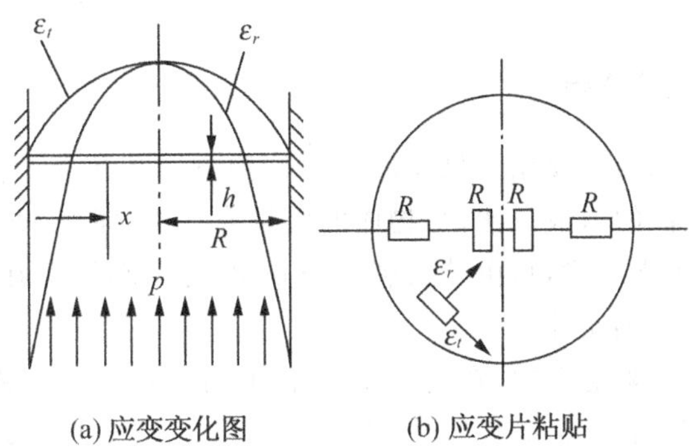

图 3-16 膜片式压力传感器

由应力分布图可知，膜片弹性元件承受压力 p 时，其应变变化曲线的特点为：当 $x=0$ 时，$\varepsilon r_{\max}=\varepsilon t_{\max}$；当 $x=R$ 时，$\varepsilon_t=0$，$\varepsilon_r=-2\varepsilon r_{\max}$。

根据以上特点，一般在平膜片圆心处切向粘贴 R_1、R_4 两个应变片，在边缘处沿径向粘

贴 R_2、R_3 两个应变片，然后接成全桥测量电路。

3.5.3 应变式容器内液体重量传感器

图 3-17 是插入式测量容器内液体重量传感器示意图。该传感器有一根传压杆，上端安装微压传感器，为了提高灵敏度，共安装了两只；下端安装感压膜，感压膜感受上面液体的压力。当容器中溶液增多时，感压膜感受的压力就增大。将其上两个传感器 Rt 的电桥接成正向串接的双电桥电路，得到容器内感压膜上面溶液重量与电桥输出电压之间的关系式为：

$$U_0=\frac{(A_1-A_2)Q}{D}$$

上式表明，电桥输出电压与柱形容器内感压膜上面溶液的重量呈线性关系，因此用此种方法可以测量容器内储存的溶液重量。

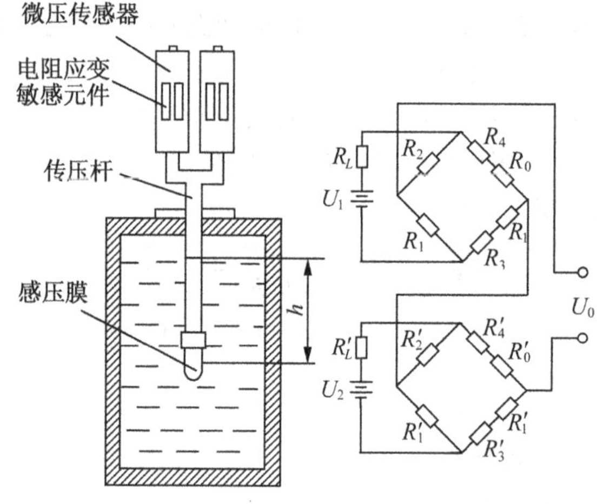

图 3-17 应变片容器内液体重量传感器

3.5.4 应变式加速度传感器

应变式加速度传感器主要用于物体加速度的测量。其基本工作原理是：物体运动的加速度与作用在它上面的力成正比，与物体的质量成反比，即 $a=F/m$。

图 3-18 所示是等强度梁，自由端安装质量块 2，另一端固定在壳体 3 上。等强度梁上粘贴四个电阻应变敏感元件 4。

为了调节振动系统阻尼系数，在壳体充满硅油。测量时，将传感器壳体与被测对象刚性连接，当被测物体以加速度 a 运动时，质量块受到一个与加速度方向相反的惯性力作用，使悬臂梁变形，该变形被粘贴在悬臂梁上的应变片感受到并随之产生应变，从而使应变片的电阻发生变化。电阻的变化引起应变片组成的桥路出现不平衡，从而输出电压，即可得出加速度 a 值的大小。

应变片加速度传感器不适用于频率较高的振动和冲击，一般适用频率 10～60Hz 范围。

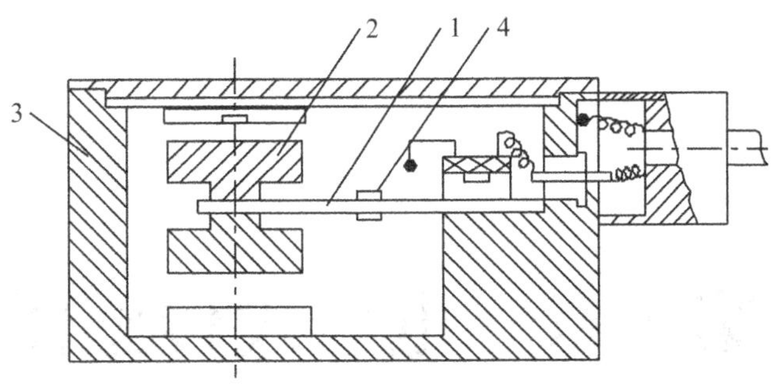

图 3-18　所示是应变片式加速度传感器的结构示意图

思考与习题

1. 简述电阻应变片的工作原理。

2. 某位移传感器采用了两个相同的线性电位器，电位器的总电阻为 R_0，总工作行程为 L_0，当被测位移发生改变时，带动两个电位器的电刷一起移动，若采用电桥检测方式，电桥的激励电压为 U_i，则：

(1)设计电桥的连接方式，并绘制出图形。

(2)被测位移的变化范围为 0～L_0，时，电桥的输出电压范围是多少？

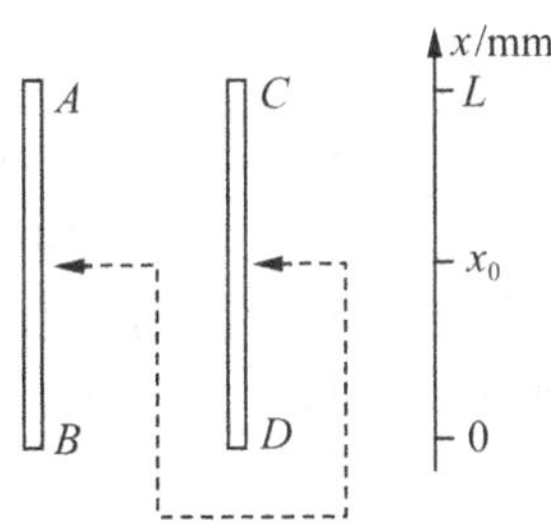

3. 简述非线性补偿的作用，有哪些常用的补偿方式。

第 4 章　电感式传感器

利用电磁感应原理将被测非电量如位移、压力、流量、振动等转换成线圈自感量 L 或互感量 M 的变化，再由测量电路转换为电压或电流的变化量输出，这种装置称为电感式传感器。电感式传感器具有结构简单、工作可靠、测量精度高、零点稳定、输出功率较大等一系列优点。其主要缺点是灵敏度、线性度和测量范围相互制约，传感器自身频率响应低，不适用于快速动态测量。这种传感器能实现信息的远距离传输、记录、显示和控制，在工业自动控制系统中被广泛采用。

4.1　变磁阻式传感器

4.1.1　工作原理

变磁阻式传感器的结构如图 4-1 所示。它由线圈、铁心和衔铁三部分组成。铁心和衔铁由导磁材料如硅钢片或坡莫合金制成，在铁心和衔铁之间有气隙，气隙厚度为 δ，传感器的运动部分与衔铁相连。当衔铁移动时，气隙厚度 δ 发生改变，引起磁路中磁阻变化，从而导致电感线圈的电感值变化，因此，只要能测出这种电感量的变化，就能确定衔铁位移量的大小和方向。

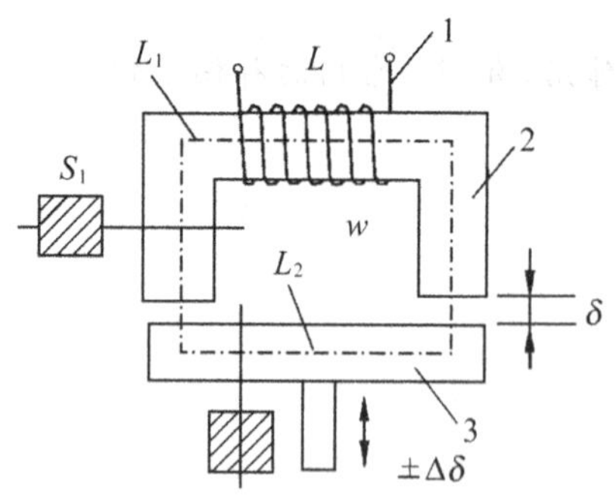

图 4-1　变磁阻式传感器

1—线圈　2—铁心(定铁心)　3—衔铁(动铁心)

根据电感定义，线圈中电感量可由下式确定：

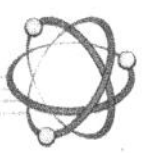

$$L=\frac{\psi}{I}=\frac{w\Phi}{I}=\frac{w\Phi}{I} \tag{4-1}$$

式中：Ψ——线圈总磁链；

I——通过线圈的电流；

w——线圈的匝数；

Φ——穿过线圈的磁通。

由磁路欧姆定律，得

$$\Phi=\frac{I_w}{R_m} \tag{4-2}$$

式中：R_m——磁路总磁阻。

对于变隙式传感器，因为气隙很小，所以可以认为气隙中的磁场是均匀的。若忽略磁路磁损，则磁路总磁阻为

$$R_m=\frac{L_1}{\mu_1 S_1}+\frac{L_2}{\mu_2 S_2}+\frac{2\delta}{\mu_0 S_0} \tag{4-3}$$

式中：μ_0——空气的导磁率；

μ_1——铁心材料的导磁率；

μ_2——衔铁材料的导磁率；

L_1——磁通通过铁心的长度；

L_2——磁通通过衔铁的长度；

S_0——气隙的截面积；

S_1——铁心的截面积；

S_2——衔铁的截面积；

δ——气隙的厚度。

通常气隙磁阻远大于铁心和衔铁的磁阻，即

$$\frac{2\delta}{u_0 s_0}\gg\frac{L_1}{u_1 s_1} \quad \frac{2\delta}{u_0 s_0}\gg\frac{L_2}{u_2 s_2}$$

则式(4-3)可近似为

$$R_m\approx\frac{2\delta}{u_0 s_0} \tag{4-4}$$

联立式(4-1)，式(4-2)，可得

$$L=\frac{w}{R}=\frac{w^2\mu_0 s_0}{2\delta} \tag{4-5}$$

上式表明，当线圈匝数为常数时，电感 L 仅仅是磁路中磁阻 R_m 的函数，只要改变 δ 或 S_0 均可导致电感变化，因此变磁阻式传感器又可分为变气隙厚度 δ 的传感器和变气隙面积 S_0 的传感器。使用最广泛的是变气隙厚度 δ 式电感传感器。

4.1.2　输出特性

设电感传感器初始气隙为 δ_0，初始电感量为 L_0，衔铁位移引起的气隙变化量为 $\Delta\delta$，从式(4-6)可知 L 与 δ 之间是非线性关系，特性曲线如图 4-2 表示，初始电感量为

$$L_0=\frac{\mu_0 s_0 w^2}{2\delta_0} \tag{4-6}$$

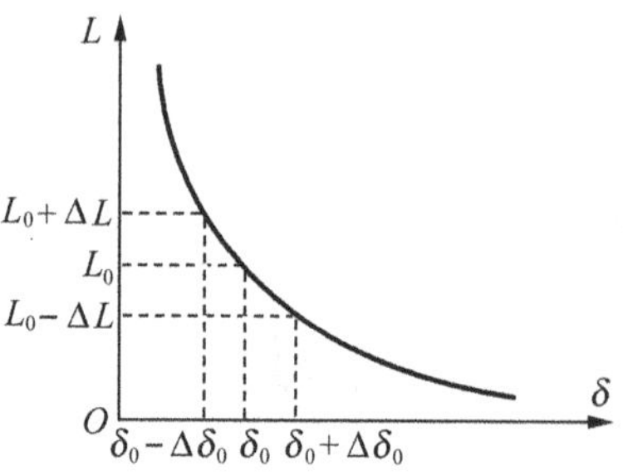

图 4-2 变隙式电感传感器 L—δ 特性

当衔铁上移 $\Delta\delta$ 时，传感器气隙减小 $\Delta\delta$，即 $\delta=\delta_0-\Delta\delta$，则此时输出电感为 $L=L_0+\Delta L$，代入式(4-5)式并整理，得：

$$L=L_0+\Delta L=\frac{w^2\mu_0 s_0}{2(\delta_0-\Delta\delta)}=\frac{L_0}{1-\dfrac{\Delta\delta}{\delta_0}} \tag{4-7}$$

当 $\Delta\delta/\delta_0$ 远小于 1 时，可将上式用台劳级数展开成级数形式为

$$L=L_0+\Delta L=L_0\left[1+\left(\frac{\Delta\delta}{\delta_0}\right)+\left(\frac{\Delta\delta}{\delta_0}\right)^2+\left(\frac{\Delta\delta}{\delta_0}\right)^3+\cdots\right] \tag{4-8}$$

由上式可求得电感增量 ΔL 和相对增量 $\Delta L/L_0$ 的表达式，即

$$\frac{\Delta L}{L_0}=\frac{\Delta\delta}{\delta_0}\left[1+\left(\frac{\Delta\delta}{\delta_0}\right)+\left(\frac{\Delta\delta}{\delta_0}\right)^2+\cdots\right] \tag{4-9}$$

当衔铁向下移动 $\Delta\delta$ 时，同上可得

$$\frac{\Delta L}{L_0}=\frac{\Delta\delta}{\delta_0}\left[1-\left(\frac{\Delta\delta}{\delta_0}\right)+\left(\frac{\Delta\delta}{\delta_0}\right)^2-\cdots\right]$$

对式上述两式作线性处理，忽略高次项，为

$$\frac{\Delta L}{L_0}=\frac{\Delta\delta}{\delta_0} \tag{4-10}$$

灵敏度为：

$$K_0=\frac{\dfrac{\Delta L}{L_0}}{\Delta\delta}=\frac{1}{\delta_0} \tag{4-11}$$

由此可见，变间隙式电感传感器的测量范围与灵敏度及线性度相矛盾，所以变隙式电感式传感器用于测量微小位移时是比较精确的。为了减小非线性误差，实际测量中广泛采用差动变隙式电感传感器。

图 4-3 所示为差动变隙式电感传感器的原理结构图。由图可知，差动变隙式电感传感器由两个相同的电感线圈Ⅰ、Ⅱ和磁路组成。测量时，衔铁通过导杆与被测位移量相连，当被测体上下移动时，导杆带动衔铁也以相同的位移上下移动，使两个磁回路中磁阻发生大小相等，方向相反的变化，导致一个线圈的电感量增加，另一个线圈的电感量减小，形成差动形式。当衔铁往上移动 $\Delta\delta$ 时，两个线圈的电感变化量 ΔL_1、ΔL_2，当差动使用

时，两个电感线圈接成交流电桥的相邻桥臂，另两个桥臂由电阻组成，电桥输出电压与 ΔL 有关，其具体表达式为：

$$\Delta L=\Delta L_1+\Delta L_2=2L_0\,\frac{\Delta\delta}{\delta_0}\left[1+\left(\frac{\Delta\delta}{\delta}\right)+\left(\frac{\Delta\delta}{\delta_0}\right)+\cdots\right] \tag{4-12}$$

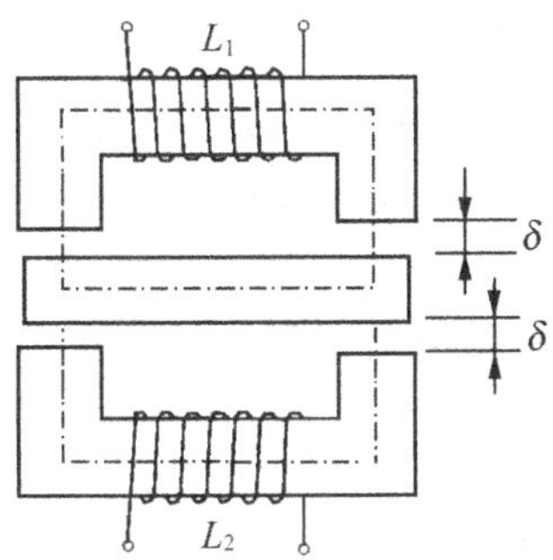

图 4-3 差动变隙式电感传感器

对上式进行线性处理，忽略高次项得

$$\frac{\Delta L}{L_0}=2\,\frac{\Delta\delta}{\delta_0} \tag{4-13}$$

灵敏度 K_0 为

$$K_0=\frac{\dfrac{\Delta L}{L_0}}{\Delta\delta}=\frac{2}{\delta_0} \tag{4-14}$$

比较单线圈和差动两种变间隙式电感传感器的特性，可以得到如下结论：

①差动式比单线圈式的灵敏度高一倍。

②差动式的非线性项等于单线圈非线性项乘以（$\Delta\delta/\delta_0$）因子，因为（$\Delta\delta/\delta_0$）≈1，所以，差动式的线性度得到明显改善。

为了使输出特性能得到有效改善，构成差动的两个变隙式电感传感器在结构尺寸、材料、电气参数等方面均应完全一致。

4.1.3 测量电路

4.1.3.1 变压器式交流电桥

变压器式交流电桥测量电路如图 4-4 所示，电桥两臂 Z_1、Z_2 为传感器线圈阻抗，另外两桥臂为交流变压器次级线圈的 1/2 阻抗。当负载阻抗为无穷大时，当传感器的衔铁处于中间位置，即 $Z_1=Z_2=Z$ 时，有桥路输出电压 $U_0=0$，电桥平衡。

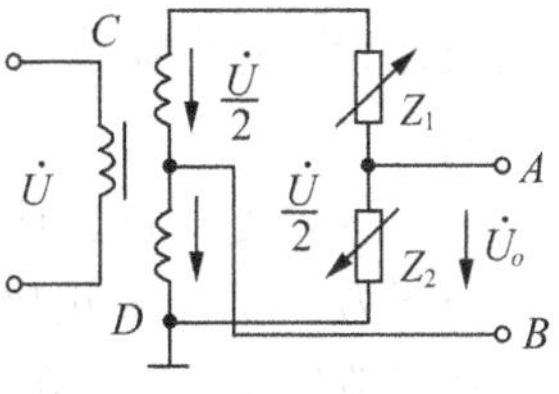

图 4-4 变压器式交流电桥测量电路

当传感器带动中间衔铁移动时：

上移时：即 $Z_1=Z+\Delta Z$，$Z_2=Z=\Delta Z$，此时

$$\dot{U}_0=\frac{Z_1 U}{Z_1+Z_2}-\frac{\dot{U}}{2}=\frac{Z_1-Z_2}{Z_1+Z_2}\frac{U}{2} \tag{4-15}$$

简化可得

$$\dot{U}_0=\frac{\dot{U}}{2}\frac{\Delta Z}{Z}=\frac{\dot{U}}{2}\frac{\Delta L}{L} \tag{4-16}$$

下移时：则 $Z_1=Z-\Delta Z, Z_2=Z+\Delta Z$，此时

$$\dot{U}_0=-\frac{\dot{U}}{2}\frac{\Delta Z}{Z}=-\frac{\dot{U}}{2}\frac{\Delta L}{L} \tag{4-17}$$

从式(4-16)及式(4-17)可知，衔铁上下移动相同距离时，输出电压的大小相等，但方向相反，由于是交流电压，输出指示无法判断位移方向，必须配合相敏检波电路来解决。

4.1.3.2 谐振式测量电路

谐振式测量电路有谐振式调幅电路如图 4-5 所示，谐振式调频电路如图 4-6 所示。

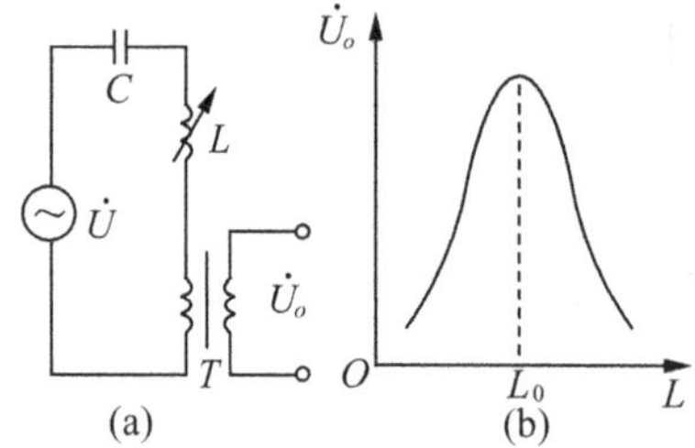

图 4-5 谐振式调幅电路

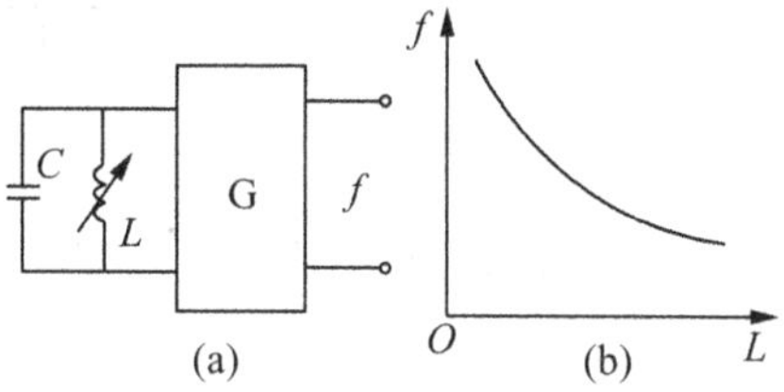

图 4-6 谐振式调频电路

在调幅电路中，传感器电感 L 与电容 C，变压器原边串联在一起，接入交流电源，变压器副边将有电压 U_0 输出，输出电压的频率与电源频率相同，而幅值随着电感 L 变化而变化，图 4-5(b)所示为输出电压 U_0 与电感 L 的关系曲线，其中 L_0 为谐振点的电感值，此电路灵敏度很高，但线性差，适用于线性要求不高的场合。

调频电路的基本原理是传感器电感 L 变化将引起输出电压频率的变化。一般是把传感器电感 L 和电容 C 接入一个振荡回路中，其振荡频率 $f=1/[2\pi(LC)^{1/2}]$。当 L 变化时，振荡频率随之变化，根据 f 的大小即可测出被测量的值。图 4-6(b)表示 f 与 L 的特性，它具有明显的非线性关系。

4.1.4 变磁阻式传感器的应用

图 4-7 所示是变隙电感式压力传感器的结构图。它由膜盒、铁心、衔铁及线圈等组成，衔铁与膜盒的上端连在一起。

当压力进入膜盒时，膜盒的顶端在压力 P 的作用下产生与压力 P 大小成正比的位移。于是衔铁也发生移动，从而使气隙发生变化，流过线圈的电流也发生相应的变化，电流表指示值就反映了被测压力的大小。

图 4-8 所示为变隙式差动电感压力传感器。它主要由 C 形弹簧管、衔铁、铁心和线圈等组成。

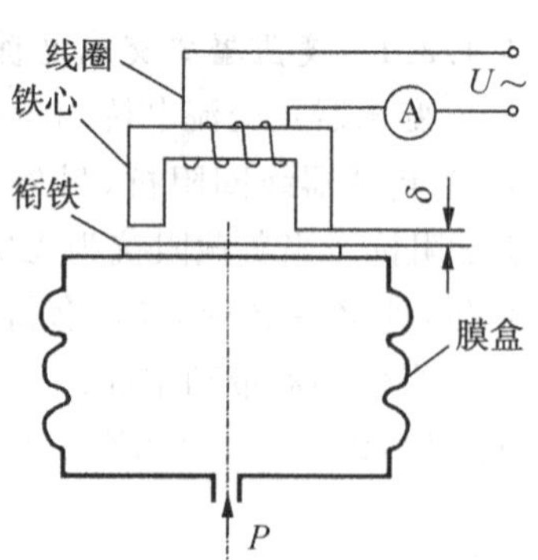

图 4-7 变隙电感式传感器结构图

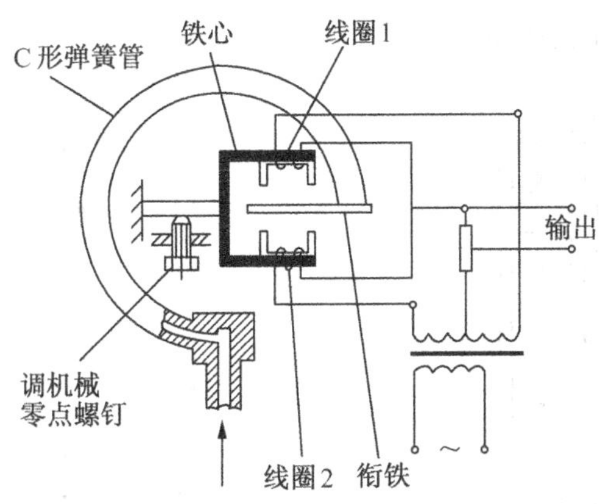

图 4-8 变隙式差动电感压力传感器

当被测压力进入C形弹簧管时，C形弹簧管产生变形，其自由端发生位移，带动与自由端连接成一体的衔铁运动，使线圈1和线圈2中的电感发生大小相等、符号相反的变化，即一个电感量增大，另一个电感量减小。电感的这种变化通过电桥电路转换成电压输出。由于输出电压与被测压力之间成比例关系，所以只要用检测仪表测量出输出电压，即可得知被测压力的大小。

4.2 差动变压器式传感器

把被测的非电量变化转换为线圈互感量变化的传感器称为互感式传感器。这种传感器是根据变压器的基本原理制成的，并且次级绕组都用差动形式连接，故称差动变压器式传感器。差动变压器结构形式较多，有变隙式、变面积式和螺线管式等，但其工作原理基本一样。非电量测量中，应用最多的是螺线管式差动变压器，它可以测量1～100mm范围内的机械位移，并具有测量精度高，灵敏度高，结构简单，性能可靠等优点。

4.2.1 工作原理

螺线管式差动变压器结构如图4-9所示，它由初级线圈，两个次级线圈和插入线圈中央的圆柱形铁心等组成。

螺线管式差动变压器按线圈绕组排列的方式不同可分为一节、二节、三节、四节和五节式等类型，一节式灵敏度高，三节式零点残余电压较小，通常采用的是二节式和三节式两类。

差动变压器式传感器中两个次级线圈反向串联，并且在忽略铁损、导磁体磁阻和线圈分布电容的理想条件下，其等效电路如图4-10所示。当初级绕组 w_1 加以激励电压 $\dot{U}_1$ 时，根据变压器的工作原理，在两个次级绕组 w_{2a} 和 w_{2b} 中便会产生感应电势 $\dot{E}_{2a}$ 和 $\dot{E}_{2b}$。如果工艺上保证变压器结构完全对称，则当活动衔铁处于初始平衡位置时，必然会使两互感系数 $M_1=M_2$。根据电磁感应原理，将有 $\dot{E}_{2a}=\dot{E}_{2b}$。由于变压器两次级绕组反向串联，

因而 $\dot{U}_2=0$，即差动变压器输出电压为零。

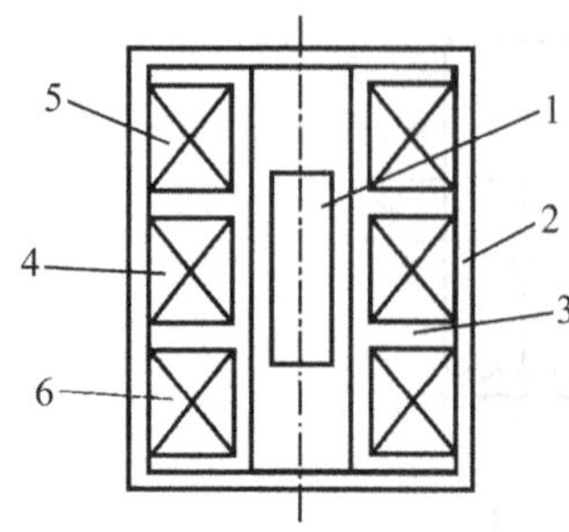

图 4-9 螺线管式差动变压器结构

1—活动衔铁 2—导磁外壳 3—骨架 4—匝数为 ω_1 的初级绕组 5—匝数为 ω_{2a} 的次级绕组 6—匝数为 ω_{2b} 的次级绕组

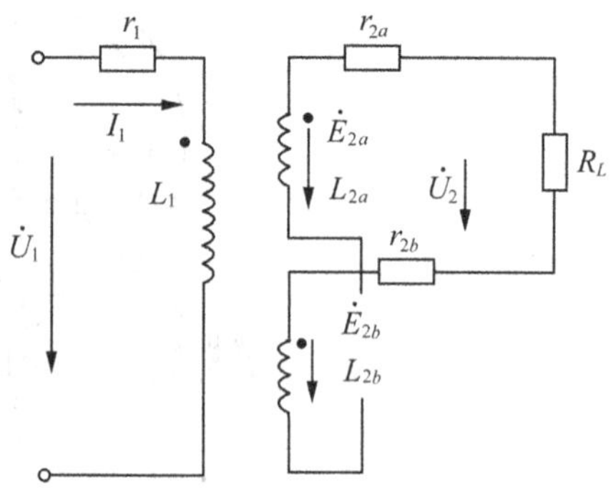

图 4-10 差动变压器等效电路

活动衔铁向上移动时，由于磁阻的影响，w_{2a} 中磁通将大于 w_{2b}，使 $M_1>M_2$，因而 $\dot{E}_{2a}$ 增加，而 $\dot{E}_{2b}$ 减小。反之，$\dot{E}_{2a}$ 增加，$\dot{E}_{2a}$ 减小。因为 $\dot{U}_2=\dot{E}_{2a}-\dot{E}_{2b}$，所以，衔铁位移 x 变化时，U_0 也必将随 x 变化。图 4-11 给出了变压器输出电压 U_0 与活动衔铁位移 x 的关系曲线。实际上，当衔铁位于中心位置时，差动变压器输出电压并不等于零，我们把差动变压器在零位移时的输出电压称为零点残余电压，记作 $\Delta\dot{U}_0$，它的存在使传感器的输出特性不过零点，造成实际特性与理论特性不完全一致。

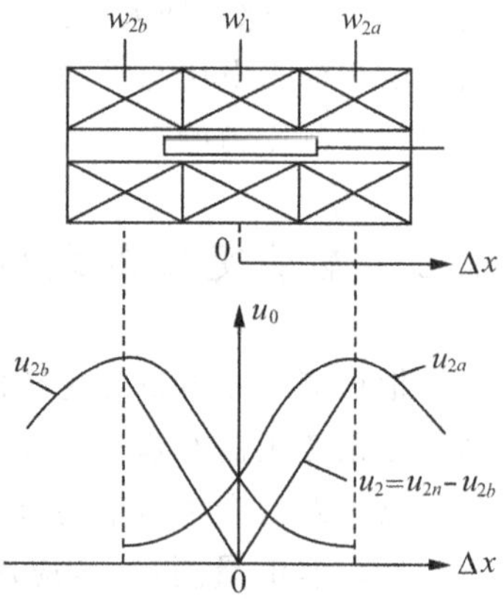

图 4-11 差动变压器的输出电压特性曲线

根据电磁感应定律，

$$\dot{E}_{2a}=-jwM_1\dot{I}_1 \tag{4-18}$$

$$\dot{E}_{2a}=-jwM_2\dot{I}_1 \tag{4-19}$$

零点残余电压主要是由传感器的两次级绕组的电气参数与几何尺寸不对称，以及磁性材料的非线性等问题引起的。零点残余电压的波形十分复杂，主要由基波和高次谐波组成。基波产生的主要原因是：传感器的两次级绕组的电气参数和几何尺寸不对称，导致它们产生的感应电势的幅值不等、相位不同，因此不论怎样调整衔铁位置，两线圈中感应电势都不能完全抵消。高次谐波中起主要作用的是三次谐波，产生的原因是由于磁性材料磁化曲线的非线性（磁饱和、磁滞）。零点残余电压一般在几十毫伏以下，在实际使用时，应设法减小和消除，否则将会影响传感器的测量结果。

4.2.2 基本特性

差动变压器等效电路如图 4-10 所示。当次级开路时有：

$$\dot{I}_1=\frac{\dot{U}_1}{r_1+jwL_1} \tag{4-20}$$

式中：ω——激励电压角频率；

$\dot{U}_1$——初级线圈激励电压；

$\dot{I}_1$——初级线圈激励电流；

r_1、L_1——初级线圈直流电阻和电感。

根据电磁感应定律，次级绕组中感应电势的表达式分别为：

$$\dot{U}_2=\dot{E}_{2a}-\dot{E}_{2b}=-\frac{jw(M_1-M_2)\dot{U}}{r_1+jwL_1} \tag{4-21}$$

由于次级两绕组反向串联，且考虑到次级开路，则由以上关系可得输出电压的有效值为

$$\dot{U}_2=\frac{w(M_1-M_2)\dot{U}_1}{[r_1^2+(jwL_1)^2]^{1/2}} \tag{4-22}$$

4.2.3 差动变压器式传感器测量电路

差动变压器输出的是交流电压，若用交流电压表测量，只能反映衔铁位移的大小，而不能反映移动方向。另外，其测量值中将包含零点残余电压。为了达到能辨别移动方向及消除零点残余电压的目的，实际测量时，常常采用差动整流电路和相敏检波电路。

4.2.3.1 差动整流电路

这种电路是把差动变压器的两个次级输出电压分别整流，然后将整流的电压或电流的差值作为输出，图 4-12 给出了几种典型电路形式。图 4-12 中(a)、(c)适用于交流负载阻抗，(b)、(d)适用于低负载阻抗，电阻 R_0 用于调整零点残余电压。

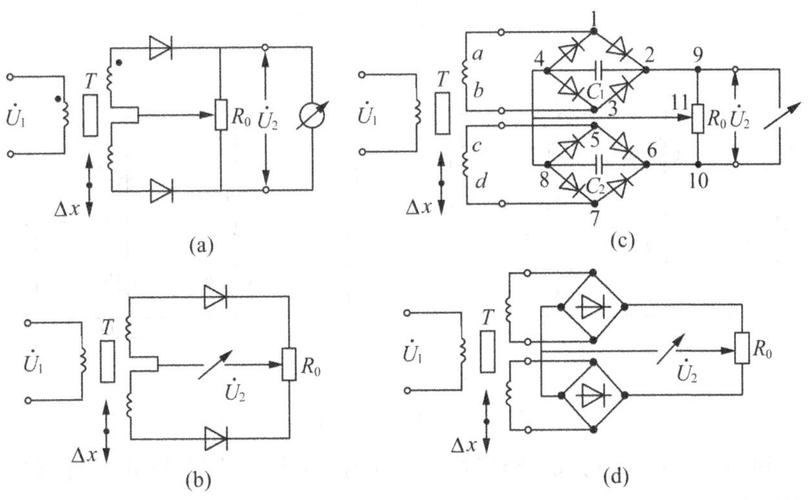

图 4-12 差动整流电路

下面结合图 4-12(c)，分析差动整流工作原理。

从图 4-12(c)电路结构可知,不论两个次级线圈的输出瞬时电压极性如何,流经电容 C_1 的电流方向总是从 2 到 4,流经电容 C_2 的电流方向从 6 到 8,故整流电路的输出电压为:

$$U_2 = U_{24} - U_{68} \tag{4-23}$$

当衔铁在零位时,因为 $U_{24} = U_{68}$,所以 $U_2 = 0$;当衔铁在零位以上时,因为 $U_{24} > U_{68}$,则 $U_2 > 0$;而当衔铁在零位以下时,则有 $U_{24} < U_{68}$,则 $U_2 < 0$。

差动整流电路具有结构简单,不需要考虑相位调整和零点残余电压的影响,分布电容影响小和便于远距离传输等优点,因而获得广泛应用。

4.2.3.2 相敏检波电路

电路如图 4-13 所示。V_{D1}、V_{D2}、V_{D3}、V_{D4} 为四个性能相同的二极管,以同一方向串联成一个闭合回路,形成环形电桥。输入信号 u_2(差动变压器式传感器输出的调幅波电压)通过变压器 T_1 加到环形电桥的一个对角线。参考信号 u_0 通过变压器 T_2 加入环形电桥的另一个对角线。输出信号 u_L 从变压器 T_1 与 T_2 的中心抽头引出。平衡电阻 R 起限流作用,避免二极管导通时变压器 T_2 的次级电流过大。R_L 为负载电阻。u_0 的幅值要远大于输入信号 u_2 的幅值,以便有效控制四个二极管的导通状态,且 u_0 和差动变压器式传感器激磁电压 u_1 由同一振荡器供电,保证二者同频、同相(或反相)。

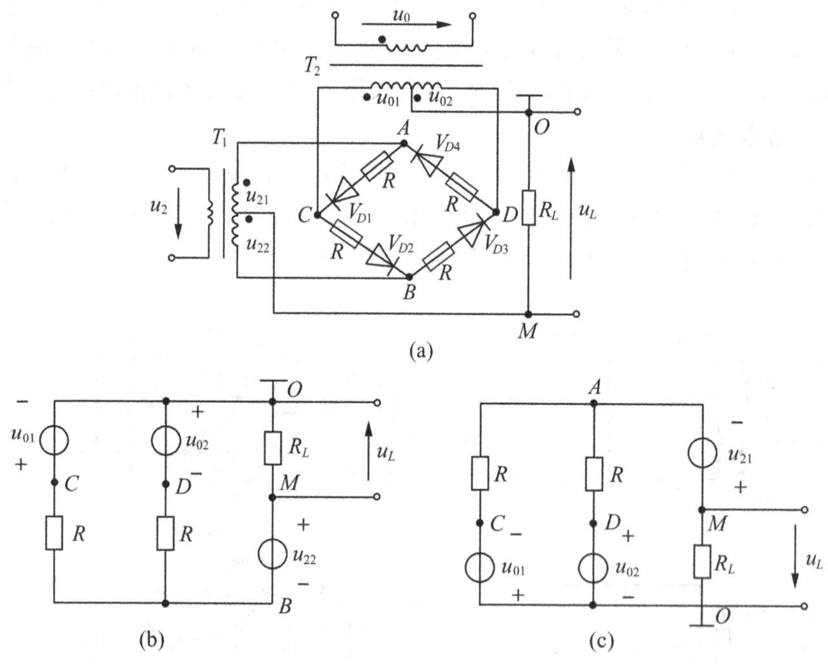

图 4-13 相敏检波电路

由图 4-14(a)、(c)、(d)可知,当位移 $\Delta x > 0$ 时,u_2 与 u_0 同频同相,当位移 $\Delta x < 0$ 时,u_2 与 u_0 同频反相。

$\Delta x > 0$ 时,u_2 与 u_0 为同频同相,当 u_2 与 u_0 均为正半周时,见图 4-14(a),环形电桥中二极管 V_{D1}、V_{D4} 截止,V_{D2}、V_{D3} 导通,则可得图 4-14(b)的等效电路。

根据变压器的工作原理，考虑到 O、M 分别为变压器 T_1、T_2 的中心抽头，则有

$$u_{01}=u_{02}=\frac{u_0}{2n_2} \tag{4-24}$$

$$u_{21}=u_{22}=\frac{u_2}{2n_1} \tag{4-25}$$

式中：n_1，n_2——变压器 T_1、T_2 的变比。

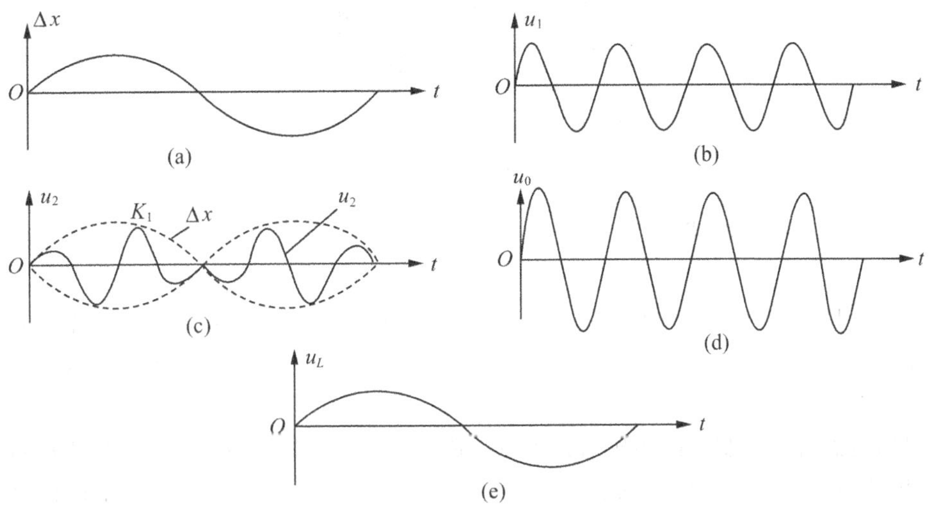

图 4-14 波形图

采用电路分析的基本方法，可求得图 4-13(b)所示电路的输出电压 uL 的表达式：

$$u_L=\frac{R_L u_2}{n_1(R_1+2R_L)} \tag{4-26}$$

同理，当 u_2 与 u_0 均为负半周时，二极管 V_{D2}、V_{D3} 截止，V_{D1}、V_{D4} 导通。其等效电路如图 4-14(c)所示，输出电压 u_L 表达式与式(4-26)相同，说明只要位移 $\Delta x>0$，不论 u_2 与 u_0 是正半周还是负半周，负载 R_L 两端得到的电压 u_L 始终为正。

当 $\Delta x<0$ 时，u_2 与 u_0 为同频反相。采用上述相同的分析方法不难得到当 $\Delta x<0$ 时，不论 u_2 与 u_0 是正半周还是负半周，负载电阻 R_L 两端得到的输出电压 u_L 表达式总是为

$$u_L=-\frac{R_L u_2}{n_1(R_1+2R_L)} \tag{4-27}$$

所以上述相敏检波电路输出电压 u_L 的变化规律充分反映了被测位移量的变化规律，即 u_L 的值反映位移 Δx 的大小，而 u_L 的极性则反映了位移 Δx 的方向。

4.2.4 差动变压式传感器的应用

差动变压器式传感器可以直接用于位移测量，也可以测量与位移有关的任何机械量，如振动、加速度、应变、比重、张力和厚度等。

图 4-15 所示为差动变压器式加速度传感器的结构示意图。它由悬臂梁 1 和差动变压器 2 构成。测量时，将悬臂梁底座及差动变压器的线圈骨架固定，而将衔铁的 A 端与

被测振动体相连。当被测体带动衔铁以 $\Delta x(t)$ 振动时，导致差动变压器的输出电压也按相同规律变化。

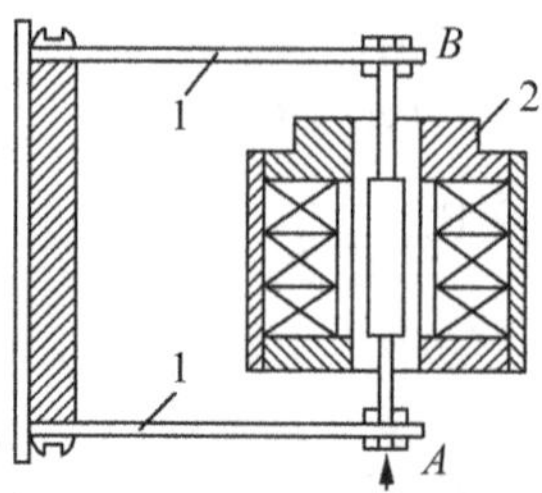

图 4-15　差动变压器式加速度传感器原理图

1—悬臂梁　2—差动变压器

4.3　电涡流式传感器

根据法拉第电磁感应原理，块状金属导体置于变化的磁场中或在磁场中作切割磁力线运动时，导体内将产生呈涡旋状的感应电流，此电流叫电涡流，以上现象称为电涡流效应。

根据电涡流效应制成的传感器称为电涡流式传感器。按照电涡流在导体内的贯穿情况，此传感器可分为高频反射式和低频透射式两类，但从基本工作原理上来说仍是相似的。电涡流式传感器最大的特点是能对位移、厚度、表面温度、速度、应力、材料损伤等进行非接触式连续测量，另外还具有体积小，灵敏度高，频率响应宽等特点，应用极其广泛。

4.3.1　工作原理

图 4-16 为电涡流式传感器的原理图，该图由传感器线圈和被测导体组成线圈-导体系统。根据法拉第定律，当传感器线圈通以正弦交变电流 I_1 时，线圈周围空间必然产生正弦交变磁场 H_1，使置于此磁场中的金属导体中感应电涡流 I_2，涡流又产生新的交变磁场 H_2。根据楞次定律，H_2 的作用将反抗原磁场 H_1，导致传感器线圈的等效阻抗发生变化。由上可知，线圈阻抗的变化完全取决于被测金属导体的电涡流效应。而电涡流效应既与被测体的电阻率 ρ、磁导率 μ 以及几何形状有关，又与线圈几何参数、线圈中激磁电流频率有关，还与线圈与导体间的距离 x 有关。因此，传感器线圈受电涡流影响时的等效阻抗 Z 的函数关系式为：

$$Z=F(\rho,\mu,r,f,x) \tag{4-28}$$

式中：r——线圈与被测体的尺寸因子；

f——线圈激励电流频率；

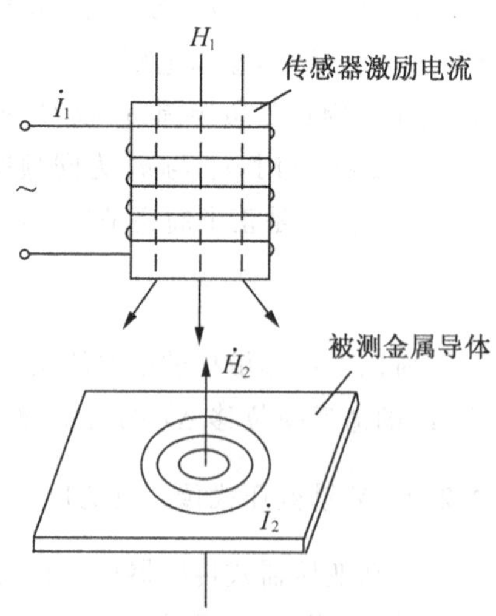

图 4-16　电涡流传感器原理图

x——线圈到金属距离。

如果保持上式中其他参数不变，而只改变其中一个参数，传感器线圈阻抗 Z 就仅仅是这个参数的单值函数。通过与传感器配用的测量电路测出阻抗 Z 的变化量，即可实现对该参数的测量。

4.3.2　基本特性

电涡流传感器简化模型如图 4-17 所示。模型中把在被测金属导体上形成的电涡流等效成一个短路环，即假设电涡流仅分布在环体之内，模型中 h 由以下公式求得：

$$h=\sqrt{\frac{\rho}{\pi\mu_0\mu_r f}} \tag{4-29}$$

根据简化模型，可画出如图 4-18 所示等效电路图。图中 R_2 为电涡流短路环等效电阻，其表达式为

$$R_2=\frac{2\pi\rho}{h\ln\frac{r_n}{r_i}} \tag{4-30}$$

根据基尔霍夫第二定律，可列出如下方程：

$$\begin{aligned} R_1 I_1+j\omega L_1 I_1-j\omega M I_2&=\dot{U}_1 \\ R_2 I_2+j\omega L_2 I_2-j\omega M I_1&=0 \end{aligned} \tag{4-31}$$

式中：R_1、L_1——线圈的电阻和电感；

R_2、L_2——金属导体的电阻和电感；

U——线圈激励电压。

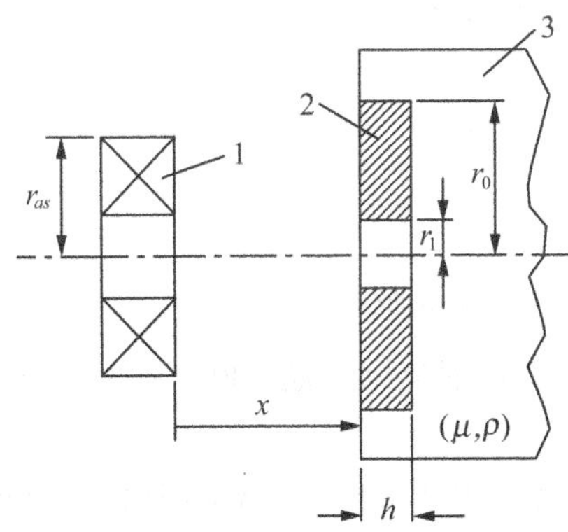

图 4-17　电涡流传感器简化模型

1—传感器线圈　2—短路环　3—被测金属导体

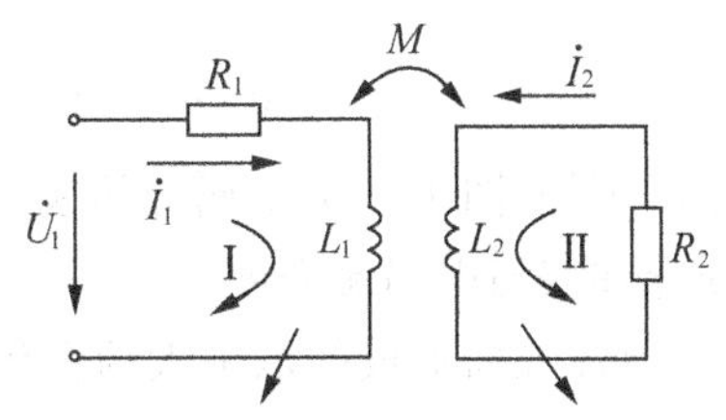

图 4-18　电涡流传感器等效电路

1—传感器线圈　2—电涡流短路环

图中：ω——线圈激磁电流角频率；

R_1、L_1——线圈电阻和电感；

L_2——短路环等效电感；

R_2——短路环等效电阻。

由式(4-31)方程组解得等效阻抗 Z 的表达式为：

$$Z=\frac{\dot{U}_1}{\dot{I}_1}=R+\frac{w^2M^2}{R_2^2+(wL_2)^2}R_2+jw\left[L_1-\frac{w^2M^2}{R_2^2+(wL_2)^2}L_2\right] \tag{4-32}$$

线圈的等效品质因数 Q 值为

$$Q=\frac{wL_{eq}}{R_{eq}} \tag{4-33}$$

式中：R_{eq}——线圈受电涡流影响后的等效电阻；

L_{eq}——线圈受电涡流影响后的等效电感。

4.3.3 电涡流形成范围

4.3.3.1 电涡流的径向形成范围

导体系统产生的电涡流密度既是线圈与导体间距离 x 的函数，又是沿线圈半径方向 r 的函数。当 x 一定时，电涡流密度 J 与半径 r 的关系曲线见图 4-19 所示。

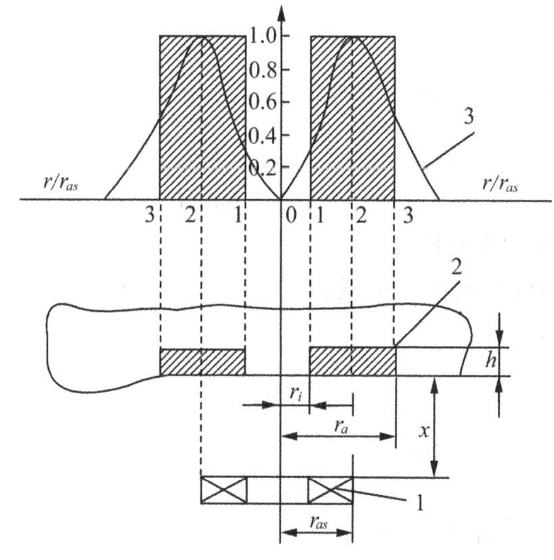

图 4-19 电涡流密度 J 与半径 r 的关系曲线

由图可知，图中 J 为金属导体表面电涡流密度，即电涡流密度最大值。J_r 为半径 r 处的金属导体表面电涡流密度。

(1)涡流径向形成的范围大约在传感器线圈外径 r_{as} 的 1.8～2.5 倍范围内，且分布不均匀。

(2)涡流密度在短路环半径 $r=0$ 处为零。

(3)电涡流的最大值在 $r=r_{as}$ 附近的一个狭窄区域内。

(4)可以用一个平均半径为 r_{as}($r_{as}=(r_i+r_a)/2$)的短路环来集中表示分散的电涡流(图中阴影部分)。

4.3.3.2 电涡流强度与距离的关系

理论分析和实验都已证明，当 x 改变时，电涡流密度发生变化，即电涡流强度随距离 x 的变化而变化。根据线圈—导体系统的电磁作用，可以得到金属导体表面的电涡流强

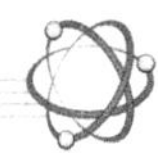

度为：

$$I_2 = I_1\left[\frac{1-x}{(x^2+r_{as}^2)^{1/2}}\right] \tag{4-34}$$

式中：I_1——线圈激励电流；

I_2——金属导体中等效电流；

x——线圈到金属导体表面距离；

r_{as}——线圈外径。

根据上式作出的归一化曲线如图 4-20 所示。

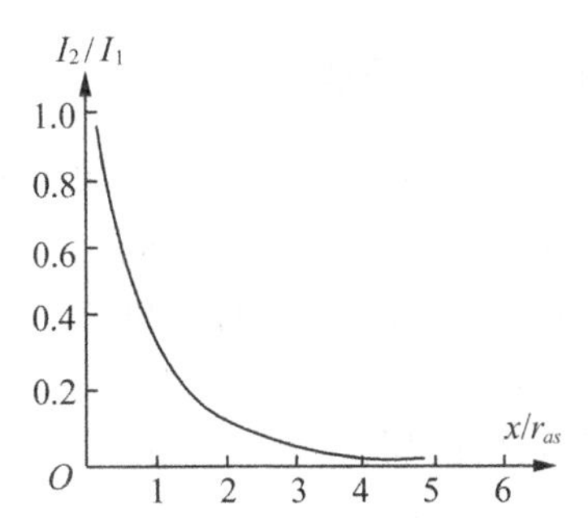

图 4-20　电涡流强度与距离归一化曲线

以上分析表明：

(1)电涡强度与距离 x 呈非线性关系，且随着 x/r_{as} 的增加而迅速减小。

(2)当利用电涡流式传感器测量位移时，只有在 x/r_{as}（一般取 0.05～0.15)的范围才能得到较好的线性和较高的灵敏度。

4.3.3.3　电涡流的轴向贯穿深度

由于趋肤效应，电涡流沿金属导体纵向的 H_1 分布是不均匀的，其分布按指数规律衰减，可用下式表示：

$$J_d = J_0 e^{-\frac{d}{h}} \tag{4-35}$$

式中：d——金属导体中某一点至表面的距离；

J_d——沿 H_1 轴向 d 处的电涡流密度；

J_0——金属导体表面电涡流密度，即电涡流密度最大值；

h——电涡流轴向贯穿深度(趋肤深度)。

图 4-21 所示为电涡流密度轴向分布曲线。由图 4-21 可见，电涡流密度主要分布在表面附近。

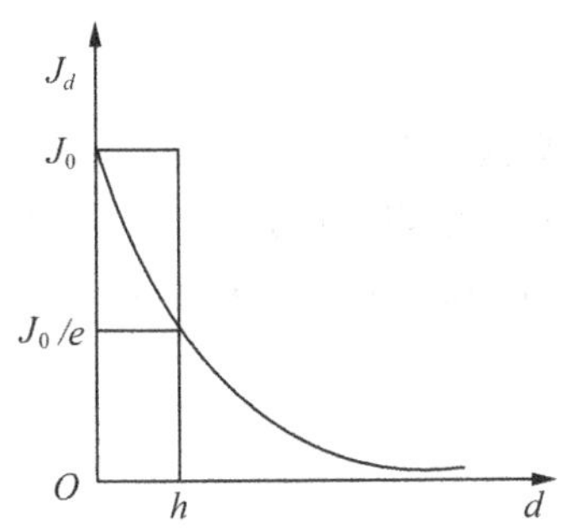

图 4-21　电涡流密度轴向分布曲线

4.4 压磁式传感器

4.4.1 工作原理

某些铁磁物质在外界机械力的作用下，其内部产生机械应力，从而引起磁导率的改变，这种现象称为“压磁效应”。相反，某些铁磁物质在外界磁场的作用下会产生变形，有些伸长，有些压缩，这种现象称为“磁致伸缩”。

当某些材料受拉时，在受力方向上磁导率增高，而在于作用力相垂直的方向上磁导率降低，这种现象称为正磁致伸缩；与此相反的称为负磁致伸缩。

实验证明，只有在一定条件下(如磁场强度恒定)压磁效应才有单位特性，但不是线性关系。就同一种铁磁材料而言，在外界机械力的作用下，磁导率的改变与磁场强度有着密切的关系，如当磁场较强时，磁导率随外界力的增大而减小，而当磁场强度较弱时则有相反的结果。

铁磁材料的压磁应变灵敏度表示方法与应变灵敏系数表示方法相似。

$$S=\frac{\varepsilon_\mu}{\varepsilon_l}=\frac{\frac{\Delta\mu}{\mu}}{\frac{\Delta l}{l}} \tag{4-36}$$

式中：$\varepsilon_\mu=\frac{\Delta\mu}{\mu}$——磁导率的相对变化；

$\varepsilon_l=\frac{\Delta l}{l}$——在机械力的作用下铁磁物质的相对变形。

压磁应力灵敏度同样定义为：单位机械应变为 σ 所引起的磁导率相对变化 $\varepsilon_\mu=\frac{\Delta\mu}{\mu}$，即

$$S_\sigma=\frac{\frac{\Delta\mu}{\mu}}{\sigma} \tag{4-37}$$

利用上述介绍的关系可以做成压磁传感器。常用来测量压力、拉力弯矩、扭转力(或力矩)，这种传感器的输出电参量为电阻抗或是二次绕组的感生电动势，即有如下变换链：

$$P\rightarrow\sigma\rightarrow\mu\rightarrow R_m\rightarrow Z \quad 或 \quad e$$

式中：P——机械力；

σ——应力；

μ——磁导率；

R_m——磁路的磁阻；

Z——电阻抗；

e——二次绕组的感应电动势。

4.4.2 机构形式

4.4.2.1 利用一个方向磁导率的变化

图 4-22 所示为其原理图。图 4-22(a)、(b)为测量压力 P 用的传感器，这里有如下关系：

$$L=K_1 \cdot \mu \approx K_2 P \tag{4-38}$$

式中：L——传感器的电感；

K_1、K_2——与激励电流大小有关的系数，在一定条件下可以认为是常数。

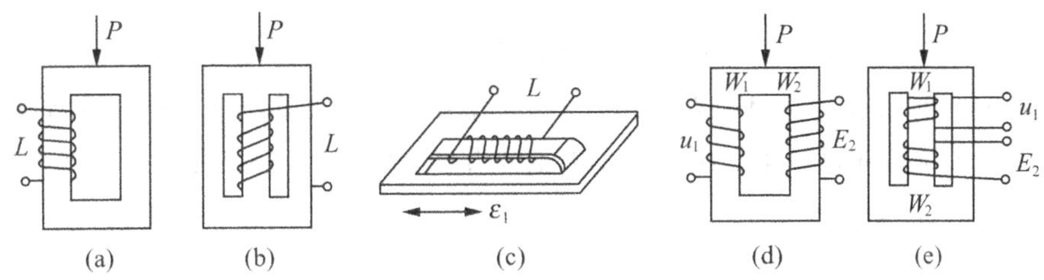

图 4-22 压磁式传感器结构形式之一

这种传感器与电感式传感器相似，它通过改变磁导率来达到电感值的改变。

而图 4-22(d)、(e)的结构与互感型变压器相似，有如下关系：

$$E_2=\frac{W_2}{W_1}K(P) \cdot U_1 \cdot P \tag{4-39}$$

式中：E_2——输出感应电动势；

U_1——原端激磁电压；

W_1、W_2——次和二次绕组匝数；

$K(P)$——系数，它与激磁电流频率及幅值有关，同时也与被测力 P 有关，但当 P 范围不大时，$K(P)$ 也可认为是常数。

图 4-22(c)结构成为压磁应变片，它是在“日”字形铁心凹起在外的中间铁舌上绕上绕组，使用时将它粘在被测应变的工件表面，使其整体与被测工件同时发生形变，从而引起铁心中磁导率改变，导致电感值改变。这种结构也可在铁舌上绕两个绕组做成变压器形传感器，常称为感型压磁应变片。

4.4.2.2 利用两个方向上磁导率的改变

在外力作用下，导磁体多数表现为各异性特性。利用此特性可以制成传感器。图 4-23(a)所示即为典型的一例。它是用硅钢片叠成的，经粘接或点焊成一体，如图 4-23 所示在对称位置上开四个通孔，沿对角线的方向各绕两个绕组：W_1 为一次绕组，用交流电供电；W_2 为二次绕组作为敏感绕组。这两个绕组在空间相互垂直。

传感器在没受外力时，磁阻在各方向上一致，一次绕组所建立的磁通不链过二次绕组，则 W_2 端头上的感应电势为零，即 $E_2=0$，如图 4-23(b)示。

传感器受拉力，即在受力方向上磁导增大，而垂直方向上磁导减小，这时 W_1 绕组所建立的磁导必然链过 W_2，而 $E_2 \neq 0$，如图 4-23(c)所示。同样，但受外界压力时，$E_2 \neq 0$，

但相位与受拉力相差 180°，如图 4-23(d)所示。

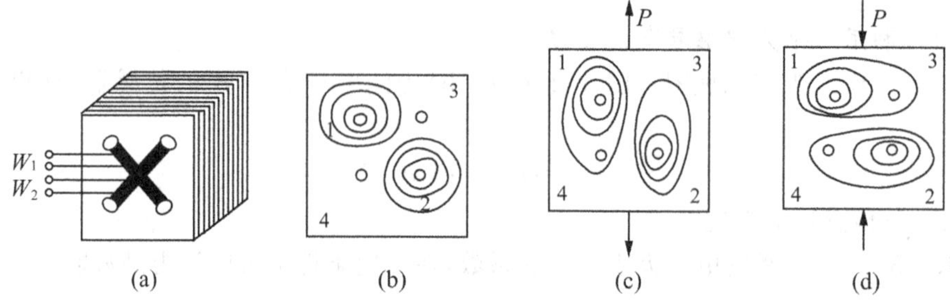

图 4-23　压磁式传感器结构形式之二

可见传感器二次绕组 W_2 端头上电感的大小正比于受力的大小，而相位则反映受力方向。这类传感器在机械工程上常用来测量几万牛顿的压力，特点是耐过载能力强，线性度可在 3%～5%之间。

4.5　感应同步器

4.5.1　工作原理

感应同步器是应用电磁感应原理来测量直线位移或转角位移的一种器件。测量直线位移的称为直线感应同步器，测量转角位移的称为圆感应同步器。

感应同步器是根据两个平面形绕组的互感随位置而变化的原理制造的。直线感应同步器由定尺和滑尺两部分组成，而圆感应同步器由转子和定子两部分组成。在定尺和滑尺、转子和定子上制有印刷电路绕组，其截面结构如图 4-24 所示。工作时利用绕组间相对位置变化而产生的电磁耦合作用发出相应于位移或转角的信号，从而达到测量目的。

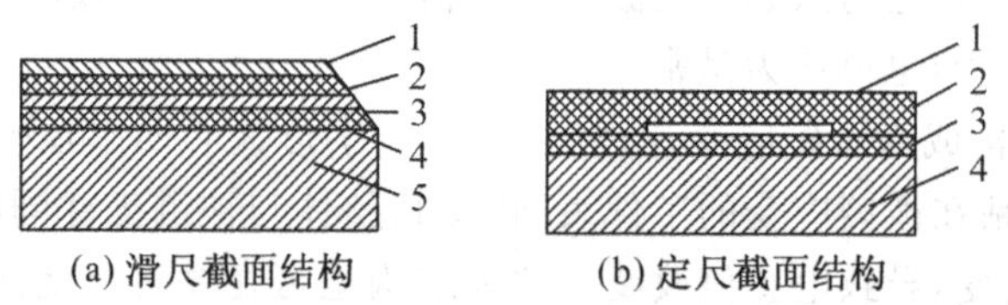

图 4-24　定尺和滑尺印刷电路截面结构

(a)1—铝箔　2—绝缘粘结剂　3—铜箔　4—绝缘层　5—基板

(b)1—耐切削箔的绝缘层　2—铜箔　3—绝缘层　4—基极

直线感应同步器工作原理如图 4-25 所示，定尺安装在不动的机械设备上，滑尺安装在可动的机械部分上，滑尺相对定尺移动。滑尺上有两个分段绕绕组，即 S 绕组(正弦绕组)和 C 绕组(余弦绕组)。当在 S 绕组上通以交流励磁电压(如正弦电压)时，则在定尺绕组上有感应电动势输出，其输出大小既与励磁电压有关，也与滑尺相对于定尺的位移有关。若 S 绕组通以频率 f 的励磁电压：

$$u_s = U_s \sin\omega t \qquad (4\text{-}40)$$

以图 4-25 中所示的位置(即滑尺上 S 绕组的线圈单元的中心线与定尺绕组某一单匝的

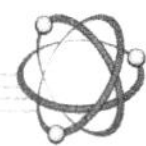

中心线重合处)为起点,当滑尺移动了位移 x 时,定尺绕组上的感应电动势为

$$e_S = k\omega U_S \cos\frac{2\pi x}{T}\cos\omega t \tag{4-41}$$

式中:k——比例系数;与绕组间的最大互感系数有关,而 $k\omega$ 为电磁耦合系数;

ω——角频率,$\omega = 2\pi f$;

U_S——励磁电压的幅值;

T——绕组节矩,又称感应同步器的周期;

x——励磁绕组与感应绕组的相对位移。

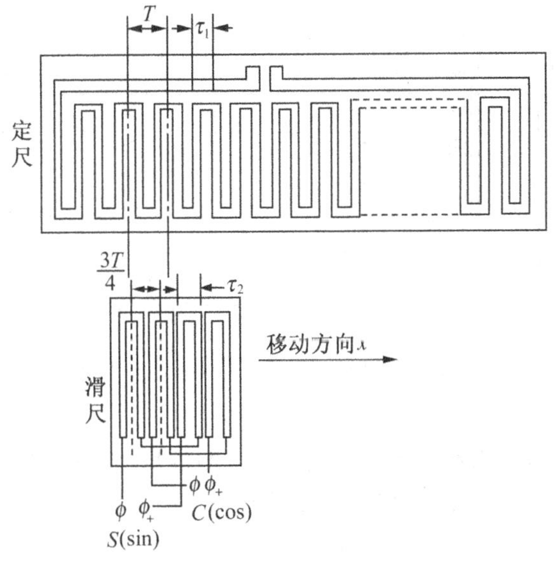

图 4-25 定尺和滑尺绕组分布示意图

式(4-41)表明,定尺绕组输出电动势的幅值与励磁电压的幅值成正比,与位移 x 成余弦数函关系,而相位与励磁电压相差 $\frac{\pi}{2}$,若只给 C 绕组通以频率为 f 的励磁电压,

$$u_0 = U_0 \sin\omega t \tag{4-42}$$

则定尺绕组上的感应电动势为

$$e_0 = k\omega U_0 \cos\frac{2\pi x}{T}\cos\omega t \tag{4-43}$$

可见,定尺绕组上输出电动势的幅值与励磁电压的幅值成正比,与位移 x 成正弦函数关系,而相位与励磁电压相差 $\frac{\pi}{2}$。

由此不难看出,感应同步器可以看作一个耦合系数随位移变化的变压器,其输出电动势与位移 x 有正弦、余弦函数的关系。利用电路对感应电动势进行适当处理,就可以把被测位移 x 显示出来。

4.5.2 类型

4.5.2.1 长形感应同步器

长形感应同步器又称为直线感应同步器，它可分为标准型及窄型两种。

(1)标准型

标准型感应同步器是直线感应同步器中精度最高的一种，应用很广，其尺寸如图 4-26 所示。这种感应同步器，其尺寸的连续绕组周期为 2mm。若测量长度超过 175mm 时，可以将几根定尺接起来使用。

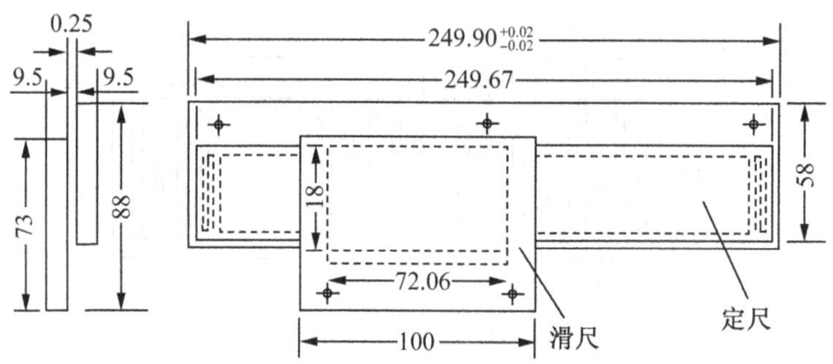

图 4-26 标准型直线感应同步器的外形尺寸

(2)窄型

窄型直线感应同步器用在设备安装位置受限制的场合，其定尺、滑尺的长度、绕组周期尺寸及连接方法与标准型相同，但其宽度较窄，外形尺寸如图 4-27 所示。窄型直线感应同步器的电磁感应强度较低，因而精度也较差。

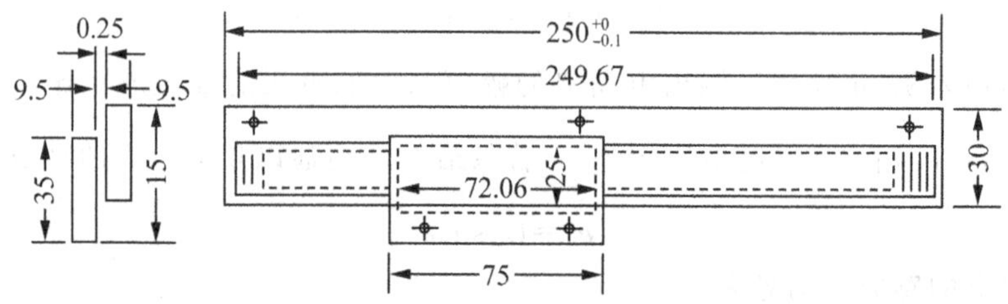

图 4-27 窄型直线感应同步器的外形尺寸

4.5.2.2 圆形感应同步器

圆形感应同步器又称为旋转型感应同步器，如图 4-28 所示。其转子相当于直线感应同步器的定尺，定子相当于滑尺，目前按圆形感应同步器直径大致可分为 302mm、178mm、76mm 及 50mm 等四种，其径向导体数也称为极数，有 360 极、720 极、1080 极和 512 极等等。一般来说，在极数相同的情况下，圆形感应同步器的直径越大，精度越高。

由于相邻两导线的电流方向相反，转子相对于定子要转过两条线距才出现一个感应电动势的电周期。因此，节距为 2°的圆形感应同步器转子的连续绕组由夹角为 1°的 360 条导线组成。

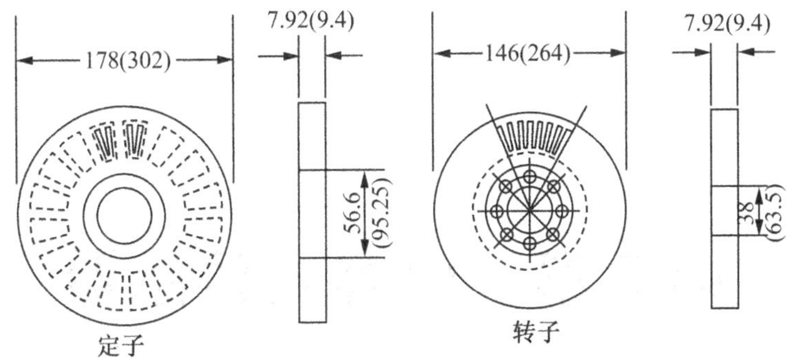

图 4-28　圆形感应同步器的外形尺寸

思考与习题

1. 电感式传感器有哪些类型？其工作原理是什么？
2. 简述变磁阻传感器的工作原理。
3. 什么是差动变压器传感器零点残余电压？其产生的原因是什么？
4. 为什么通常变磁阻传感器中，变隙的磁阻远大于其他磁路的磁阻？
5. 电涡流传感器类型？分别介绍其工作原理。
6. 什么是压磁效应和磁致伸缩？
7. 简述同步感应器的工作原理。

第 5 章　电容式传感器

电容式传感器是将被测量的变化变换为电容量的变化。实质上可以认为电容式传感器本身（或者与被测物一起）就是一个可变的电容器。电容式传感器结构简单、适应性强，具有良好的动态特性，本身发热小，可以进行非接触的测量。有了这些优点，电容测量技术就可以广泛应用于位移、压力、厚度、液位、转速、振动、加速度、角度、流量、面料以及成分含量等方面的测量。随着电子技术的进一步发展，电容式传感器的分布电容和非线性等缺点会不断地得到克服，其应用技术也在不断地拓展和改进，并且其精度和稳定性也在逐步提高。电容式传感器必将在未来得到更好的应用。

5.1　电容式传感器的工作原理和结构特性

5.1.1　工作原理

由物理学可知，由绝缘介质分开的两个平行金属板组成的平板电容器，如图 5-1 所示，如果不考虑边缘效应，其电容量为

$$C=\frac{\varepsilon A}{d} \tag{5-1}$$

式中：ε——电容极板间介质的介电常数，$\varepsilon=\varepsilon_0 \cdot \varepsilon_r$；

ε_0——真空介电常数，$\varepsilon_0=8.854\times10^{-12}\,\mathrm{F/m}$；

ε_r——极板间介质相对介电常数；对于空气介质，$\varepsilon_r\approx1$；

A——两平行板所覆盖的面积；

d——两平行板之间的距离；

C——电容量。

当被测参数变化使得式(5-1)中的 A，d 或 ε 发生变化时，电容量 C 也随之变化。如果保持其中两个参数不变，而仅改变其中一个参数，就可把该参数的变化转换为电容量的变化，通过测量电路就可转换为电量输出。这就是电容式传感器的基本工作原理。

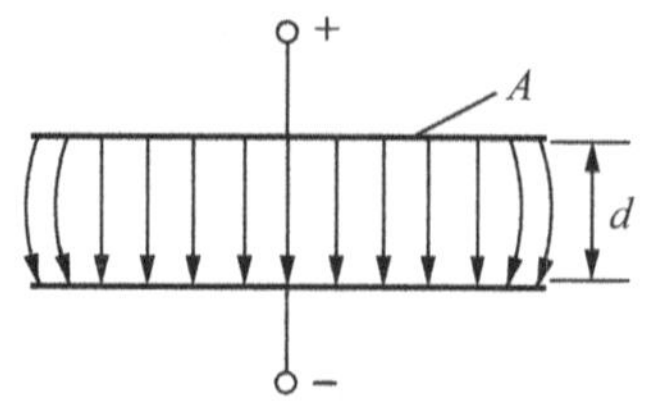

图 5-1　平板电容器示意图

5.1.2 类 型

根据其工作原理，电容式传感器可分为改变极距 d 型、改变面积 A 型和改变介质的介电常数 ε 型这三种基本类型。它们的电极形状又有平板形、圆柱形和球平面形三种。图 5-2 是不同类型的电容传感器示意图，其中变极距型有(a)、(e)，变面积型有(b)、(c)、(d)、(f)、(g)、(h)，变介电常数型有(i)、(j)、(k)和(l)等。

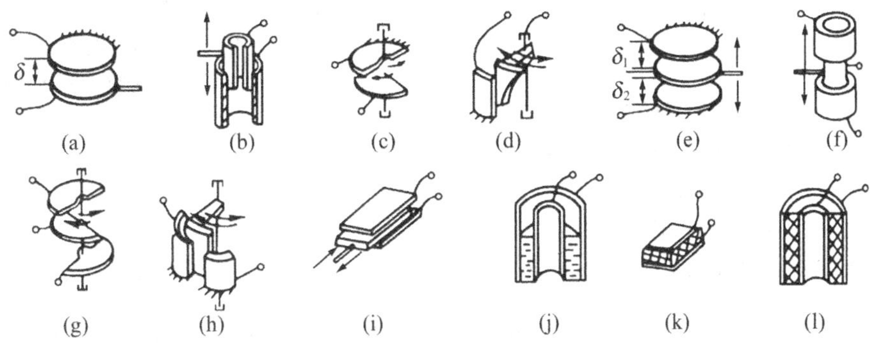

图 5-2 电容式传感器示意图

5.1.2.1 变极距型电容传感器

当传感器的 ε_r 和 A 为常数，空气介质，初始极距为 d_0 时，由式(5-1)可知其初始电容量 C_0 为

$$C_0=\frac{\varepsilon_0\varepsilon_r A}{d_0}\approx\frac{\varepsilon_0 A}{d_0} \tag{5-2}$$

若电容器极板间距离由初始值 d_0 缩小 Δd，电容量增大 ΔC，则有

$$C_1=C_0+\Delta C=\frac{\varepsilon_0\varepsilon_r A}{d_0-\Delta d}=C_0\ \frac{1}{1-\dfrac{\Delta d}{d_0}} \tag{5-3}$$

当 $\dfrac{\Delta d}{d_0}$ 很小的时候，可以得到：

$$\frac{\Delta C}{C_0}=\frac{\Delta d}{d_0}\left[1+\frac{\Delta d}{d_0}+\left(\frac{\Delta d}{d_0}\right)^2+\left(\frac{\Delta d}{d_0}\right)^3+\cdots\right] \tag{5-4}$$

由式(5-4)可见，输出电容 C 的相对变化与输入位移 Δd 之间呈现的是一种非线性关系。因此，在误差范围内通过略去高次项得到其近似的线性关系：

$$\frac{\Delta C}{C_0}\approx\frac{\Delta d}{d_0} \tag{5-5}$$

电容传感器的灵敏度用 K 来表示：

$$K=\frac{\Delta C}{C_0\Delta d}=\frac{1}{d_0} \tag{5-6}$$

由以上分析知：变极距型电容式传感器只有在 $\dfrac{\Delta d}{d_0}$ 很小时，才有近似的线性输出。所以变极距型电容传感器在设计时要考虑满足 $\Delta d\ll d_0$ 的条件，且一般 Δd 只能在极小的范

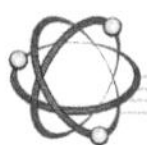

围内变化。当 d_0 较小时，由式(5-5)得出：对于同样的 Δd 变化所引起的 ΔC 可以增大，从而使传感器灵敏度提高。

d_0 过小又容易引起电容器击穿或短路。为此，极板间可采用高介电常数的材料(云母、塑料膜等)作介质(如图 5-3 所示)，平行极板间的介质就有固体和空气两种。此时电容 C 变为：

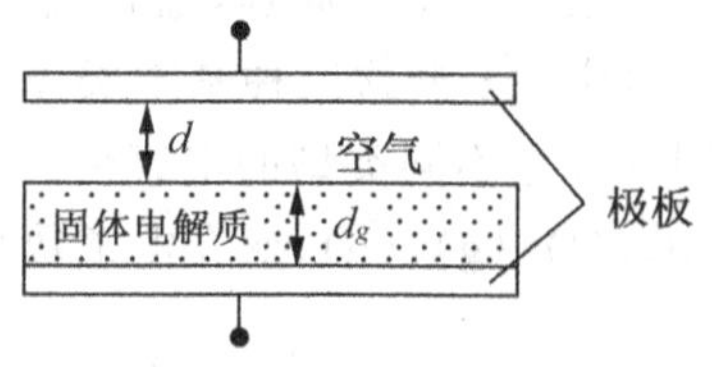

图 5-3　高介电常数材料作介质的变间隙电容式传感器

$$C=\frac{A}{\dfrac{d_g}{\varepsilon_0\varepsilon_g}+\dfrac{d_0}{\varepsilon_0}} \tag{5-7}$$

式中：ε_g——云母的相对介电常数，$\varepsilon_g=7$；

ε_0——空气的介电常数，$\varepsilon_0=1$；

d_0——空气隙厚度；

d_g——云母片的厚度。

云母片的相对介电常数是空气的 7 倍，其击穿电压不小于 1000kV/mm，而空气的仅为 3kV/mm。因此有了云母片，极板间起始距离可大大减小。同时，式(5-7)中的 $\dfrac{d_g}{\varepsilon_0\varepsilon_g}$ 项是恒定值，它能使传感器的输出特性的线性度得到改善。

为了提高灵敏度和减小非线性，以及克服某些外界条件如电源电压、环境温度变化的影响，常采用差动式的电容传感器，其原理结构如图 5-4 所示。未开始测量时将活动极板调整在中间位置，两边电容相等。测量时，中间极板向上或向下平移，就会引起电容量的上增下减或反之。

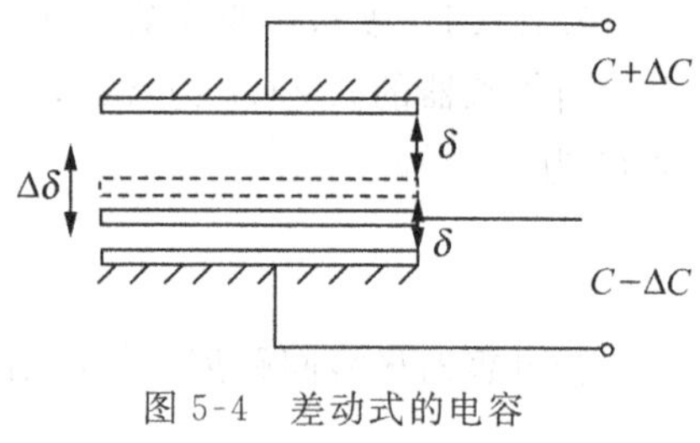

图 5-4　差动式的电容传感器原理结构图

所以两边电容的差值为 C_1-C_2，其特性如图 5-5 所示。非线性误差将大大降低，灵敏度也会得到提高，同时在零点附近工作的线性度也得到了改善。

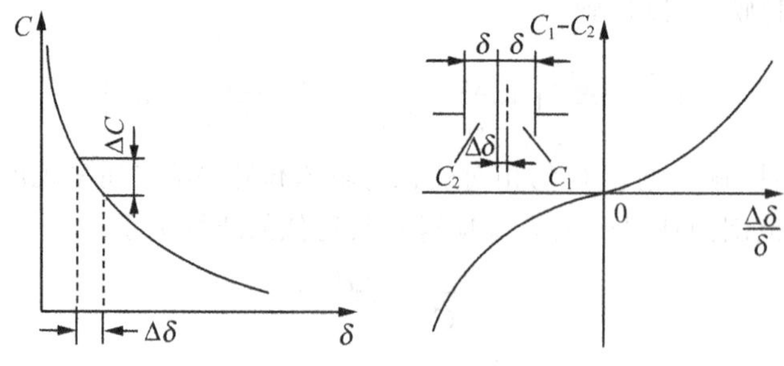

图 5-5　差动式电容特性曲线

一般变极距型电容式传感器的起始电容在 20～100pF 之间，极板间距离在 25～200μm 的范围内，最大位移应小于间距的 1/10，故在微位移测量中应用最广。

近年来，随着计算机技术的发展，电容传感器大多都配置了单片机，所以其非线性误差可用微机来计算修正。

5.1.2.2　改变面积型电容式传感器

图 5-6 是一些变面积型电容传感器的结构示意图。图 5-6 中(a)、(b)、(c)为单边式，(d)为差动式(图 5-6 中(a)、(b)结构也可做成差动形式)。与变极距型相比，它们的测量范围大，可测较大的线位移或角位移(1d 至几十度)。当被测量变化使可动极 2 位置移动时，就改变了两极板间的遮盖面积，电容量 C 也就随之变化。

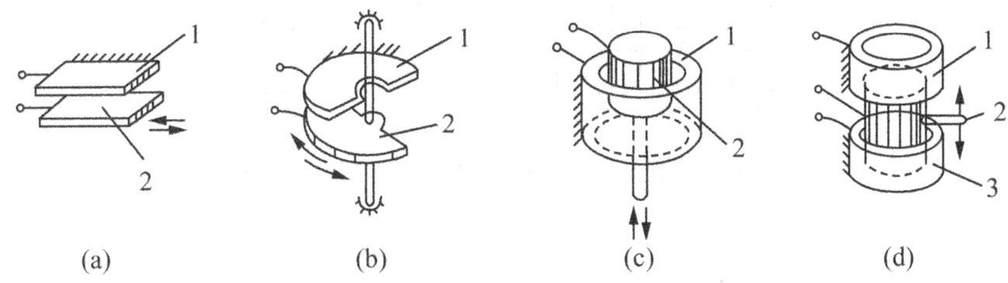

图 5-6　变面积型电容传感器原理结构示意图

对于平板单边直线位移式(图 5-7)，若忽略边缘效应，当动极板相对于定极板沿着长度方向平移时，其电容变化量化为：

$$\Delta C = C \quad C_0 = \frac{\varepsilon_0 \varepsilon_r (a - \Delta x) b}{d} \tag{5 8}$$

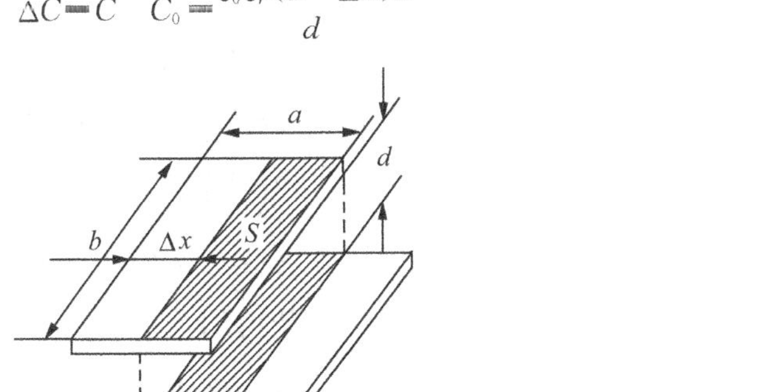

图 5-7　平板单边直线位移式

电容相对变化量为：

$$\frac{\Delta C}{C_0} = \frac{\Delta x}{a} \tag{5-9}$$

由此可见，这种形式的传感器其电容量 C 与水平位移 Δx 是线性关系。

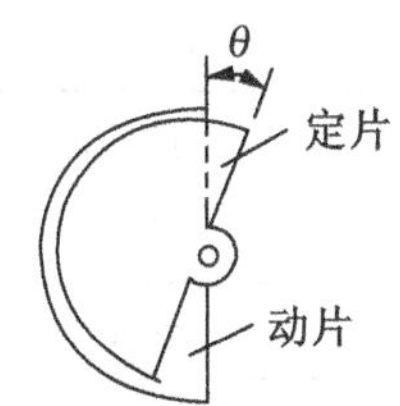

图 5-8　角位移变面积型电容式传感器

对于角位移变面积型，如图 5-8 所示：

$$C_0 = \frac{\varepsilon S}{\delta} \quad (\theta = 0)$$

$$C_\theta = C_0 - \Delta C = \frac{\varepsilon S\left(1 - \frac{\theta}{\pi}\right)}{\delta} = C_0\left(1 - \frac{\theta}{\pi}\right)$$

$$\frac{\Delta C}{C_0}=\frac{\theta}{\pi} \tag{5-10}$$

5.1.2.3　改变介质型电容式传感器

图 5-9 是一种变极板间介质的电容式传感器用于测量液位高低的结构原理图。

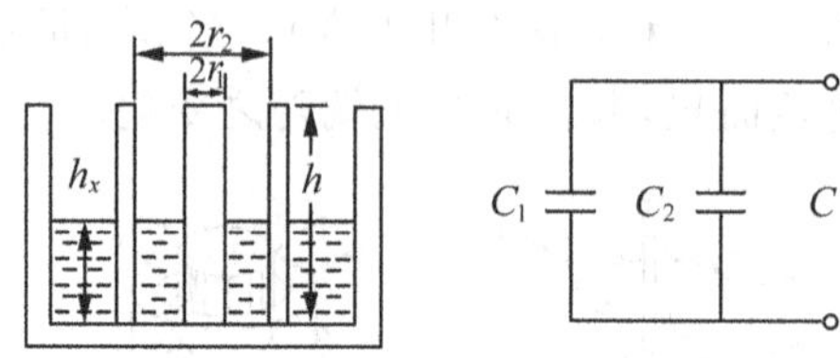

图 5-9　电容式液位变换器结构原理图与等效电路

$$C_0=\frac{2\pi\varepsilon_0 h}{\ln\left(\frac{r_2}{r_1}\right)}$$

$$C_1=\frac{2\pi\varepsilon_0 h_x}{\ln\left(\frac{r_2}{r_1}\right)}$$

$$C_2=\frac{2\pi\varepsilon_0 (h-h_x)}{\ln\left(\frac{r_2}{r_1}\right)}$$

$$\begin{aligned} C&=\frac{2\pi\varepsilon h_x}{\ln\left(\frac{r_2}{r_1}\right)}+\frac{2\pi\varepsilon_0 (h-h_x)}{\ln\left(\frac{r_2}{r_1}\right)} \\ &=\frac{2\pi\varepsilon_0 h}{\ln\left(\frac{r_2}{r_1}\right)}+\frac{2\pi(\varepsilon-\varepsilon_0) h_x}{\ln\left(\frac{r_2}{r_1}\right)} \\ &=C_0+C_0\frac{(\varepsilon-\varepsilon_0)}{\varepsilon_0 h}h_x \end{aligned} \tag{5-11}$$

$$\frac{\Delta C}{C_0}=\frac{(\varepsilon-\varepsilon_0)}{\varepsilon_0}\frac{h_x}{h}$$

由式 5-11 可以看出电容的相对变化与被测液位 h_x 成线性关系。

表 5-1 列出了几种常用气体、液体、固体介质的相对介电常数。

表 5-1　　常用气体、液体、固体介质的相对介电常数

介质名称	相对介电常数 r	介质名称	相对介电常数
真空	1	玻璃釉	3～5
空气	略大于 1	SiO_2	38
其他气体	1～1.2	云母	5～8
变压器油	2～4	干的纸	2～4
硅油	2～3.5	干的谷物	3～5

续表

聚丙烯	2～2.2	环氧树脂	3～10
聚苯乙烯	2.4～2.6	高频陶瓷	10～160
聚偏二氟乙烯	3～5	纯净的水	80
聚四氟乙烯	2.0	低频陶瓷、压电陶瓷	1000～10000

5.2　电容式传感器的等效电路

对于电容式传感器的灵敏度和非线性的分析，在一定情况下都可以将电容式传感器看作为纯电容器。通常，多数的电容器的损耗可以忽略，在工作频率低的时候其电感效应也是可以忽略的。当电容器的损耗和电感效应不能被忽略的时候，电容式传感器的等效电路就要重新考虑，一般情况可等效为图 5-10。

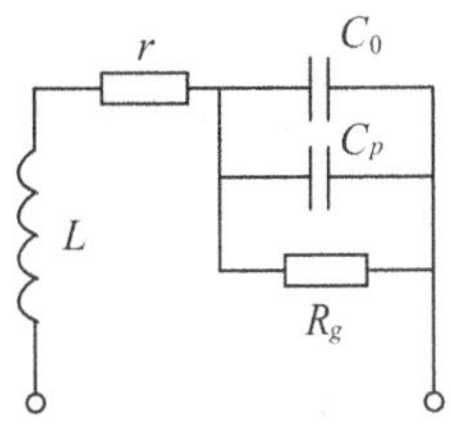

图 5-10　电容式传感器的等效电路

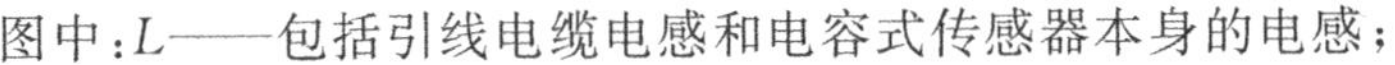

图中：L——包括引线电缆电感和电容式传感器本身的电感；

r——由引线电阻、极板电阻和金属支架电阻组成；

C_0——传感器本身的电容；

C_p——引线电缆、所接测量电路及极板与外界所形成的总寄生电容；

R_g——是极间等效漏电阻，包含极板间的漏电损耗和介质损耗、极板与外界间的漏电损耗和介质损耗。

5.2.1　低频等效电路

传感器电容的阻抗非常大，L 和 r 的影响可忽略，等效电容 $C_e=C_0+C_p$，等效电阻 $R_e\approx R_g$。具体结构如图 5-11 所示。

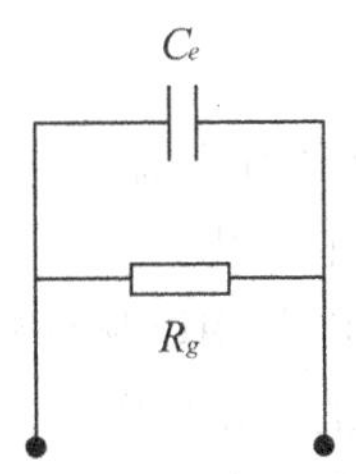

图 5-11　低频等效电路

5.2.2 高频等效电路

电容的阻抗变小，L 和 r 的影响不可忽略，漏电的影响可忽略，其中 $C_e=C_0+C_p$，而 $re\approx r$，具体结构如图 5-12 所示。

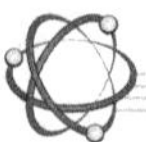

$$\frac{1}{j\omega C_e}=j\omega L+\frac{1}{j\omega C}+R$$

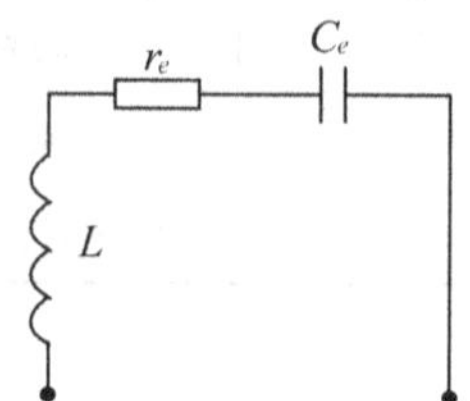

图 5-12　高频等效电路

由于电容传感器电容量一般都很小，即容抗很大，而 R 很小可以忽略，因此

$$C_e=\frac{C}{1-\omega^2 LC}$$

此时电容传感器的等效灵敏度为

$$k_e=\frac{\Delta C_e}{\Delta d}=\frac{\dfrac{\Delta C}{(1-\omega^2 LC)^2}}{\Delta d}=\frac{k_g}{(1-\omega^2 LC)^2} \tag{5-12}$$

由式 5-12 看出，k_e 与传感器的固有电感 L 有关，且随 ω 变化而变化。因此，在实际应用前必须要进行标定，否则将会引入测量误差。

5.3　电容式传感器的测量电路

一般传感器的输出信号不能直接拿来进行显示或传输，往往需要连接一定的测量电路才能正常工作。电容式传感器中电容值以及电容变化值都十分微小，不能直接由显示仪表所显示，也很难为记录仪所接受，不便于传输。这就必须借助于测量电路检出这一微小电容增量，并将其转换成与其成单值函数关系的电压、电流或者频率。电容转换电路有调频电路、交流电桥、运算放大器式电路、二极管双 T 型交流电桥、脉冲宽度调制电路等。

5.3.1　调频测量电路

调频测量电路把电容式传感器作为振荡器谐振回路的一部分。当输入量导致电容量发生变化时，振荡器的振荡频率就发生变化。

虽然可将频率作为测量系统的输出量，用以判断被测非电量的大小，但此时系统是非线性的，不易校正，因此加入鉴频器，将频率的变化转换为振幅的变化，经过放大就可以用仪器指示或记录仪记录下来。调频测量电路原理框图及测量电路图分别如图 5-13 和图 5-14 所示。

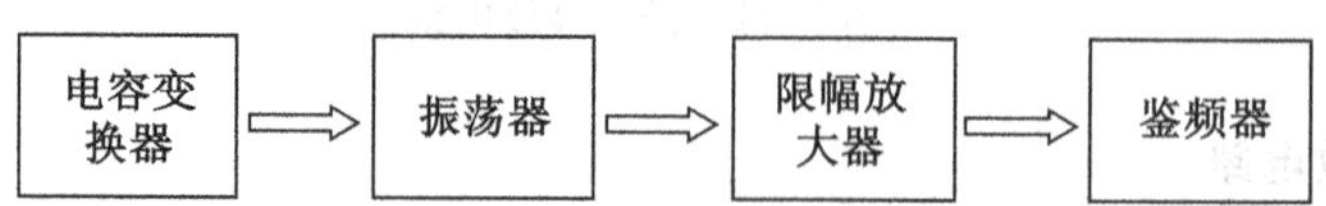

图 5-13　调频式测量电路原理框图

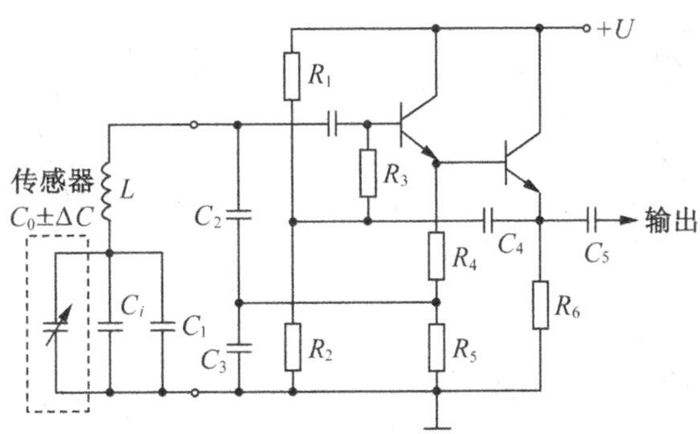

图 5-14 调频式测量电路图

图中调频振荡器的振荡频率为

$$f=\frac{1}{2\pi(LC)^{1/2}} \tag{5-13}$$

式中：L——振荡回路的电感；

C——振荡回路的总电容，$C=C_1+C_i+C_0\pm\Delta C$；

C_1——振荡回路固有电容；

C_i——传感器引线分布电容；

$C_0\pm\Delta C$——传感器的电容。

当被测信号为零时，$\Delta C=0$，振荡器有一个固有振荡频率 f_0：

$$f_0=\frac{1}{2\pi\sqrt{L(C_1+C_i+C_0)}}$$

$$f=\frac{1}{2\pi\sqrt{L(C_1+C_i+C_0\pm\Delta C)}}=f_0\pm\Delta f$$

传感器具有较高的灵敏度，可测至 0.01μm 级位移变化量，易于用数字仪器测量，并与计算机通讯，抗干扰能力强。

5.3.2 交流电桥

含紧耦合电感臂的电桥具有较高的灵敏度和稳定性，且寄生电容影响极小、大大简化了电桥的屏蔽和接地，适合于高频电源下工作。变压器电桥使用元件最少，桥路内阻最小，因此目前较多采用。

由于电桥输出电压与电源电压成比例，因此要求电源电压波动极小，需采用稳幅、稳频等措施。

图 5-15 为交流电桥的不同形式，其中(a)、(b)、(c)、(d)、(e)、(f)为普通桥式接口电路，(g)为含紧耦合电感臂的电桥，(h)为变压器电桥。

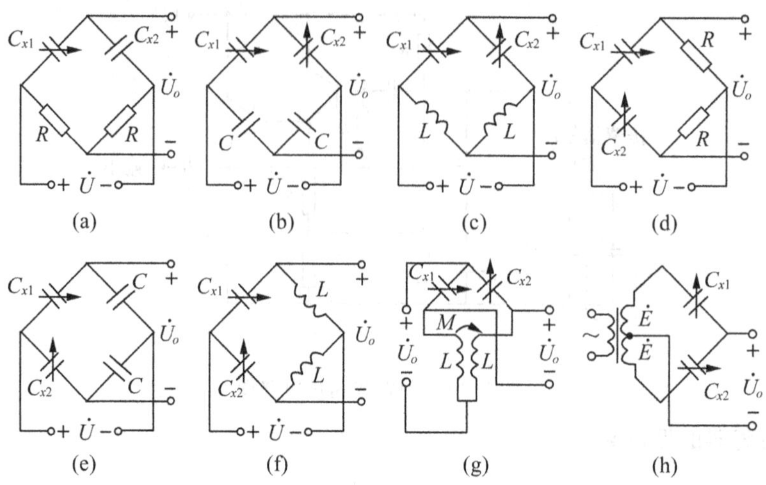

图 5-15　交流电桥

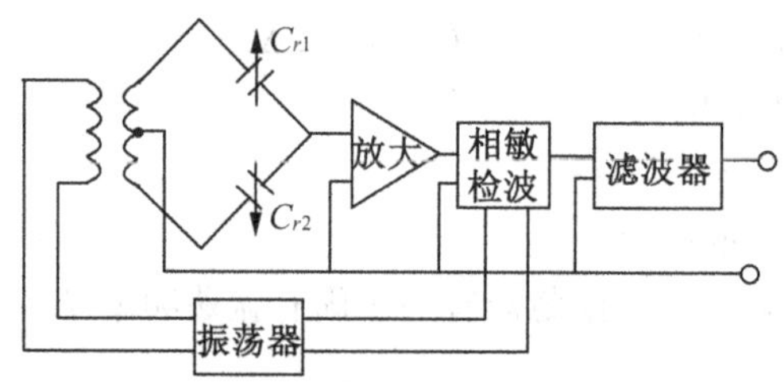

图 5-16　电桥测量电路

在要求精度很高的场合,可采用自动平衡电桥;传感器必须工作在平衡位置附近,否则电桥非线性增大;接有电容传感器的交流电桥输出阻抗很高,输出电压幅值又小,所以必须后接高输入阻抗放大器将信号放大后才能测量。

5.3.3　运算放大器式电路

运算放大器的放大倍数 K 非常大,而且输入阻抗 Z_i 很高。运算放大器的这一特点可以使其作为电容式传感器的比较理想的测量电路。图 5-17 是运算放大器式电路原理图。C_x 为电容式传感器,U_i 是交流电源电压,U_o是输出信号电压,Σ 是虚地点。最大特点:能克服变极距型电容传感器的非线性。

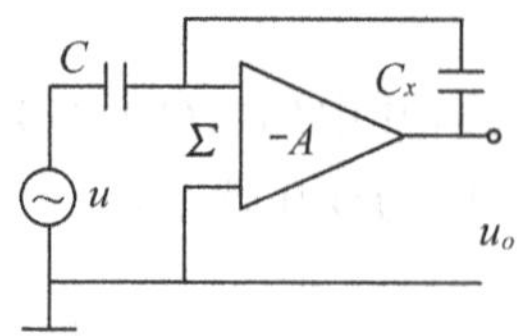
图 5-17　运算放大器式电路原理图

图中:C_x——传感器电容;

C——固定电容；

u_o—输出电压信号。

由运算放大器工作原理可知

$$u_o=-\frac{\dfrac{1}{j\omega C_x}}{\dfrac{1}{j\omega C}}u=-\frac{C}{C_x}u$$

$$C_x=\frac{\varepsilon S}{\delta}$$

$$u_o=-\frac{uC}{\varepsilon S}\delta \tag{5-14}$$

可见运算放大器的输出电压与动极板的板间距离 δ 成正比。运算放大器电路解决了单个变极距型电容传感器的非线性问题。这就从原理上保证了变极距型电容式传感器的线性。

式(5-14)是在运算放大器的放大倍数和输入阻抗无限大的条件下得出的，即假设放大器开环放大倍数 $A=($，输入阻抗 $Z_i=\infty$，因此仍然存在一定的非线性误差，但一般 A 和 Z_i 足够大，所以这种误差很小。

5.3.4　二极管双 T 型交流电桥

二极管双 T 型交流电桥电路原理图如图 5-18。U_E是高频电源，它提供幅值为 U_i 的对称方波，V_{D1}、V_{D2} 为特性完全相同的两个二极管，$R_1=R_2=R$，C_1、C_2 为传感器的两个差动电容。当传感器没有输入时，$C_1=C_2$。电路工作原理如下：

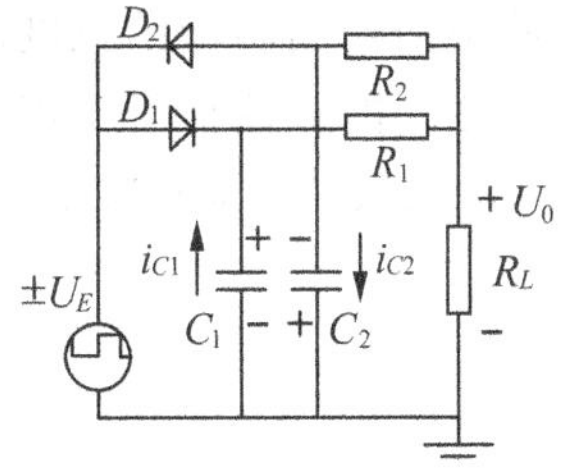

图 5-18　二极管双 T 型交流电桥电路原理图

当 U_E为正半周时，二极管 V_{D1} 导通、V_{D2} 截止，于是电容 C_1 充电；在随后负半周出现时，电容 C_1 上的电荷通过电阻 R_1，负载电阻 R_L 放电，流过 R_L 的电流为 I_1。在负半周内，V_{D2} 导通、V_{D1} 截止，则电容 C_2 充电；在随后出现正半周时，C_2 通过电阻 R_2，负载电阻 R_L 放电，流过 R_L 的电流为 I_2。根据上面所给的条件，则电流 $I_1=I_2$，且方向相反，在一个周期内流过 R_L 的平均电流为零。

若二极管理想化，当电源为正半周时，电路等效成一阶电路，如图 5-19。

供电电压是幅值为 $\pm U_E$、周期为 T、占空比为 50% 的方波，可直接得到电容 C_2 的电流 i_{C2} 如下：

$$i_{C2}=\left(\frac{U_E+\dfrac{R_L}{R+R_L}U_E}{R+\dfrac{RR_L}{R+R_L}}\right)e^{\frac{-t}{\left(R+\frac{RR_L}{R+R_L}\right)C_2}} \tag{5-15}$$

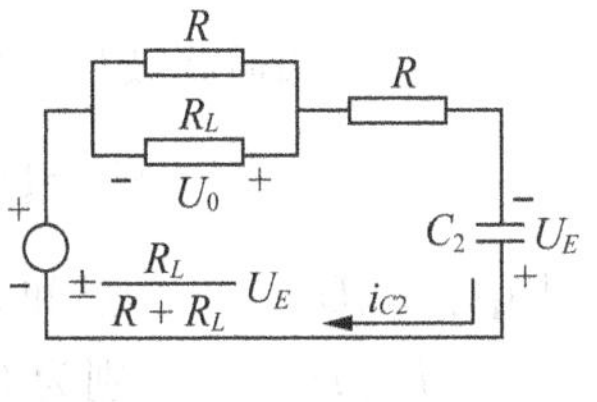

图 5-19　等效一阶电路

在 $C_2[R+(RR_L)/(R+R_L)]$为 $T/2$ 时，电流 i_{C2}的平均值 I_{C2} 可以写成

$$I_{C2}=\frac{1}{T}\int_{0}^{T/2}i_{C_2}\,\mathrm{d}t\approx\frac{1}{T}\int_{0}^{\infty}i_{C2}\,\mathrm{d}t=\frac{1}{T}\frac{R+2R_L}{R+R_L}U_E C_2 \tag{5-16}$$

同理,可得负半周时电容 C_1 的平均电流 I_{C1} 为

$$I_{C1}=\frac{1}{T}\frac{R+2R_L}{R+R_L}U_E C_1$$

故在负载 R_L 上产生的电压为

$$U_0=\frac{RR_L}{R+R_L}(I_{C1}-I_{C2})=\frac{RR_L(R+2R_L)}{(R+R_L)^2}\frac{U_E}{T}(C_1-C_2) \tag{5-17}$$

当 R_L 已知时,$\frac{RR_L(R+2R_L)}{(R+R_L)^2}$为常数,设为 K,则:

$$U_0\approx K\cdot f\cdot U_E\cdot(C_1-C_2)$$

输出电压不仅与电源电压的频率和幅值有关,而且与 T 形网络中的电容 C_1 和 C_2 的差值有关。当电源电压确定后,输出电压只是电容 C_1 和 C_2 的函数。

二极管双 T 型交流电桥电路具有线路简单,分布电容的影响小;输出阻抗为 R、输出电压较高的优点。但是其灵敏度与电源频率有关,电源周期、幅值直接影响灵敏度,要求必须具备高度稳定的电源。这种电路适用于具有线性特性的单组式和差动式电容式传感器,可以用作动态测量。

5.3.5 差动脉冲调宽电路

差动脉冲调宽电路又称脉冲调制电路,如图 5-20 所示,利用对传感器电容的充放电使电路输出脉冲的宽度随传感器电容量变化而变化。通过低通滤波器就能得到对应被测量变化的直流信号。当 $C_1=C_2$ 时,输出电压 U_{AB} 为等宽矩形波,如图 5-21(a)所示,当 $C_1\neq C_2$ 时,U_{AB} 为不等宽矩形波,如图 5-21(b)所示。

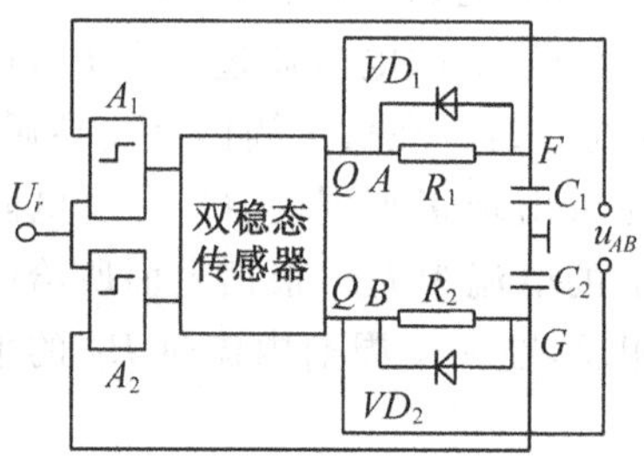

图 5-20 差动脉冲调宽电路原理图

U_{AB} 经低通滤波后,就可得到一直流电压 U_0 为

$$U_0=U_A-U_B=\frac{T_1}{T_1+T_2}U_1-\frac{T_2}{T_1+T_2}U_1=\frac{T_1-T_2}{T_1+T_2}U_1 \tag{5-18}$$

式中:U_A、U_B——A 点和 B 点的矩形脉冲的直流分量;

T_1、T_2——分别为 C_1 和 C_2 的充电时间;

U_1——触发器输出的高电位。

C_1、C_2 的充电时间分别为:

$$T_1=R_1C_1\ln\frac{U_1}{U_1-U_r}$$

$$T_2=R_2C_2\ln\frac{U_1}{U_1-U_r}$$

式中：U_r——触发器的参考电压。

设 $R_1=R_2=R$，则得

$$U_0=\frac{C_1-C_2}{C_1+C_2}U_r \tag{5-19}$$

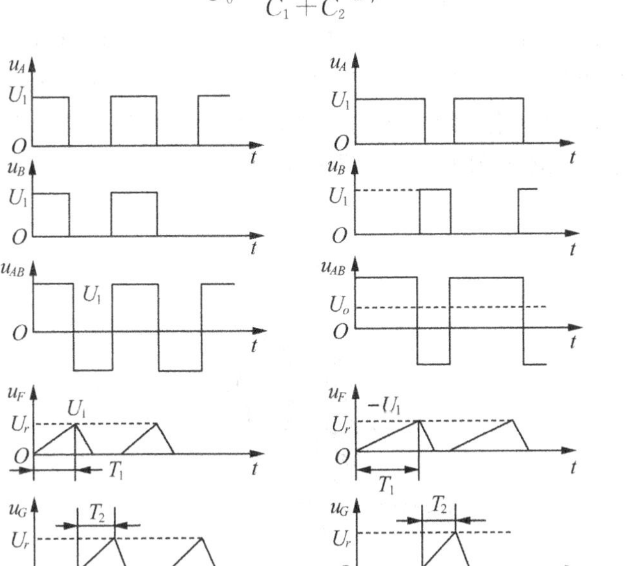

图 5-21 差动脉冲调宽电路各点电压波形图

由式(5-19)得，输出的直流电压与传感器两电容差值成正比。

设电容 C_1 和 C_2 的极间距离和面积分别为 δ_1、δ_2 和 S_1、S_2。

差动变极距型的输出电压为：

$$U_0=\frac{\delta_2-\delta_1}{\delta_2+\delta_1}U_E \tag{5-20}$$

差动变面积型的输出电压为：

$$U_0=\frac{S_1-S_2}{S_2+S_1}U_E \tag{5-21}$$

差动脉冲调宽电路的特性是能适用于任何差动式电容式传感器，并具有理论上的线性特性。具有电压稳定度高、不存在稳频、波形纯度的要求、也不需要相敏检波与解调、对元件无线性要求、对输出矩形波要求也不高的优点。

5.4 电容式传感器的应用

电容式传感器可用来测量直线位移、角位移、振动振幅，尤其适合测量高频振动振幅、

精密轴系回转精度、加速度等机械量。变极距型的适用于较小位移的测量，变面积型的能测量量程为零点几毫米至数百毫米之间的位移。电容式角度和角位移传感器广泛用于精密测角，如用于高精度陀螺和摆式加速度计。电容式测振幅传感器可测峰值为 0.50μm、频率为 10kHz～20kHz，灵敏度高于 0.01μm，非线性误差小于 0.05μm。

5.4.1 电容式压力传感器

图 5-22 为差动电容式压力传感器的结构图。图 5-22 所示为一个膜片动电极和两个在凹形玻璃上电镀成的固定电极组成的差动电容器。它具有结构简单、灵敏度高、响应速度快(约 100ms)、能测微小压差(0～0.75Pa)、真空或微小绝对压力等优点。

当被测压力或压力差作用于膜片并使之产生位移时，形成的两个电容器的电容量，一个增大，一个减小。该电容值的变化经测量电路转换成与压力或压力差相对应的电流或电压的变化。

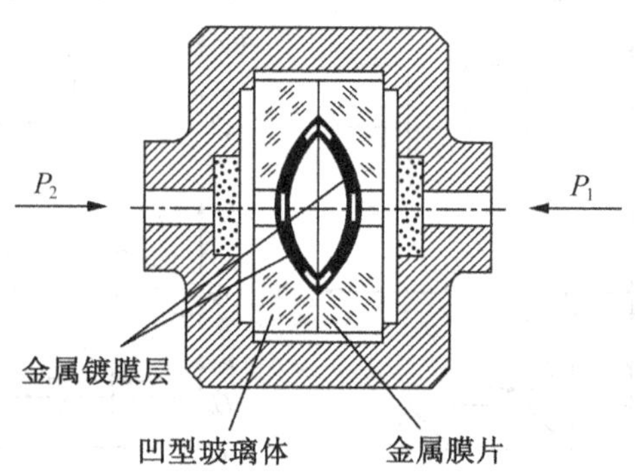

图 5-22　差动电容式压力传感器的结构图

5.4.2 电容式加速度传感器

电容式加速度传感器的主要特点是频率响应快和量程范围大，大多采用空气或其他气体作阻尼物质。具有精度较高、频率响应范围宽、量程大、可以测很高的加速度等特点。

常用的差动式电容加速度传感器结构示意如图 5-23 所示。它有两个固定极板(与壳体绝缘)，中间有一用弹簧片支撑的质量块，此质量块的两个端面经过磨平抛光后作为可动极板(与壳体电连接)。

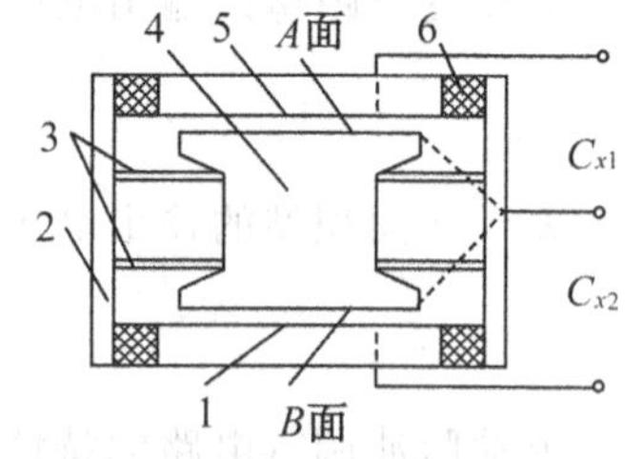

图 5-23　电容加速度传感器

1、5—固定极板　2—壳体　3—簧片

4—质量块　6—绝缘体

当传感器壳体随被测对象在垂直方向上作直线加速运动时，质量块在惯性空间中相对静止，而两个固定电极将相对质量块在垂直方向上产生大小正比于被测加速度的位移。此位移使两电容的间隙发生变化，一个增加，一个减小，从而使 C_1、C_2 产生大小相等，符号相反的变化量，此增量正比于被测加速度。

5.4.3　电容式位移传感器应用

电容式位移传感器的突出优点，是它的超高分辨率和稳定性。现在，电容式位移传感器应用使得加工行业可以容易具备高超的机械加工精度，在具有完美的信号屏蔽措施的情况下可以达到纳米级的精度。

图 5-24 和图 5-25 分别为电容式位移传感器在测振幅和测轴回转精度和轴心偏摆的应用示意。

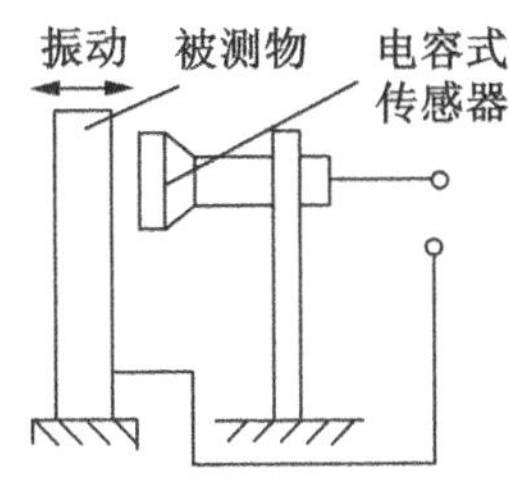

图 5-24　测振幅

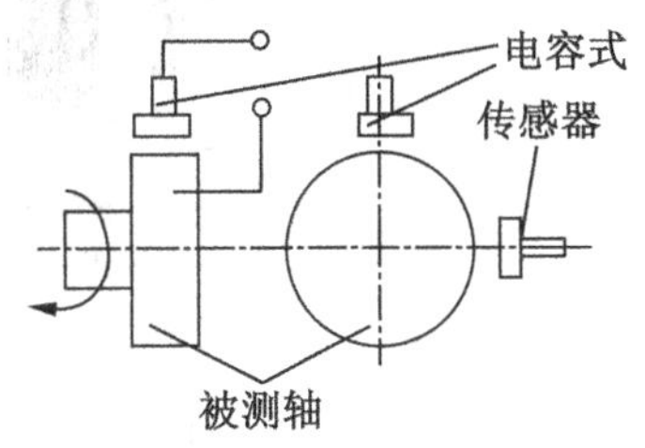

图 5-25　测轴回转精度和轴心偏摆

5.4.4　电荷平衡式位移传感器

电荷平衡式位移传感器的结构示意图如图 5-26 所示。

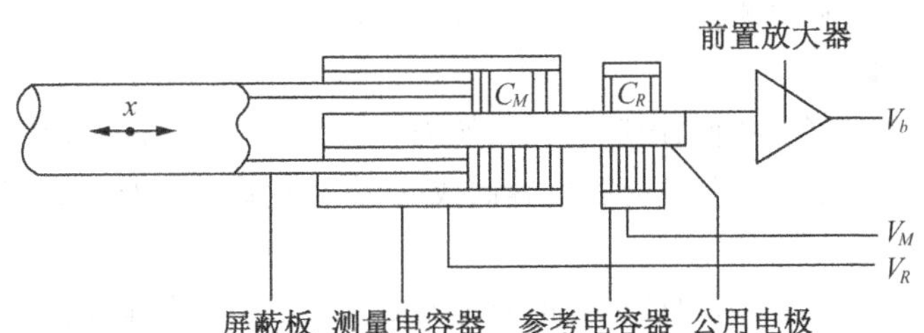

图 5-26　电荷平衡式位移传感器

$$V_R C_M + V_M C_R = 0$$

$$V_M = -\frac{C_M V_R}{C_R} \tag{5-22}$$

可变电压 V_M 与测头的位置成比例，已在类似于孔径测量仪等便携式测量工具中应用。

5.4.5　电容式传感器的其他测量应用

5.4.5.1　油量测量

图 5-27 为其原理图，利用了圆柱型电容传感器。其电容量为：

$$C_x = C_1 + C_2 = \frac{2\pi\varepsilon_2 h_2}{\ln\left(\frac{r_2}{r_1}\right)} + \frac{2\pi\varepsilon_1 (H - h_2)}{\ln\left(\frac{r_2}{r_1}\right)}$$

$$=\frac{2\pi\varepsilon_1 H}{\ln\left(\frac{r_2}{r_1}\right)}+\frac{2\pi(\varepsilon_2-\varepsilon_1)}{\ln\left(\frac{r_2}{r_1}\right)}$$

$$=C_0+\Delta C \tag{5-23}$$

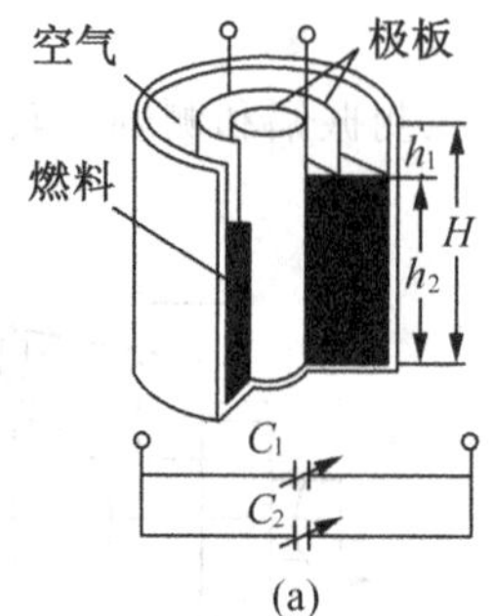

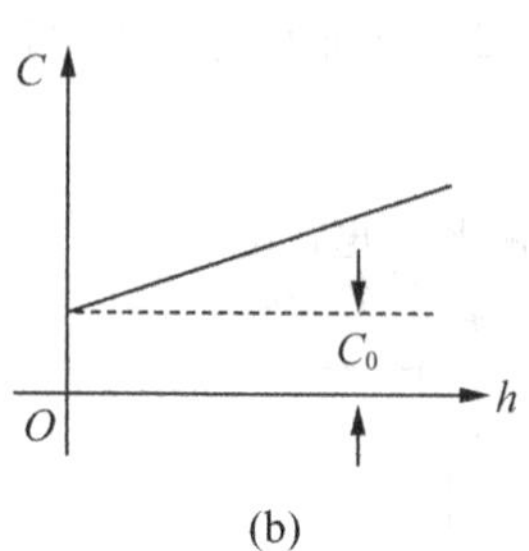

图 5-27　圆柱型电容传感器测液位原理图

当燃油增大，h_2 增大，ΔC 也增大，即传感器的电容增大；燃油减少，h_2 减少，ΔC 也减小，即传感器的电容减少。这样传感器就把油量的变化转换为电容的变化，通过测量电容的大小就能知道油量的多少。

这种电容物位变送器可用于高压、真空、高温、低温、密封罐内的酸、碱、盐等强腐蚀液体、强震动等的液位、料位测量，是其他许多种类的物、液位计望尘莫及的。

5.4.5.2　湿度测量

在工农业生产、气象、环保、国防、科研、航天等部门，经常需要对环境湿度进行测量及控制。湿敏电容一般是用高分子薄膜电容制成的，常用的高分子材料有聚苯乙烯、聚酰亚胺、酪酸醋酸纤维等。

当环境湿度发生改变时，湿敏电容的介电常数发生变化，使其电容量也发生变化，其电容变化量与相对湿度成正比。湿敏电容的主要优点是灵敏度高、产品互换性好、响应速度快、湿度的滞后量小、便于制造、容易实现小型化和集成化，其精度一般比湿敏电阻要低一些。

5.4.5.3　电容式键盘

常规的键盘有机械式按键和电容式按键两种。电容式键盘是基于电容式开关的键盘，原理是通过按键改变电极间的距离产生电容量的变化，暂时形成震荡脉冲允许通过的条件。理论上这种开关是无触点非接触式的，磨损率极小甚至可以忽略不计，也没有接触不良的隐患，具有噪音小，容易控制手感，可以制造出高质量的键盘，但工艺较机械结构复杂。

5.4.5.4　电容传声器

传声器(Microphone)俗称话筒，音译作麦克风，是一种声—电换能器件，可分电动和静电两类，目前广播、电视和娱乐等方面使用的传声器，绝大多数是动圈式和电容式。

电容传声器以振膜与后极板间的电容量变化通过前置放大器变换为输出电压。它能提供非常高的音响质量，频率响应宽而平坦，是高性能传声器，但这种传声器制造工艺复杂，价格高，一般在专业领域使用较多。

5.4.5.5　指纹识别

指纹识别目前最常用的是电容式传感器，也被称为第二代指纹识别系统。它的优点是体积小、成本低、成像精度高，而且耗电量很小，因此非常适合在消费类电子产品中使用。

电容式指纹传感器有单触型和划擦型两种，是目前最新型的固态指纹传感器，它们都是通过在触摸过程中电容的变化来进行信息采集。

人类的指纹由紧密相邻的凹凸纹路构成，通过对每个像素点上利用标准参考放电电流，便可检测到指纹的纹路状况。每个像素先预充电到某一参考电压，然后由参考电流放电。电容阳极上电压的改变率与其上的电容成下面的比例关系：$I_{ref}=C\times \mathrm{d}V/\mathrm{d}t$

处于指纹的凸起下的像素（电容量高）放电较慢，而处于指纹的凹处下的像素（电容量低）放电较快。

图 5-28 为指纹经过处理后的成像图：

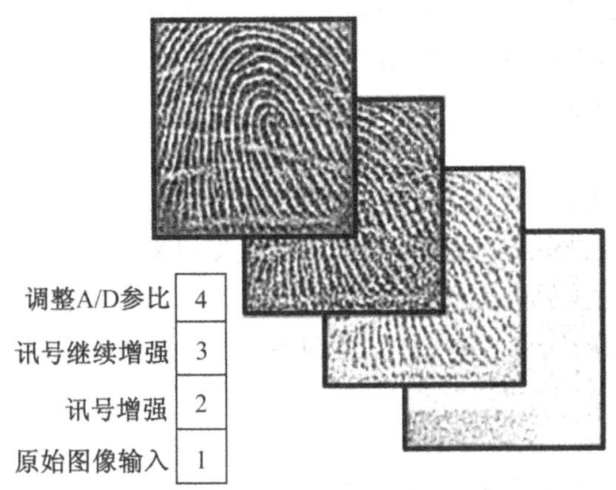

图 5-28　指纹经过处理后的成像图

指纹识别所需电容传感器包含一个有数万个金属导体的阵列，其外面是一层绝缘的表面，当用户的手指放在上面时，金属导体阵列/绝缘物/皮肤就构成了相应的小电容器阵列。它们的电容值随着脊（近的）和沟（远的）与金属导体之间的距离不同而变化。

5.5　电容式传感器的特点及设计与应用中存在的问题

5.5.1　电容式传感器的特点

5.5.1.1　特点（与电阻式、电感式相比）优点

（1）温度稳定性好

电容值通常与电极的材料无关，仅取决电极的尺寸有关。只要从强度、温度系数等机械特性考虑，合理选择材料和几何尺寸其他因素（因本身发热极小）影响甚微。

（2）结构简单、适应性强

电容式传感器结构简单，易于制造，易于保证高的精度。能在高低温、强辐射及强磁场等各种恶劣的环境条件下工作，适应能力强。此外传感器可以做得体积很小，以便实现某些特殊要求的测量。

(3)动态响应好

电容式传感器由于极板间的静电引力很小，需要的作用能量极小，因此其固有频率很高，动态响应时间短，能在几 MHz 的频率下工作，特别适合动态测量。

(4)可以实现非接触测量，具有平均效应

当被测件不允许接触测量时，电容传感器可以完成测量任务。由于电容式传感器具有平均效应，也可以减小工件表面粗糙度等对测量的影响。

电容式传感器除上述优点之外还特别适宜低能量输入的测量，例如测量极低的力、压力和很小的加速度、位移等，可以做得很灵敏，分辨力非常高。

4.5.1.2 缺点

(1)输出阻抗高，带负载能力差

电容式传感器的容量受其电极几何尺寸等限制，使传感器的输出阻抗很高，尤其当采用音频范围内的交流电源时，输出阻抗高达 106～108Ω。因此传感器负载能力差，易受外界干扰影响而产生不稳定现象，严重时甚至无法工作，必须采取屏蔽措施，从而给设计和使用带来不便。

(2)寄生电容影响大。

传感器的初始电容量很小，而传感器的引线电缆电容、测量电路的杂散电容以及传感器极板与其周围导体构成的电容等“寄生电容”却较大，这一方面降低了传感器的灵敏度；另一方面这些电容(如电缆电容)常常是随机变化的，将使传感器工作不稳定，影响测量精度。

(3)输出特性非线性

变极距型电容传感器的输出特性是非线性的，虽可采用差动结构来改善，但不可能完全消除。其他类型的电容传感器只有忽略了电场的边缘效应时，输出特性才呈线性。否则边缘效应所产生的附加电容量将与传感器电容量直接叠加，使输出特性非线性。

5.5.2 电容传感器设计要点

电容传感器设计要达到低成本、高精度、高分辨率、稳定可靠和高的频率响应这些基本特点。所以，针对电容传感器的特性，提出以下的注意要点：

5.5.2.1 保护绝缘材料的绝缘性能

温度变化使传感器内各零件的几何尺寸和相互位置及某些介质的介电常数发生改变，从而改变传感器的电容量，产生温度误差。湿度也影响某些介质的介电常数和绝缘电阻值。因此必须从选材、结构、加工工艺等方面来减小温度等带来的误差。

电极：温度系数低的铁镍合金、陶瓷或石英上喷镀金或银(电极可做得薄，减小边缘效应)。

电极支架：选用温度系数小和几何尺寸长期稳定性好，并具有高绝缘电阻、低吸潮性和高表面电阻的材料，例如石英、云母、人造宝石及各种陶瓷等做支架。

电介质：尽量采用空气或云母等介电常数的温度系数近似为零的电介质(也不受湿度变化的影响)作为电容式传感器的电介质。如果电介质选用不当，介电常数改变产生的误差虽可用后接的电子电路加以补偿，但无法完全消除。

传感器密封，用以防尘、防潮，并采用差动结构、测量电路(如电桥)来减小温度等误差。

5.5.2.2 消除和减少边缘效应

边缘效应不仅使电容传感器的灵敏度降低而且产生非线性。适当减小极间距，使电极直径或边长与间距比增大，可减小边缘效应的影响，但易产生击穿并有可能限制测量范围。电极应做得极薄使之与极间距相比很小，这样也可减小边缘电场的影响。可在结构上增设等位环来消除边缘效应。

5.5.3 消除和减少寄生电容的影响

寄生电容与传感器电容相并联，影响传感器灵敏度，而它的变化则为虚假信号影响仪器的精度，必须消除和减小它。

5.5.3.1 增加传感器原始电容值

采用减小极片或极筒间的间距，增加工作面积或工作长度来增加原始电容值，但受加工及装配工艺、精度、示值范围、击穿电压、结构等条件因素限制。

5.5.3.2 集成化

将传感器与测量电路本身或其前置级装在一个壳体内，省去传感器的电缆引线。这样，寄生电容大为减小而且易固定不变，使仪器工作稳定。但这种传感器受高、低温或环境差的影响。

5.5.3.3 运算放大器法

利用运算放大器的虚地减小引线电缆寄生电容 C_p。如图 5-29 所示，电容传感器的一个电极经电缆芯线接运算放大器的虚地 Σ 点，电缆的屏蔽层接仪器地，这时与传感器电容相并联的为等效电缆电容 $C_p/(1+A)$，大大减小了电缆电容的影响。外界干扰因屏蔽层接仪器地，对芯线不起作用。传感器的另一电极接大地，用来防止外电场的干扰。若采用双屏蔽层电缆，其外屏蔽层接大地，干扰影响就更小。开环放大倍数 A 越大，精度越高。选择足够大的 A 值可保证所需的测量精度。

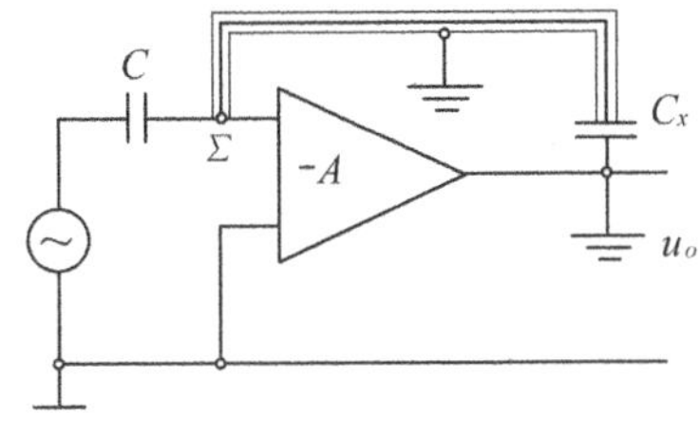

图 5-29 运算放大器法

将电容式传感器和所采用的转换电路、传输电缆等用同一个屏蔽壳屏蔽起来，正确选取接地点可减小寄生电容的影响和防止外界的干扰。

5.5.3.4 驱动电缆技术

当电容式传感器的电容值很小，而因某些原因(如环境温度较高)，测量电路只能与传感器分开时，可采用“驱动电缆”(双层屏蔽等位传输)技术，如图5-30所示。即传感器与测量电路前置级间的引线为双屏蔽层电缆，其内屏蔽层与信号传输线(即电缆芯线)通过增益为1的放大器成为等电位，从而消除了芯线与内屏蔽层之间的电容。采用这种技术可使电缆线长达10m也不影响仪器的性能。

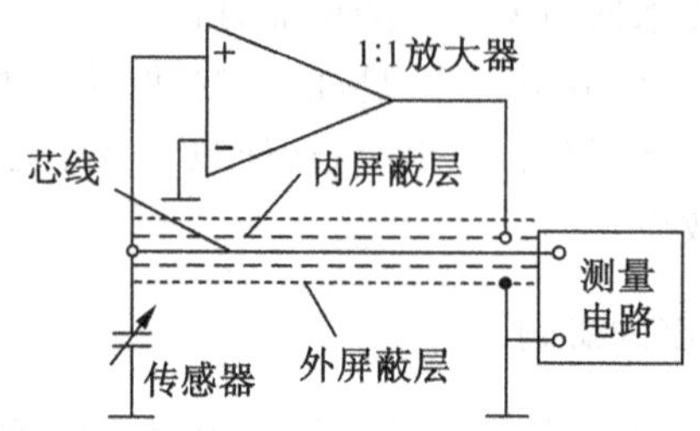

图5-30 驱动电缆法

另外，还可以采用整体屏蔽法以及防止和减小外界干扰给仪器带来的误差和故障。

思考与习题

1. 电容式传感器的工作原理是什么？
2. 电容式传感器的测量电路有哪些种类？
3. 电容式传感器的主要性能是什么？
4. 简述电容式传感器的优点和缺点。
5. 简述电容式传感器的应用。
6. 简述电容式传感器的设计要点。

第6章　霍尔传感器

霍尔传感器，其主要材料为 InSb(锑化铟)、InAs(砷化铟)、Ge(锗)、Si、GaAs 等。霍尔传感器是基于霍尔效应制成的传感元件。美国物理学家霍尔(另有翻译为“霍耳”)首先于 1879 年在金属材料中发现了霍尔效应。这种物理现象的发现，虽然已有一百多年的历史，但是直到 20 世纪 40 年代后期，由于半导体工艺的不断改进，才被人们所重视和应用。经过最近几十年的研究和开发，目前已经能生产各种性能的霍尔元件，如普通型、高灵敏度型、低温度系数型、测湿测磁型和开关式的霍尔元件。现在霍尔元件已广泛应用于非电量测量、自动控制、电磁测量、计算装置以及现代军事技术等各个领域。

6.1　霍尔传感器的工作原理

6.1.1　霍尔元件的基本工作原理

3.1.1.1　半导体材料的霍尔效应

一个半导体薄片，若在它的两端通以控制电流 I，在薄片的垂直方向上施加磁感应强度为 B 的磁场，那么在薄片的另两侧会产生一个与控制电流 I 和磁感应强度 B 的乘积成比例的电动势 U_H。这个电动势称霍尔电动势，这一现象称为霍尔效应，该半导体薄片称为霍尔元件。如图 6-1 所示为霍尔效应的示意图。

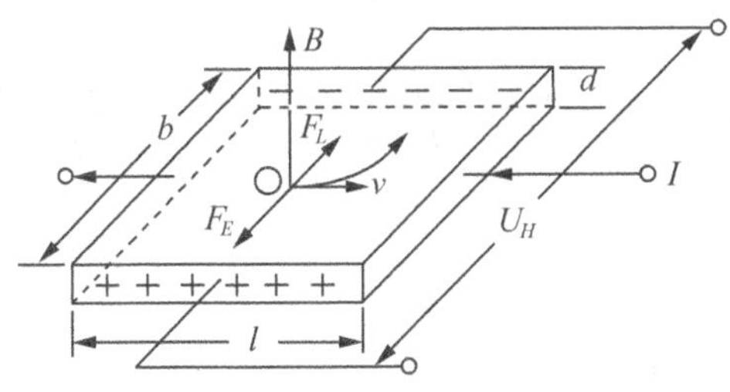

图 6-1　霍尔效应

6.1.1.2　工作原理

霍尔效应的产生是由于运动电荷受磁场中洛仑兹力作用的结果。假设在 N 型半导体薄片上通以电流 I，如图 6-1 所示，则半导体中的载流子(电子)沿着和电流相反的方向运动(电子速度为 v)。由于在垂直于半导体薄片平面的方向上施加磁场 B，所以电子受

到洛仑兹力 F_L 的作用,向一边偏转,并使该边形成电子积累;而另一边则为正电荷积累,于是形成电场。该电场阻止运动电子的继续偏转。当电场作用在运动电子上的力 F_E 与洛仑兹力 F_L 相等时,电子的积累便达到动态平衡。在薄片两横断面之间建立电场,其对应的电动势称为霍尔电动势 U_H,其大小可用下式表示

$$U_H = R_H \frac{IB}{d} \tag{6-1}$$

式中:R_H—霍尔系数,m^3/c;

I —控制电流,A;

B—磁感应强度,T;

d—霍尔元件厚度,m。

R_H 被定义为霍尔元件的霍尔系数,它由半导体材料的性质决定,反映材料霍尔效应的强弱。流过霍尔元件的电流为

$$I = \mathrm{d}Q / \mathrm{d}t = bdvnq$$

$$v = I / nqbd$$

所以:$U_H = BI / nqd \quad (R_H = 1 / nq)$

令 $K_H = R_H / d = 1/nqd$,K_H 称为霍尔元件的灵敏度.则

$$U_H = K_H IB \tag{6-2}$$

K_H 表示一个霍尔元件在单位控制电流和单位磁感应强度时产生的霍尔电压的大小,单位是 mV/(mA·T),通常 K_H 越大越好。元件的厚度 d 愈小,K_H 也愈高,所以霍尔元件的厚度一般都比较小。

材料中电子在电场作用下运动速度的大小常用载流子迁移率来表征,即在单位电场强度作用下,载流子的平均速度值。即

$$\mu = \frac{v}{E_I}$$

其中
$$v = \mu E_I = \frac{\mu U}{l}$$

所以
$$U_H = vbB = \frac{\mu U}{l} bB$$

又因为
$$U_H = R_H \frac{IB}{d} = \frac{R_H B}{d} \frac{U}{R} = \frac{R_H B}{d} \frac{U}{\frac{\rho l}{bd}} = \frac{R_H BUb}{\rho l} \tag{6-3}$$

可以得到
$$\rho = \frac{R_H}{\mu}$$

或者
$$R_H = \rho \mu$$

其中霍尔电压 U_H 与元件的尺寸有关。另外通常还要对其形状效应修正,见表 6-1。

$$U_H = R_H BIf(L/b)/d$$

表 6-1　形状效应修正

L/b	0.5	1.0	1.5	2.0	2.5	3.0	4.0
$f(L/b)$	0.370	0.675	0.841	0.923	0.967	0.984	0.996

半导体材料的（尤其是 N 型半导体）电阻率大，载流子迁移率很高，因而可以获得很大的霍尔系数，适合于制造霍尔元件。输出电动势的方向随控制电流的方向或磁场的方向改变而改变。但当磁场与电流同时改变方向时，霍尔电动势极性不变。

如果磁感应强度 B 和元件平面法线成一角度时，则作用在元件上的有效磁场是其法线方向的分量，即 B，这时

$$U_H = R_H IB\cos\theta \tag{6-4}$$

6.2　霍尔传感器的基本测量电路及误差补偿

6.2.1　霍尔传感器的基本测量电路

基于霍尔效应工作的半导体器件称为霍尔元件，霍尔元件多采用 N 型半导体材料。由前一节的分析可知，霍尔元件越薄（d 越小），K_H 就越大。霍尔元件由霍尔片、四根引线和壳体组成。在电路中，霍尔元件可用两种符号表示，见图 6-2 所示。

霍尔片是一块半导体单晶薄片（一般为 4mm×2mm×0.1mm），它的长度方向两端面上焊有 a、b 两根引线，通常用红色导线，其焊接处称为控制电极；在它的另两侧端面的中间以点的形式对称地焊有 c、d 两根霍尔输出引线，通常用绿色导线，其焊接处称为霍尔电极。

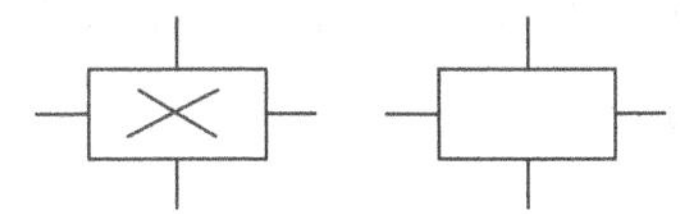

图 6-2　霍尔元件的符号

霍尔元件的基本电路如图 6-3 所示。控制电流 I 由电源 E 供给，W 为调节电阻，调节控制电流的大小。霍尔输出端接负载电阻 R_L，它也可以是放大器的输入电阻或表头内阻等。

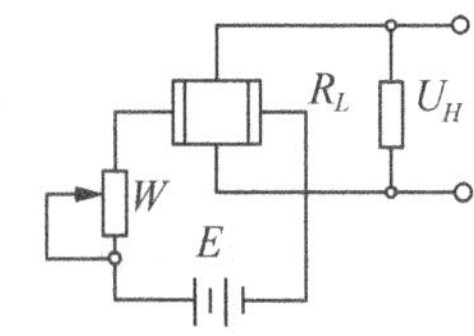

图 6-3　基本测量电路

由于霍尔元件须在磁场与控制电流的作用下，才会输出霍尔电动势，所以在实际使用时，可把 I 或 B 作为输入信号，或这两者同时作为输入信号，而输出信号则正比与 I 或 B，或两者的乘积。同时由于建立霍尔效应所需的时间很短，因此当控制电流用交流时，频率可达 1GHz 以上。

6.2.2　霍尔元件的测量误差及其补偿

在实际使用中，存在着各种影响霍尔元件精度的因素，即在霍尔电动势中迭加着各种误差电势。这些误差电势产生的主要原因有两类：一类是由于制造工艺的缺陷；另一类是由于半导体本身的固有的特性。这里只分析由不等位电势和温度影响而产生的误差。

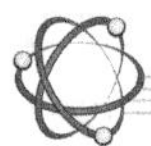

6.2.2.1 不等位电势 U_0 及其补偿

不等位电势 U_0 是一个主要的零位误差，如图 6-4 所示。霍尔电动势是从 A、B 两点引出的，由于工艺上无法保证霍尔电极 A、B 完全焊在同一等位面上，因此当控制电流 I 流过元件时，即使不加磁场，A、B 两点间也存在一个电势 U_0，这就是不等位电势。

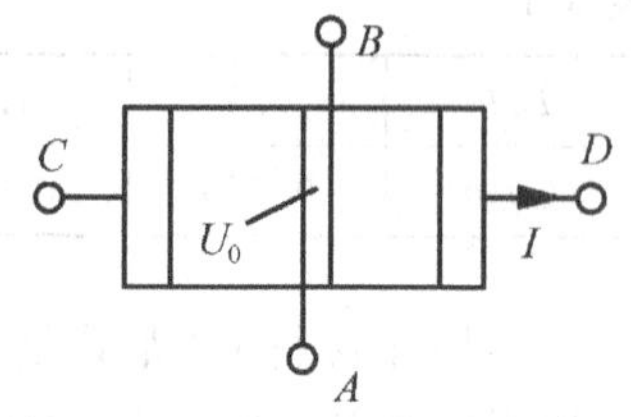

图 6-4 霍尔元件的不等势电位

在分析不等位电势时，可以把霍尔元件等效为一个电桥，如图 6-5 所示。

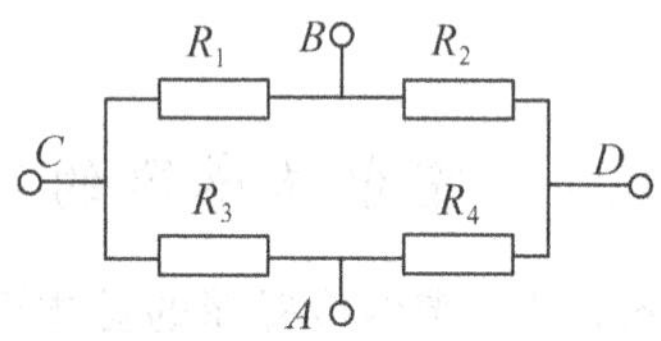

6-5 霍尔元件等效为电桥示意图

电桥臂的四个电阻分别是 R_1、R_2、R_3、R_4。当两个霍尔电极 A、B 处在同一等位面上时，$R_1=R_2=R_3=R_4$，电桥平衡，不等位电势 U_0 等于零。当两个霍尔电极不在同一等位面上时，电桥不平衡，不等位电势不等于零。此时可根据 A、B 两点电位的高低，判断应在某一桥臂上并联一定的电阻，使电桥达到平衡，从而使不等位电势为零。几种补偿线路如图 6-6 所示。图 6-6(a)、(b)为常见补偿电路；图 6-6(b)、(c)相当于在等效电桥的两个桥臂上同时并联电阻，其中图 6-6(c)调整比较方便。如果确切知道霍尔电极偏离等位面的方向，则可在工艺上采取措施来减小不等位电势。

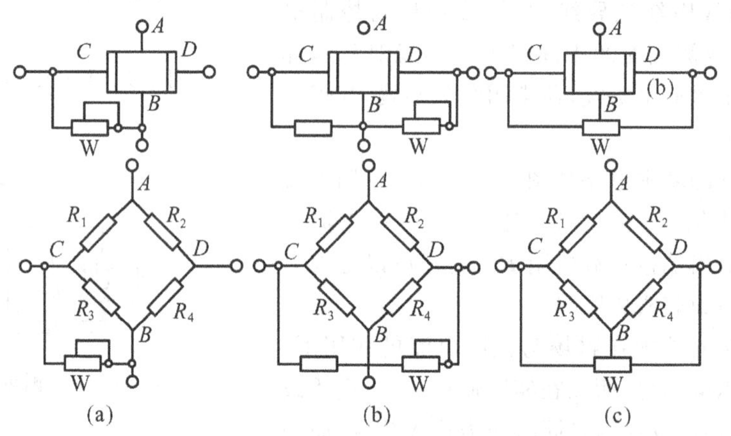

图 6-6 霍尔元件等效电路

6.2.2.2 温度误差及其补偿

霍尔元件与一般半导体器件一样，对温度的变化是敏感的，会给测量带来较大的误差。这是因为半导体材料的电阻率、迁移率和载流子浓度等都随温度变化。因此，霍尔元件的性能参数(如内阻、霍尔电势等)也将随温度变化。

为了减小霍尔元件的温度误差，除选用温度系数小的元件或采用恒温措施外，用恒流源供电可以减小元件内阻随温度变化而引起的控制电流的变化。但是这还不能完全解决霍尔电动势的稳定问题。下面介绍几种简单的补偿电路。

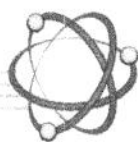

(1)利用输入回路串联电阻进行补偿

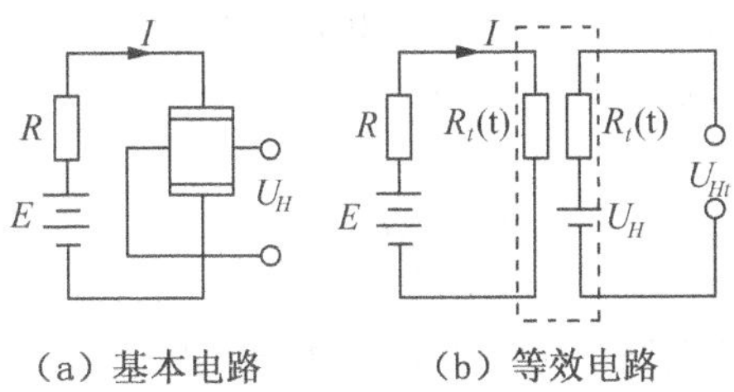

图 6-7　输入回路串联电阻补偿法原理图

霍尔元件系数和输入内阻与温度之间的关系式为：

$$R_{Ht}=R_{H0}(1+\alpha t) \tag{6-5}$$

$$R_{it}=R_{i0}(1+\beta t) \tag{6-6}$$

由图 6-7(b)可知：

$$I_t=\frac{E}{R+R_{it}} \tag{6-7}$$

则霍尔电压随温度变化的关系式为：

$$U_H=\frac{R_H}{\mathrm{d}}BI=\frac{R_{Ht}}{\mathrm{d}}B\frac{E}{R+R_{it}} \tag{6-8}$$

对上式求温度的导数，可得增量表达式：

$$\begin{aligned}\frac{\mathrm{d}U_H}{\mathrm{d}t}&=\frac{R_{H0}}{\mathrm{d}}BE\frac{(R+R_{i0})}{(R+R_{it})^2}\left(\alpha-\frac{\beta R_{i0}}{R+R_{i0}}\right)\\&=\frac{R_{H0}}{d}B\frac{E}{(R+R_{i0})}\frac{(R+R_{i0})^2}{(R+R_{it})^2}\left(\alpha-\frac{\beta R_{i0}}{R+R_{i0}}\right)\\&=U_{H0}\frac{(R+R_{i0})^2}{(R+R_{it})^2}\left(\alpha-\frac{R_{i0}\beta}{R_{i0}+R}\right)\end{aligned} \tag{6-9}$$

由上式可以看出，要使温度变化时霍尔电压不变，必须使

$$\alpha-\frac{R_{i0}\beta}{R_{i0}+R}=0 \tag{6-10}$$

即：

$$R=\frac{R_{i0}(\beta-\alpha)}{\alpha} \tag{6-11}$$

当元件的 α、β 及内阻 R_{i0} 确定后，温度补偿电阻 R 便可求出。在实际应用中，当霍尔元件选定后，其 α、β 值可以从元件参数表中查出，而元件内阻 R_{i0} 则可由测量得到。

(2)利用输出回路的负载进行补偿(见图 6-8)

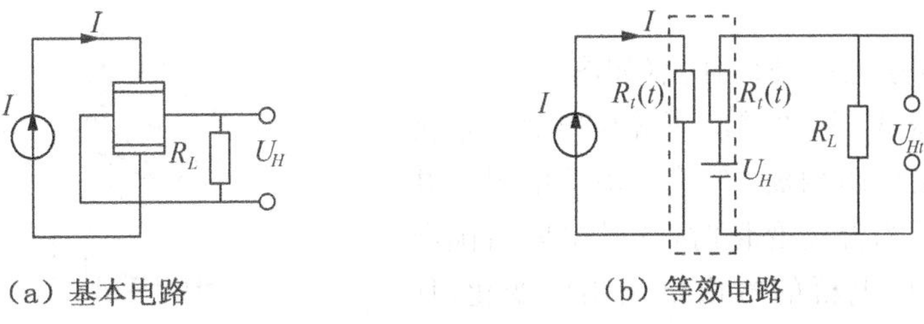

图 6-8　利用输出回路的负载进行补偿原理图

霍尔元件的输入采用恒流源，使控制电流 I 稳定不变。这样，可以不考虑输入回路的温度影响。在温度影响下，元件输出电阻和电势变为：

$$R_{\alpha t}=R_{o0}(1+\beta t) \quad U_{Ht}=U_{H0}(1+\alpha t) \tag{6-12}$$

此时，R_L 上的电压为

$$U_{Lt}=\frac{U_{H0}(1+\alpha t)}{R_{o0}(1+\beta t)+R_L}\times R_L \tag{6-13}$$

补偿电阻 R_L 上电压随温度变化最小的极值条件为

$$\frac{\mathrm{d}U_{Lt}}{\mathrm{d}t}=0 \tag{6-14}$$

根据 $$\left[\left(\frac{x}{y}\right)'=\frac{x'y-y'x}{y^2}\right]$$

可以推出

$$\alpha[R_{o0}(1+\beta t)+R_L]-\beta R_{o0}(1+\alpha t)=0 \tag{6-15}$$

$$\frac{R_L}{R_{o0}}=\frac{b-a}{a} \tag{6-16}$$

(3)利用恒流源进行补偿

当负载电阻比霍尔元件输出电阻大得多时，输出电阻变化对霍尔电压输出的影响很小。在这种情况下，只考虑在输入端进行补偿即可。若采用恒流源，输入电阻随温度变化而引起的控制电流的变化极小，从而减少了输入端的温度影响。

(4)利用热敏电阻进行补偿

这种方法对于温度系数大的半导体材料常使用。霍尔输出随温度升高而下降，只要能使控制电流随温度升高而上升，就能进行补偿。例如在输入回路串入热敏电阻，当温度上升时其阻值下降，从而使控制电流上升。

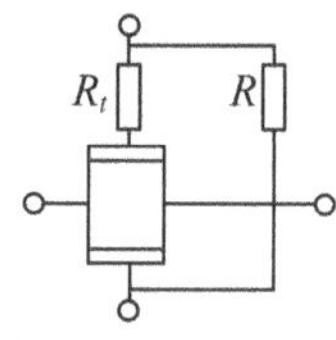

图 6-9 利用热敏电阻在输入回路补偿

输入回路补偿或在输出回路进行补偿。如图 6-9 所示，负载 R_L 上的霍尔电势随温度上升而下降的量被热敏电阻阻值减小所补偿。实际使用时，热敏电阻最好与霍尔元件封在一起或靠近，使它们温度变化一致。

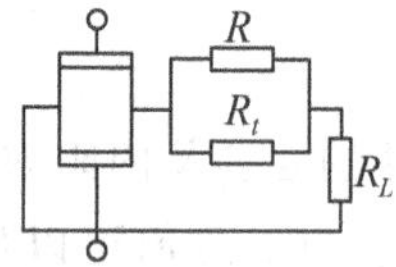

图 6-10 利用热敏电阻在输出回路补偿

输出回路补偿，如图 6-10 所示，工作原理同(a)。

(5) 利用补偿电桥进行补偿(如图 6-11)

调节电位器 W_1 可以消除不等位电势。电桥由温度系数低的电阻构成，在某一桥臂电阻上并联一热敏电阻。当温度变化时，热敏电阻将随温度变化而变化，使电桥的输出电压相应变化，仔细调节，即可补偿霍尔电势的变化，使其输出电压与温度基本无关。

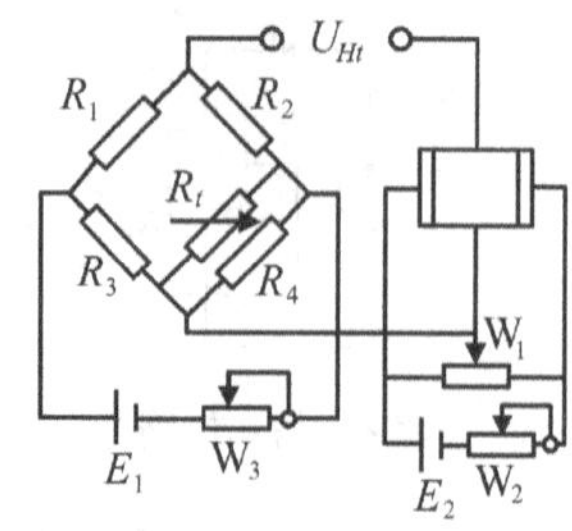

图 6-11 利用补偿电桥进行补偿

6.3　常用霍尔传感器GaAs(砷化镓)和InSb(锑化铟)介绍

6.3.1　GaAs霍尔传感器的品质特点

(1)霍尔电压的温度稳定性好:最大的优点是其在恒流工作时温度稳定性好,温度变化10℃,输出电压变化不超过 -0.6%。

(2)输出线性好:最大误差只有2%(1K与5K高斯霍尔电压的比)。完全可以满足一般的用途。

(3)灵敏度低:GaAs霍尔传感器与Insb霍尔传感器相比灵敏度低。大多数Insb霍尔传感器的输出电压较高,但这类传感器在500高斯左右开始达到饱和。

(4)GaAs霍尔传感器的不平衡电压随温度变化较大。在弱磁场中(10高斯以下)不如InSb霍尔传感器。

6.3.2　Insb霍尔传感器的品质特点

Insb霍尔传感器与GaAs的特性几乎相反。

(1)不平衡电压稳定性好:Insb霍尔传感器在恒压工作时不平衡电压的稳定性很好,噪音也小,在弱磁场中工作可很好地进行S/N的测量。

(2)霍尔电压的温度稳定性不好:在恒流工作时其温度系数为-2%/℃(最大),是GaAs的30～40倍。为了改善Insb霍尔传感器的温度特性,采用恒压工作,可以将温度系数降低近10倍。

(3)Insb霍尔传感器的频率特性也不太好(大约在数千赫至数十千赫)。在理论上GaAs霍尔传感器的频带在兆赫以上,而实际上是达不到的,但无论如何也会有InSb霍尔传感器数十倍以上的带宽。

6.3.3　霍尔元件的技术参数

6.3.3.1　额定控制电流

它是指霍尔元件温升10℃施加的控制电流值,单位为毫安(mA)。增大元件的控制电流可以获得较大的输出霍尔电动势,但在实际使用时,控制电流的增加受到霍尔元件的最高温升的限制。

6.3.3.2　额定功耗 P_0

在环境温度25℃时,允许通过霍尔元件的电流和电压的乘积。

6.3.3.3　输入电阻 R_i 与输出电阻 R_o

R_i是指控制电流极之间的电阻值,R_o指霍尔电极之间的电阻。R_i和R_o可以用直流电桥或欧姆表,在无外磁场和室温条件下进行测量。

6.3.3.4　不等位电势 U_o 和不等位电阻 r_o

在额定控制电流下,不加外磁场时,霍尔电极间的空载电动势称为不等位电势U_o,单位毫伏(mV),在不加外磁场的条件下,将元件通以直流的额定控制电流,用直流电位差计测得空载霍尔电动势,这就是不等位电势。

不等位电势 U_o 与额定控制电流 I 之比，就是元件的不等位电阻 r_o，即 $r_o=U_o/I_o$

6.3.3.5 灵敏度 K_H

霍尔元件在单位磁感应强度和单位控制电流作用下的空载霍尔电动势值，称为霍尔元件的灵敏度 K_H

$$K_H=R_H/d$$

6.3.3.6 寄生直流电势 U

在无外磁场的情况下，霍尔元件通以交流控制电流，开路的霍尔电极间输出的交流电势称为交流不等位电势 U_r，单位毫伏（mV）。在此情况下输出的直流电势称为寄生直流电势 U，单位微伏（μV）。

6.3.3.7 霍尔电动势温度系数 α

在一定的磁感应强度和单位控制电流下温度每改变 1℃时，霍尔电动势值变化的百分率，称为霍尔电动势温度系数。

$$\alpha=\frac{(U_{Ht}-U_{Ho})/U_{Ho}}{t}$$

即

$$U_{Ht}=U_{Ho}(1+\alpha t)$$

6.3.3.8 内阻温度系数 β

元件在无外磁场及工作温度范围内，温度变化 1℃时，输入电阻 Ri 与输出电阻 Ro 变化的百分率称为内阻温度系数。由于不同温度时，内阻温度系数值不等，一般取平均值。

$$\beta=\frac{(R_{it}-R_{io})/R_{io}}{t}$$

即

$$R_{it}=R_{io}(1+\beta t)$$

6.3.3.9 热阻 R_Q

在霍尔电极开路情况下，元件上的电功率损耗 I^2R_i 每改变 1W 时，元件温度的变化值称热阻 R_Q，单位为 K/W。

表 6-2　　常见霍尔元件技术参数

型号	材料	控制电流（mA）	霍尔电压（mV，0.1T）	输入电阻（Ω）	输出电阻（Ω）	灵敏度（mV/mA.T）	不等位电势（mV）	温度系数 V_H（%/℃）
EA218	InAs	100	>8.5	3	1.5	>0.35	<0.5	0.1
FA24	InAsP	100	>13	6.5	2.4	>0.75	<1	0.07
VHG-110	GaAs	5	5～0	200～800	200～800	30～220	<V_a 的 20%	−0.05
AGl	Ge	20max	>5	40	30	>2.5	—	−0.02
MF07FZZ	InSb	10	40～290	8～60	8～65	—	±10	−2
MF19FZZ	InSb	10	80～600	8～60	8～65	—	±10	−2
MH07FZZ	InSb	IV	80～120	80～400	80～430	—	±10	−0.3
MH19FZZ	InSb	IV	150～250	80～400	80～430	—	±10	−0.3
KH-400A	InSb	5	250～550	240～550	50～110	50～1100	10	<−0.3

6.3.4 集成霍尔传感器

集成霍尔传感器是利用硅集成电路工艺将霍尔元件和测量线路集成在一起的霍尔传感器。它取消了传感器和测量电路之间的界限,实现了材料、元件、电路三位一体。集成霍尔传感器由于减少了焊点,因此显著地提高了可靠性。此外,它具有体积小、重量轻、功耗低等优点。根据功能不同,集成霍尔器件有霍尔线性集成器件和霍尔开关集成器件两种。

6.3.4.1 开关型集成霍尔传感器

开关型集成霍尔传感器是把霍尔元件的输出经过处理后输出一个高电平或低电平的数字信号。霍尔开关电路又称霍尔数字电路,由稳压器、霍尔片、差分放大器,施密特触发器和输出级五部分组成,它的特性如图 6-12 所示,其高低电平的转变所对应的磁感应强度 B 值不同,形成切换差(回差),对防止干扰引起的误动作有利。这种器件也有单端和双端输出两种结构。

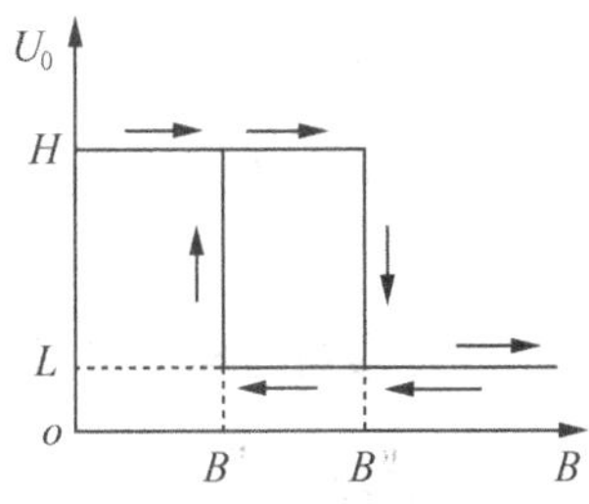

图 6-12 开关型集成霍尔传感器的特性

6.3.4.2 线性集成霍尔传感器

线性集成霍尔传感器是把霍尔元件与放大线路集成在一起的传感器。其输出电压与外加磁场成线性比例关系。一般由霍尔元件、差分放大、射极跟随输出及稳压四部分组成,有三端 T 型单端输出和八脚双列直插型双端输出两种结构。霍尔线性集成传感器广泛用于位置、力、重量、厚度、速度、磁场、电流等的测量或控制。

6.4 霍尔元件的应用

霍尔元件具有在静止状态下感受磁场作用,直接转变为电动势输出的能力。而且,它还具有结构简单、体积小、频率响应宽、动态范围大、寿命长、无触点等优点,因此获得广泛的应用。利用霍尔输出正比于控制电流和磁感应强度乘积的关系,可分别使其中一个量保持不变,另一个量作为变量,或两者都作为变量,因此,霍尔元件大致可分为以上三种类型的应用。一般常用作测量恒定和交变磁场的高斯计或用作乘法器、功率计等。

6.4.1 霍尔元件的连接

为了得到较大的霍尔电动势输出,当元件的工作电流为直流时,可把几个霍尔元件输出串联起来,但控制电流极应该并联,如图 6-13(a)所示。不要连接成图 6-13(b),因为控制电流极相串联时,有大部分控制电流将被相连的霍尔电势极短接,见图 6-13(b)中箭头所示,而使元件不能正常工作。通过调节 R_{P1},R_{P2} 可使两单个元件输出电动势相等,而 A、B 端的输出就等于单个元件的两倍。这种连接方式虽增加了输出电动势,但输出内阻随之增加。

霍尔电动势一般为毫伏级，所以实际使用时都采用运算放大器加以放大，如图 6-13 所示。

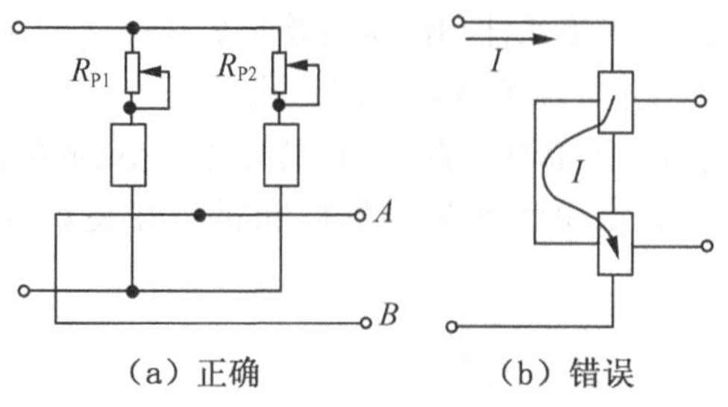

图 6-13　霍尔元件的连接方法

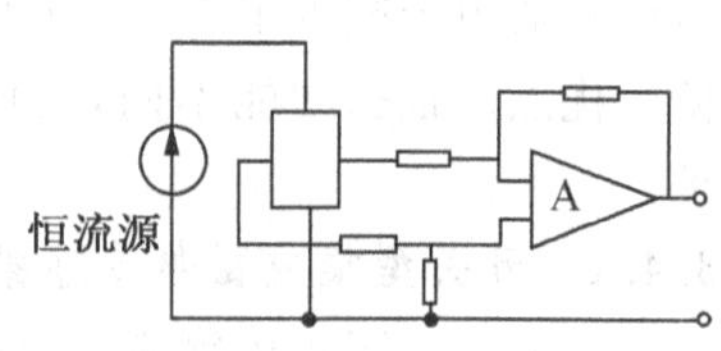

图 6-14　霍尔电势的放大电路

6.4.2　霍尔式传感器的典型应用

6.4.2.1　检测磁场

把霍尔器件的检测器件放在被测磁场中，使磁力线和器件表面垂直，通电后即可输出与被测磁场的磁感应强度成线性正比的电压，用以检测磁场。

6.4.2.2　位移检测

在两个极性相反、磁感应强度相同的磁钢的气隙中，放置一个霍尔元件. 如图 6-15(a)所示。当元件的控制电流 I 恒定不变时，霍尔电动势 E_H 与磁感应强度 B 成正比。若磁场在一定范围内，沿 x 方向的变化梯度 $\mathrm{d}B/\mathrm{d}x$ 为一常数(见图 6-15(b))。

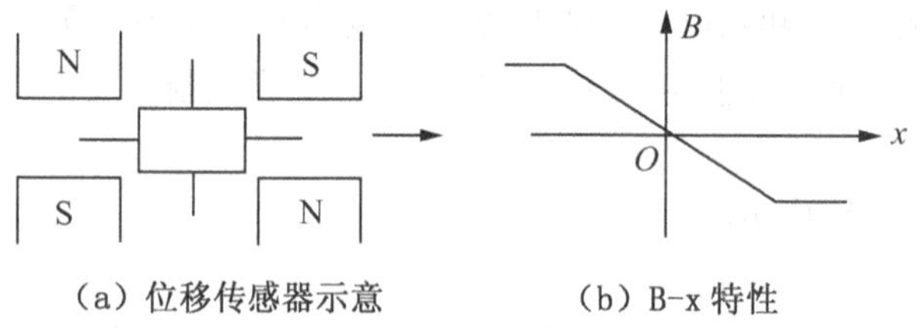

图 6-15　位移传感器原理图

当霍尔元件沿 x 方向移动时霍尔电动势的变化为

$$\frac{\mathrm{d}E_H}{\mathrm{d}x}=k_H I\ \frac{\mathrm{d}B}{\mathrm{d}x}$$

令 k 为 $k_H I\ \frac{\mathrm{d}B}{\mathrm{d}x}$，即位移传感器输出灵敏度，则 E_H

$$E_H=kx \tag{6-12}$$

式(6-12)说明，霍尔电动势与位移量成线性关系。霍尔电动势的极性反映了元件位移的方向。磁场梯度越大，灵敏度也越高；磁场梯度越均匀，输出线性度越好。当 $x=0$，即元件位于磁场中间位置时，霍尔电动热 $E_H=0$。

这种位移传感器一般可用来测量 1～2mm 的小位移，且惯性小、响应速度快。利用这种位移—电动势转换关系，还可以用来测量力、压力、压差、液位等。

6.4.2.3　转速测量

通以恒定电流的霍尔元件，放在齿轮和永久磁铁中间，如图 6-16 所示。当机件转动时，带动齿轮转动，齿轮使作用在元件上的磁通量发生变化，即齿轮的齿对准磁极时磁阻减小，磁通量增大；而齿间隙对准磁极时，磁阻增大，磁通量减小。随着磁通量的变化，霍尔元件便输出一个个脉冲信号。旋转一周的脉冲数，等于齿轮的齿数。因此，脉冲信号的频率大小就反映转速的高低。

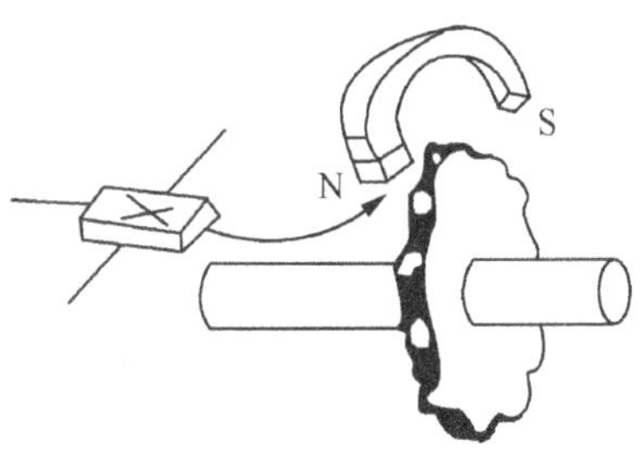

图 6-16　转速测量示意图

6.4.2.4　霍尔无触点开关

这种开关采用霍尔开关集成器件，其示意图如图 6-16 所示。当适当的磁场加在器件上时，内部晶体管导通，输出电压等于 T 管的饱和压降，数值很小，即输出低电平。当不存在磁场时，T 管截止，输出高电平。这种开关是一种无抖动的无触点开关，工作频率可达 100kHz. 电源电压范围大，极易与各种不同的输出负载接口，所以使用广泛。

例如把霍尔开关集成器件装在门框里，永磁体装在门上。当门关闭时，开关输出低电平；门打开时. 磁体离开传感器，开关输出高电平，驱动电铃报警。

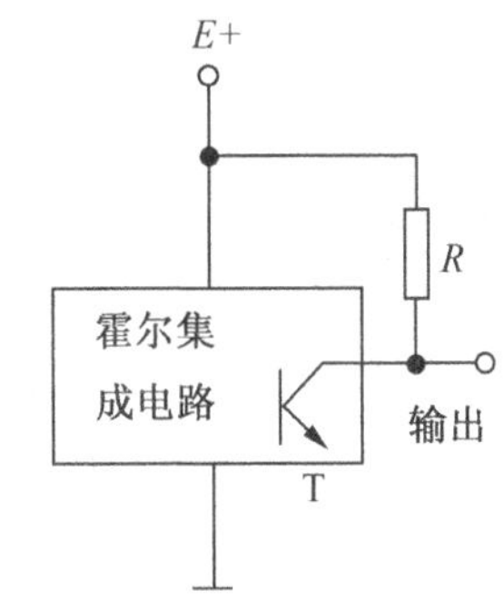

图 6-17　单片霍尔效应开关示意图

6.4.2.5　汽车霍尔电子点火器

汽车霍尔电子点火哭的结构如图 6-18 所示，当缺口对准霍尔元件时，磁通通过霍尔传感器形成闭合回路，电路导通，霍尔电路输出≤0.4V 的低电平；当隔磁罩竖边的凸出部分挡在霍尔元件和磁体之间时，电路截止，霍尔电路输出高电平。

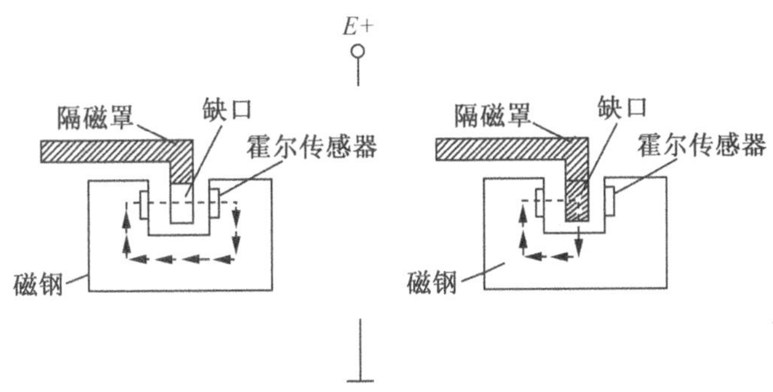

图 6-18　汽车霍尔电子点火器

汽车霍尔电子点火器电路如图 6-19 所示，当霍尔传感器输出低电平时，V_1 截止，V_2、V_3 导通，点火器的初级绕组有恒定的电流通过；当霍尔传感器输出高电平时，V_1 导通，V_2、V_3 截止，点火器的初级绕组电流截止，此时储存在点火线圈中的能量由初级绕组以高压放电的形式输出，即放电点火。

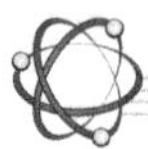

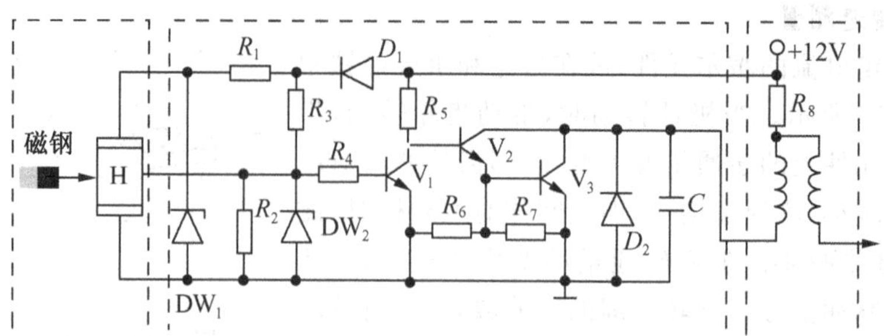

图 6-19　汽车霍尔电子点火器电路图

思考与习题

1. 名词解释：霍尔效应。
2. 根据功能不同，集成霍尔元件分为哪几种？
3. 霍尔元件的主要技术参数包括哪些？
4. 简述集成霍尔元件的分类。

第7章 压电式传感器

7.1 晶体的压电效应

7.1.1 晶体压电效应的说明

当某些晶体沿一定方向伸长或压缩时，在其表面上会产生电荷(束缚电荷)，这种效应称为压电效应。晶体的这一性质称为压电性。具有压电效应的晶体称为压电晶体。压电效应是可逆的，即晶体在外电场的作用下要发生形变，这种效应称为反向压电效应。

晶体的压电效应可用图7-1来加以说明。图7-1(a)是说明晶体具有压电效应的示意图。一些晶体当不受外力作用时，晶体的正负电荷中心相重合，单位体积中的电矩(即极化强度)等于零，晶体对外不呈现极性，而在外力作用下晶体形变时，正负电荷中心发生分离，这时单位体积的电矩不再等于零，晶体表现出极性。图7-1(b)中，另外一些晶体由于具有中心对称的结构，无论外力如何作用，晶体正负电荷的中心总是重合在一起，因此这些晶体不会出现压电效应。

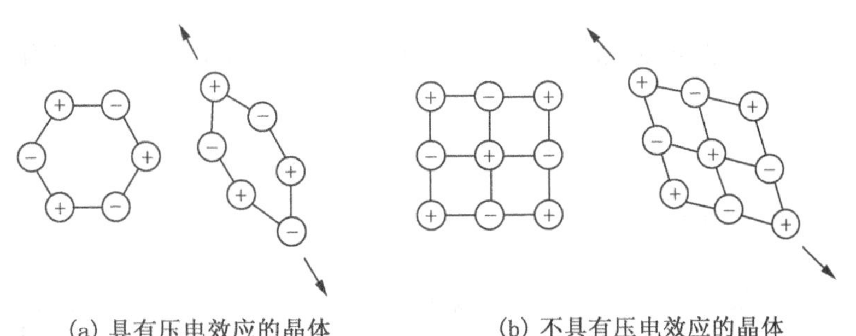

(a) 具有压电效应的晶体　　(b) 不具有压电效应的晶体

图7-1　晶体的压电效应

7.1.2 压电材料

石英晶体是最早应用的压电材料，至今石英仍是最重要的也是用量最大的振荡器、谐振器和窄带滤波器等元件的压电材料。随着压电传感器的大量应用，在石英之后研制出了许多人造晶体，如罗息盐、ADP、KDP、EDT、DKT和LH等压电单晶体。但由于它们的性能存在某些缺陷，后来随着人造压电石英的大量生产和压电陶瓷性能的提高，这些人造单晶体已逐渐被取代了。

现今压电传感器的材料大多用压电陶瓷。压电陶瓷的压电机理与单晶不同，是利用多晶压电陶瓷的电致伸缩效应。极化后的压电陶瓷可以当作压电晶体来处理。当前常用的压电陶瓷是锆钛酸铅(PZT)。另外，铌酸锂和钽酸锂大量用作声表面波(SAW)器件。此外，氧化锌和氮化铝等压电薄膜已是当今微波器件的关键材料。

压电单晶和压电陶瓷都是脆性材料。而以聚偏二氟乙烯(PVDF)为代表的压电高聚物薄膜，压电性强，柔性好，特别是声阻抗与水和生物组织接近，是制作传感器的良好材料。用压电陶瓷和高聚物复合而成的压电复合材料也已在压电传感器领域中得到应用。

7.2 压电加速度传感器

7.2.1 压电加速度传感器的工作原理

7.2.1.1 原理

图 7-2 为压电加速度传感器的原理图。它由质量块、压电元件和支座组成。支座与待测物刚性地固定在一起。当待测物运动时，支座与待测物以同一加速度运动，压电元件受到质量块与加速度相反方向的惯性力的作用，在晶体的两个表面上产生交变电荷(电压)。

当振动频率远低于传感器的固有共振频率时，传感器的输出电荷(电压)与作用力成正比。电信号经前置放大器放大，即可由一般测量仪器测试出电荷(电压)大小，从而得知物体的加速度。

7.2.1.2 灵敏度公式的推导

如图 7-3 所示，作用于压电元件两边的力为：

$$F_{上}=Ma, F_{下}=(M+m)a$$

式中，M 为质量块质量，m 为晶片质量，a 为物体振动加速度，晶片中 z 处任一截面上的力为

$$F=Ma+ma\left(1-\frac{z}{l}\right)$$

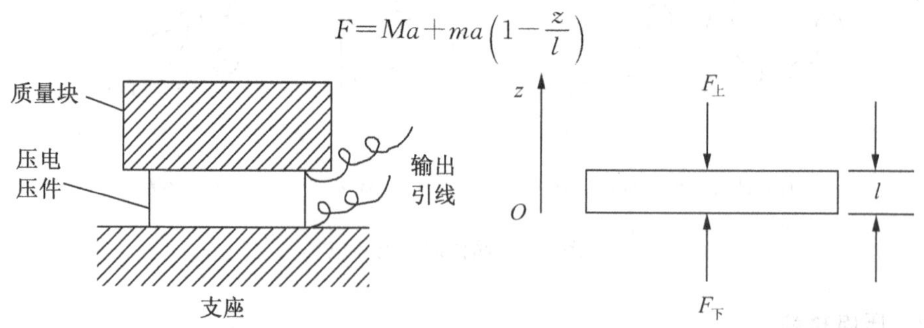

图 7-2 压电加速度传感器原理图　　图 7-3 作用于压电元件两边的力

式中，l 为晶片厚度。平均力为

$$\overline{F}=\frac{1}{l}\int_0^l\left[Ma+ma\left(1-\frac{z}{l}\right)\right]dz=\left(M+\frac{1}{2}m\right)a$$

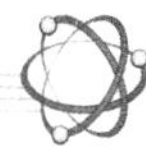

设晶片为压电陶瓷，极化方向在厚度方向（z 方向）。由于作用力沿着 z 方向，故这时有

$$Q=D_3A=d_{33}\left(M+\frac{1}{2}m\right)a$$

式中，Q 为电荷量，A 为晶片电极面面积，d_{33} 为压电参数。质量块一般采用质量大的金属如钨或其他金属制成，而晶片很薄，即有 $M>>m$，故上式通常写为

$$Q=d_{33}Ma$$

$a=g$（重力加速度）时得到的电荷 Q 值，常称为压电灵敏度，单位记为 C/g，即灵敏度为一个 g 产生的电荷。上式为灵敏度的电荷表示法。

灵敏度亦可用开路输出电压表示，因为 $U=Q/C_d$。式中，C_d 为晶片的低频电容（自由电容）。故也可以将表达式写为：

$$C_d=\frac{\varepsilon_{33}^{T}A}{l}\qquad U=\frac{d_{33}lMa}{\varepsilon_{33}^{T}A}$$

取 $a=g$，即为灵敏度的电压表示法，即一个 g 时产生的开路电压，单位记为 V/g。

7.2.1.3 固有共振频率

由上面的灵敏度公式可见，在低频时灵敏度是一常数，它和压电常数成正比，和质量块的质量成正比。在较高的频率下该公式不适用，特别到传感器的固有共振频率附近，灵敏度急剧变化（增大），该公式一般在传感器固有共振频率的 1/2～1/5 以下使用。可以近似地把质量块看成一个纯质量（忽略其弹性），晶片看成一纯弹性元件（忽略其质量）来计算传感器的固有频率。如将晶片看成一弹簧，则由定义可求出其劲度系数 k 和固有频率 f_n 为

$$k=\frac{A}{S_{33}l}=\frac{EA}{l},f_n=\frac{1}{2\pi}\sqrt{\frac{k}{M}}$$

式中，E 为压电晶片的杨氏模量。

7.2.2 压电加速度传感器的结构

图 7-4(a)为常用的压缩式压电加速度传感器。这是目前最常见的一种。结构简单，装配较为方便。为便于装配和增大电容量常用两片极化方向相反的晶片，电学上并联输出。采用石英晶片时也有采用四片晶片并联的方式。

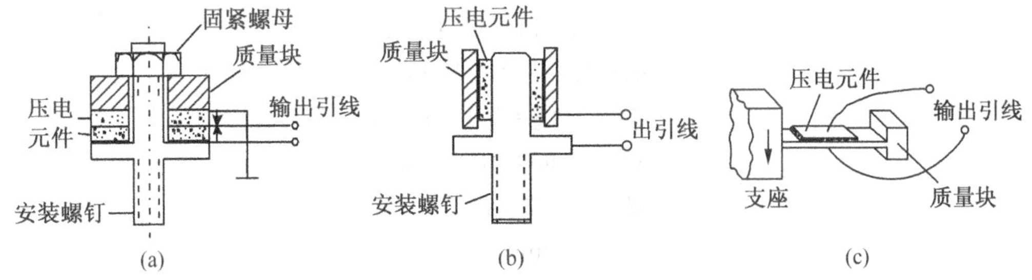

图 7-4 压电加速度传感器的几种结构

图 7-4(b)是剪切式压电加速度传感器，采用剪切应力实现压电转换。管式压电元件（极化方向平行于轴线，电极面在内外圆柱面上）紧套在金属圆柱上，在压电元件外径上再

套上惯性质量块，相互之间用导电胶粘结。

工作原理是：如传感器感受向上的运动，金属圆柱向上运动，由于惯性质量环保持滞后，这样压电元件就受剪切应力作用，从而在压电元件的内外表面上产生电荷；如果传感器感受向下的运动，则压电元件内外表面上的电荷极性相反。这种结构形式的传感器灵敏度高，横向灵敏度小，而且能减小基座应变的影响。

剪切式压电传感器容易小型化，有很高的固有频率，所以频响范围宽，适于测量高频振动。但是，由于压电元件、金属圆柱以及惯性质量环之间粘结较难，装配成功率较低。

图 7-4(c)为弯曲式压电加速度传感器。压电晶片粘贴在悬臂梁的侧面，悬臂梁的自由端装配质量块，固定端与基座连接。振动时，悬臂梁弯曲，侧面受到拉伸压缩，使压电元件发生形变，从而输出电信号。也可用圆板代替悬臂梁，在圆周装配质量块，在圆板表面上安装压电元件。弯曲式压电加速度传感器固有共振频率低，灵敏度高，适用于低频测量。缺点是体积大，机械强度较前两种差。

采用不同的结构设计和选用不同性能的压电材料，可以得到满足各种使用要求的压电加速度传感器。表 7-1 给出了三种基本结构的加速度传感器的一般性能。

表 7-1　　三种基本结构的加速度传感器的基本性能

结构类型	压缩型	切变型	弯曲型
灵敏度/PC/g	170	300	4900
频率响应/Hz	4～8000	2～7000	1～100
电容量/pF	1000	900	7000
固有振荡频率/Hz	32 000	30 000	1200
耐振性/g	4000	2500	50

计算举例：有一 96％钛酸钡、4％钛酸铅的混合压电陶瓷作压电元件的加速度计，结构如图 7-4(a)所示。参数如下：

$$D=4.5\text{mm}=4.5\times10^{-3}\text{m}$$
$$l=0.5\text{mm}=5\times10^{-4}\text{m}$$
$$E=1.13\times10^{11}\text{N/m}^2$$
$$M=1.1\text{g}=1.1\times10^{-3}\text{kg}$$
$$\varepsilon_{33}^{T}=7.95\times10^{-9}\text{F/m}$$
$$d_{33}=9.32\times10^{-11}\text{C/N}$$
$$g=9.80\text{m/s}^2$$

经计算得固有频率为：
$$f_n=\frac{D}{4}\sqrt{\frac{E}{2\pi ml}}=204000\text{Hz}$$

静电容量：
$$C_a=\frac{\varepsilon_{33}^{T}\pi D^2}{2l}=500\text{F}$$

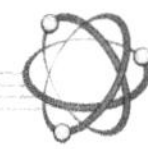

电压灵敏度：$U|_{a=g}=\dfrac{4d_{33}Mgl}{\varepsilon_{33}^{T}\pi D^{2}}=4\times10^{-3}\,\mathrm{V/g}$

图 7-5 为一种市售压电加速度传感器的外形图，供参考。这种压电加速度传感器采用剪切设计，内装集成电路，是一种低阻抗电压输出加速度传感器。

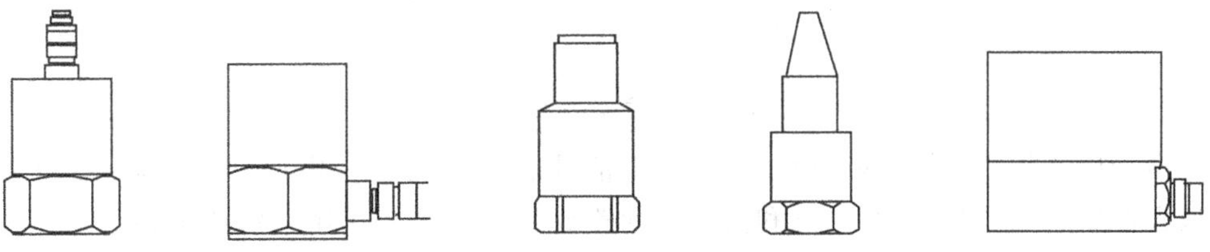

图 7-5　一种压电加速度传感器的外形

7.2.3　压电加速度传感器的等效电路

压电元件是压电式传感器的敏感元件。当它受到外力作用时，就会在电极上产生电荷，因此，可以把压电式传感器等效为一个电荷源与一个电容并联的电荷发生器，等效电路如图 7-6(a)所示。由于电容上的(开路)电压

$$U=\frac{q}{C_d}$$

因此压电式传感器也可以等效为一个电压源和一个电容串联的电压源，等效电路如图 7-6(b)所示。

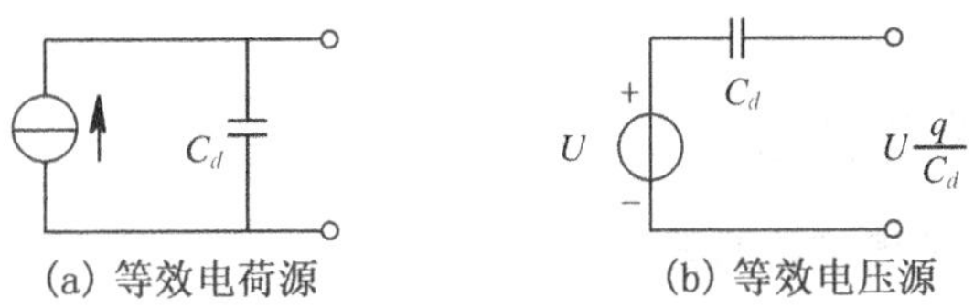

图 7-6　压电加速度传感器的等效电路

当压电式传感器与测量电路配合使用时，方块图如图 7-7 所示。这样在等效电路中就必须将前置放大器的输入电阻 R_i、输入电容 C_i，以及低噪声电缆的电容 C_c 包括进去。若同时考虑压电元件的绝缘电阻 R_d，完整的等效电路可表示成如图 7-8 所示的电荷等效电路(a)和电压等效电路(b)。这两种等效电路是完全等效的。

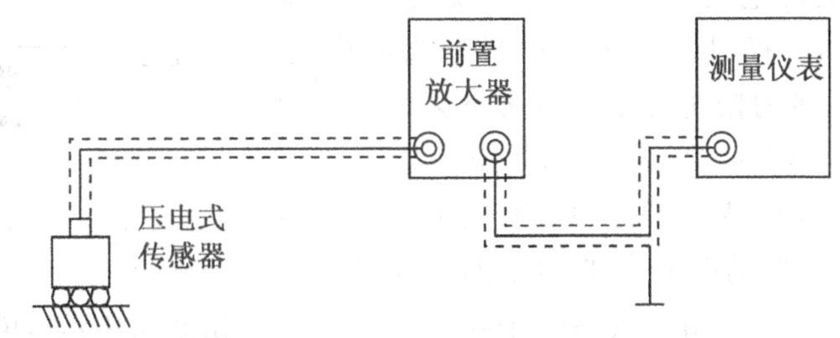

图 7-7　测量电路方块图

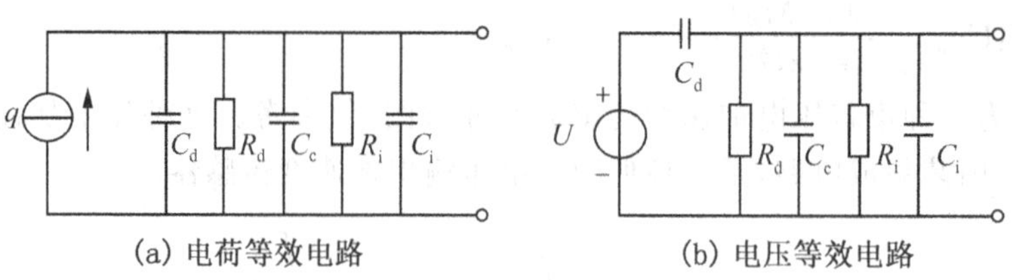

图 7-8　完整的等效电路

由于压电传感器的内阻抗很高、输出电信号很弱，一般需将电信号经高输入阻抗的前置放大器放大再进行传输、处理和测量。前置放大器的主要作用是将压电传感器的高阻抗输出变换成低阻抗输出，也起放大弱信号的作用。压电传感器的输出信号经过前置放大器的阻抗变换和放大后，就可以采用一般的放大、检波指示或通过功率放大至记录和数据处理设备。前置放大器应距传感器尽量近，常将其与传感器装配在一起，或集成在一起。否则，传感器的输出信号需由低噪声电缆输入到高输入阻抗的前置放大器。

按照压电式传感器的工作原理及其等效电路，传感器可看成电压发生器，也可看成电荷发生器。因此前置放大器也有两种形式：一种是电压放大器，一般称作阻抗变换器，其输出电压与输入电压成比例；另一种是电荷放大器，其输出电压与输入电荷成比例。这两种放大器的主要区别是：使用电压放大器时，测量系统的输出对电缆电容的变化很敏感，连接电缆长度的变化明显影响测量系统的输出。而使用电荷放大器时，电缆长度变化的影响差不多可以忽略不计，允许使用很长的电缆，但它与电压放大器比较，价格要高得多，电路也比较复杂，调整又比较困难。

7.3　压电谐振式传感器

7.3.1　石英晶体谐振式温度传感器

7.3.1.1　工作原理

压电谐振式传感器是利用压电晶体谐振器的共振频率随被测物理量变化而变化进行测量的。压电晶体谐振器常采用厚度切变振动模式 AT 切或 BT 切型的石英晶体制作。

当电极上加上电激励信号时，利用逆压电效应，振子将按其固有共振频率或其泛音产生机械振动，与此同时按照正压电效应电极板上又将出现交变电荷，通过与外电路连接的电极对振子予以适当的能量补充，便可构成使电和机械的振荡等幅地持续下去的振荡电路。图 7-9 为放大器表示法的压电晶体振荡电路。

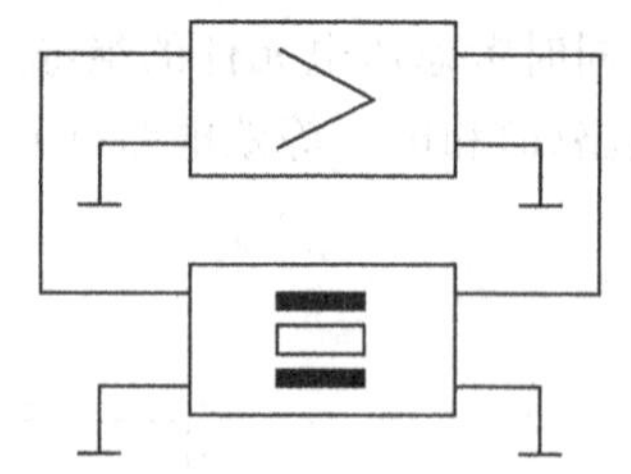

图 7-9　压电晶体振荡电路

Y 切的晶体作厚度剪切模振动时有正的频率温度系数，在长度方向上振动时有负的频率温度系数。总的温度系数可以从 $-20\times10^{-6}/℃$ 到 $+100\times10^{-6}/℃$。X 切的晶体在厚度方向上振动时，频率温度系数近似为 $-20\times10^{-6}/℃$。可根据对频率温度系数的要求加以选择。

可根据温度每变化 1℃ 振荡频率变化若干赫兹（Hz）的要求与晶体的频率温度系数来

确定振荡电路的基本共振频率。例如，要求温度变化1℃频率变化1000Hz，亦即分辨率为0.001℃，如果晶体的频率温度系数为35.4×10^{-6}℃，则晶体的基本共振频率为

$$f=\frac{1000}{35.4\times10^{-6}}\approx28\times10^{6}\,\text{Hz}$$

一种具有线性温度一频率特性的石英切型，是如图7-10所示的LC切的平凸透镜形谐振器。当谐振器的直径为6.25mm，表面曲率半径约为125mm时，谐振频率取28MHz（三次谐波），可满足上例要求。

图7-10　LC切平凸透镜形谐振器

7.3.1.2　结构和电路框图

谐振器置于充氦气TO—5型三极管壳内，管壳内压力约133Pa。为了降低热惰性，压电元件置于外壳的上盖附近，使其与上盖的间隙尽量小。该温度传感器在10～9000Hz的频率范围内，经受单次冲击达104g、振动加速度幅值达104m/s^2的情况下，仍能保持其初始灵敏度。其他性能指标为：分辨率0.0001℃，绝对误差0.02℃，温度频率特性的非线性为0.05℃（0℃～100℃），热惰性时间常数为1s（在水中）。

与该传感器配套的测温仪电路框图如图7-11所示。该测温仪能够进行T_1和T_2两路的温度测量，还能确定温差T_1-T_2，转换分辨率选择开关，可按10^{-2}、10^{-3}或10^{-4}℃的分辨率进行测量。如果采用一个传感器测温，传感器相应的热敏振荡信号与基准振荡器十倍频后的信号混频后输出，输出值除以1000Hz/℃即为被测温度。

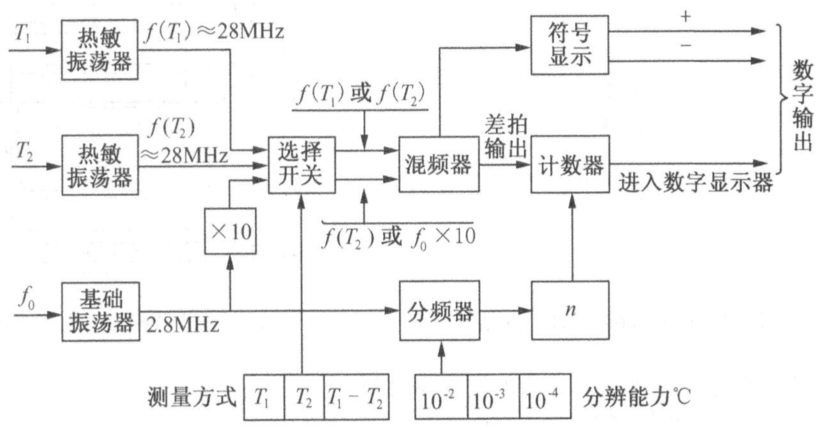

图7-11　测温仪电路框图

7.3.2　石英晶体谐振式压力传感器

7.3.2.1　工作原理

厚度剪切模的石英振子固有共振频率为

$$f=\frac{1}{2h}\sqrt{\frac{C_{66}^{D}}{\rho}}$$

可见，频率与厚度h、密度ρ、厚度剪切模量C_{66}^{D}三者均有关系。当石英振子受静态压力作

用时，振子的共振频率将发生变化，并且频率的变化与所加压力呈线性关系。这一特有的静应力—频移效应主要是因 C_{66}^{D} 随着压力变化产生的。

7.3.2.2 结构和电路框图

一种较好的石英谐振压力传感器的石英谐振器 QPT 的结构如图 7-12 所示。它由石英的薄壁圆柱筒(3)、石英谐振器(2)、石英端盖(1、4)以及电极(6、7)等部分组成。其关键元件是一个频率为 5MHz 的精密透镜形石英谐振器，位于石英圆柱筒内。圆柱筒空腔(5、8)内充氦气，用石英端盖进行密封。

为了消除热应力，筒和盖相对于结晶轴的取向一致，以保证所有方向的线膨胀系数相等，或者振子和圆筒为整体结构，由一块石英晶体加工而成。石英圆筒能有效地传递振子周围的压力，并有增压作用。在传感器内部采用双层恒温器，以保证传感器工作温度的稳定(误差不大于±0.05℃)。被测压力通过隔离膜片由高弹性低线胀系数的液体介质传递给石英谐振器。这种传感器可以测量液体的压力，量程达到 70MPa。

图 7-13 为这种石英谐振式压力传感器的结构。图中 QPT 靠薄弹簧片 N 悬浮于传压介质油 O 中。压力容器由铜套筒 C 和钢套筒 S 构成，隔膜 D 与钢套筒 S 连接，E 为 QPT 的电接头。QPT 的温度由内加热器 HI 和外加热器 HO 共同控制。当传感器工作时，可使 QPT 保持在±0.05℃恒温以内，从而使振子达到零温度系数。隔膜 D 是容器内的油和外压力介质的分界层。液体油 O(合成磷酸盐脂溶液)热膨胀系数比较低，以便减小因温度变化引起的液体油压变化而造成的(温度)读数误差。端盖用不锈钢制造，P 为压力进口。

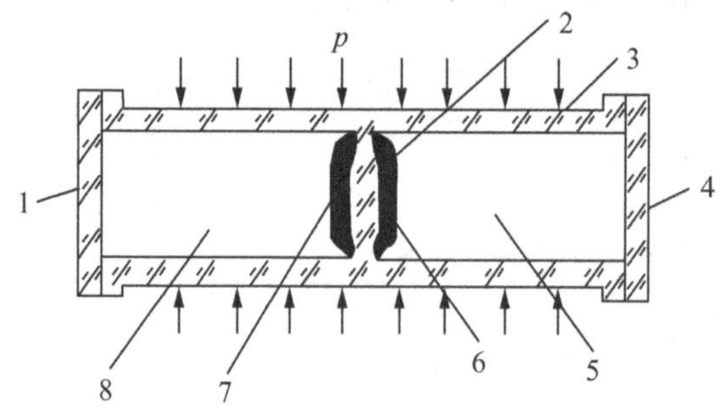

图 7-12 石英谐振器 QPT 的结构

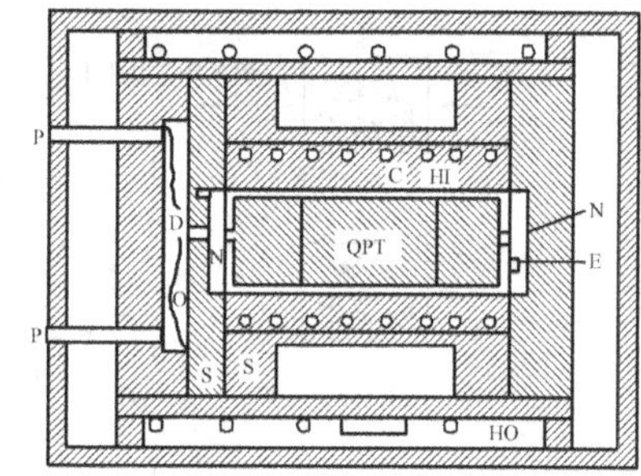

7-13 石英谐振式压力传感器的结构

与传感器配套实现数字测量的电路框图如图 7-14 所示。

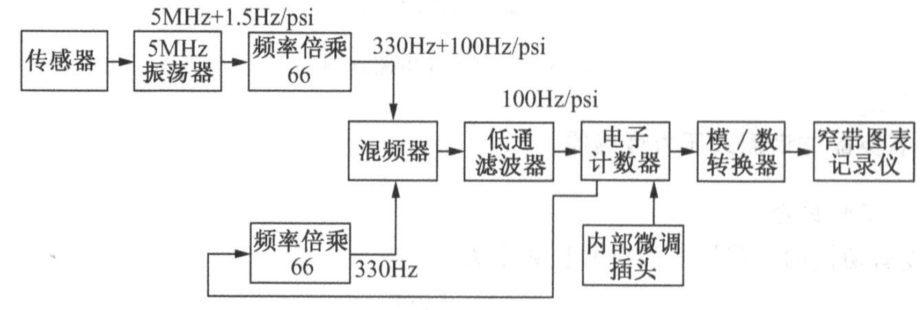

图 7-14 与传感器配套实现数字测量的电路框图

7.3.3 压电汞蒸气探测器

石英晶片的共振频率 f 因附加到其上的质量的增减而变化，即

$$\Delta f = -2.3\times 10^{6} f^{2}\frac{\Delta m}{A}$$

式中，Δf 是共振频率的变化(Hz)，Δm 是涂层吸附的附加质量(g)，A 是涂层面积(cm^2)。由上式可知，如使晶片的涂层具有吸附某种气体成分的功能，则可通过测量共振频率的变化，得知该气体成分是多少。压电汞蒸气探测器是在石英晶片的电极上沉积金膜。金膜能吸收汞生成汞齐，是良好的检测汞的涂层材料。

一实验装置用 9MHz 的 AT 切石英晶片，用真空沉积法在电极上沉积金膜，装在晶体盒内，作为敏感元件。实验装置的框图，如图 7-15 所示。实验表明，空气中汞浓度在 3ppb 以下或吸附汞量在 246ng 以下，频率变化是线性的，如图 7-16 所示。

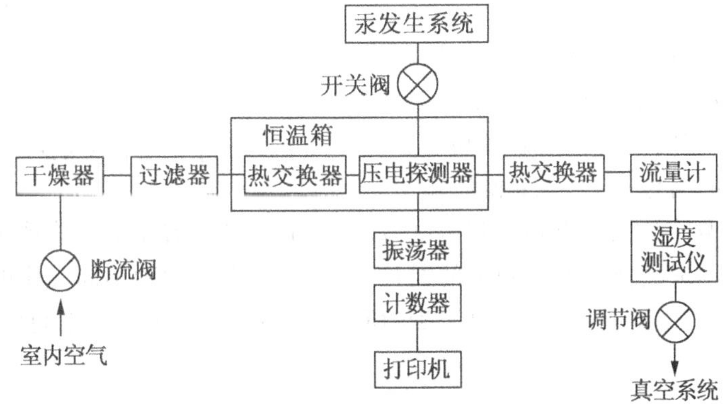

图 7-15 实验装置的框图

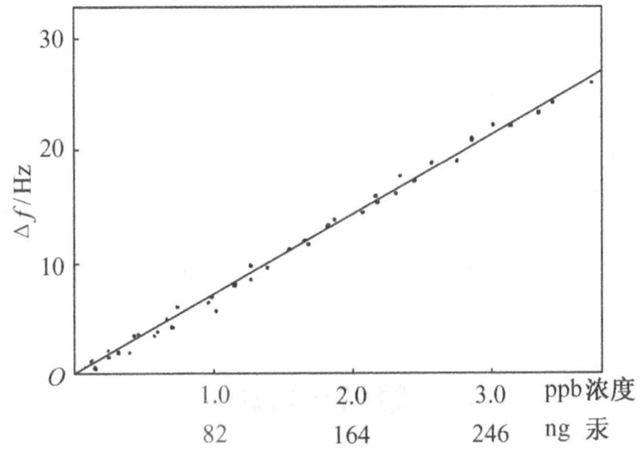

图 7-16 空气中汞浓度与频率变化的关系

7.3.4 测量液体密度的压电传感器

测量液体密度的压电传感器的敏感元件是一个由压电晶片激励的空心音叉，图 7-17 为其结构示意图。音叉由不锈钢管制作，其 Q 值高达 800，接近一般音叉，可满足检测共振频率微小变化的需要。两片压电陶瓷晶片，一片激励叉臂产生振荡，另一片接收信号。

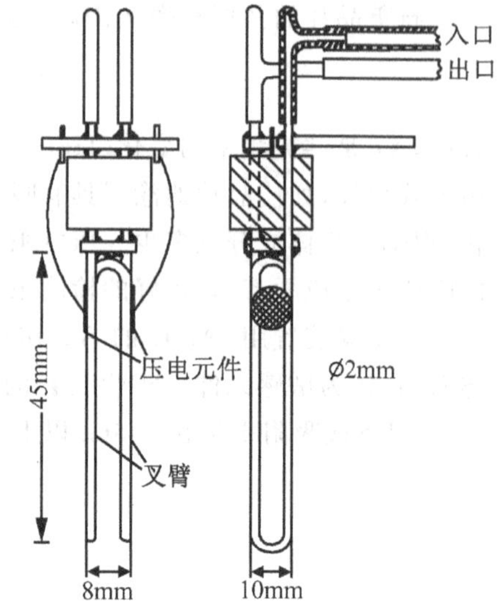

图 7-17 传感器结构示意图

流过音叉液体密度的微小变化，会导致音叉共振频率发生变化，关系式为

$$\rho=\frac{A}{f^2}+B$$

式中，ρ 为液体密度，f 为共振频率，A、B 为定标系数。图 7-18 是测量系统的方块图。由微型计算机控制的频率发生器激励传感器振动，晶片接收的信号经 A/D 变换后输给微型计算机，由微型计算机算出频率和密度，最后传输给显示器显示。该系统能连续测量流动液体的密度，测量迅速方便。测量的七种液体(蒸馏水及六种不同配比的乙醇与水和丙三醇与水)密度与频率的关系，如图 7-19 所示。测量值与校正值之间的相对偏差小于 0.05%。

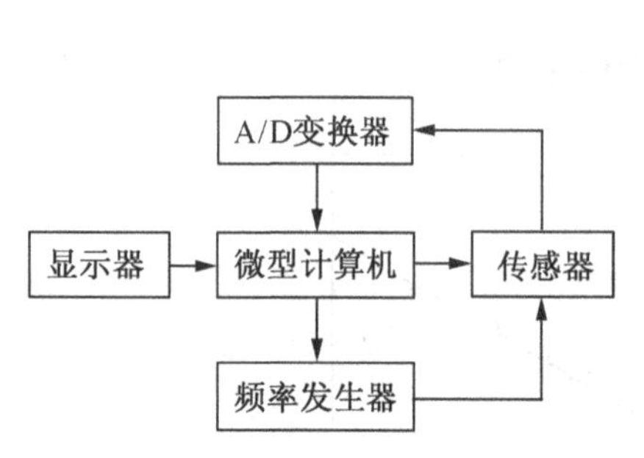

图 7-18 测量系统的方块图

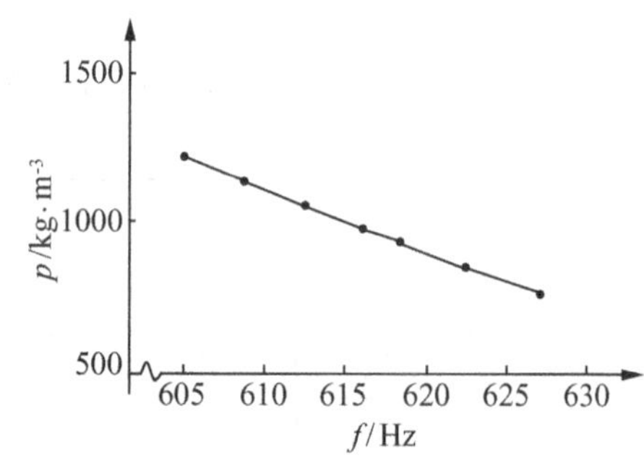

图 7-19 密度与频率的关系

思考与习题

1. 简述压电效应的基本原理。
2. 压电式传感器可以测量哪些物理量?
3. 思考如何利用压电晶体测量温度和压力，试设计系统的基本框架。

第 8 章　光电式传感器

8.1　概　述

光本质上是一种电磁波。从电磁波谱分布图(图 8-1)上看,光波(包括紫外、可见、红外)只是电磁波很小的一部分。但仍然具有反射、折射、散射、衍射、干涉和吸收等性质。由光的粒子说可知,光是以光速运动着的粒子(光子)流,一种频率 ν 的光由能量相同的光子所组成,每个光了的能量为:

$$\varepsilon = h\nu \tag{8.1.1}$$

式中 h——普朗克常数,$h=6.626\times10^{-34}\,\mathrm{J\cdot s}$

可见,光的频率愈高(即波长愈短),光子的能量愈大。

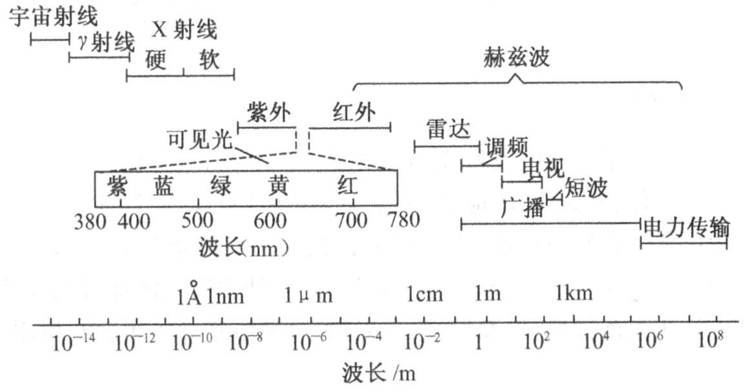

图 8-1　电磁波谱分布图

光电传感器是将光能转换为电能,实现光信息向电信息转换的一种传感器件。它可用于检测直接引起光量变化的非电量,如光强、光照度、辐射测温、气体成分分析等;也可用来检测能转换成光量变化的其他非电量,如零件直径、表面粗糙度、应变、位移、振动、速度、加速度,以及物体的形状、工作状态的识别等。光电传感器件一般响应快、结构简单、使用方便,而且有较高的可靠性,因此在自动检测、计算机和控制系统中得到广泛应用。

光电传感系统通常由光源、探测器和检测电路三部分组成。实际应用中光电探测器往往必须与光源结合考虑。因此首先介绍一下常用光源情况。

8.2 常用光源及特性

光源种类非常多,大致可以分为自然光源和人造光源。由自然过程产生的辐射源(如太阳、月亮、星光等)为自然光源。自然光源可以为光电探测器提供照明光源或者形成干扰。为了消除自然光源照明不足,可以应用各种人造光源。

8.2.1 白炽光源

白炽光源中最常用的是钨丝灯。钨丝白炽灯是在电流作用下钨丝维持一定温度而发生的热辐射发光。它产生的光谱线较丰富,一般包含可见光与红外光,使用时,常加用滤色片来获得不同窄带频率的光。钨丝白炽灯有各种规格,一般都具有结构简单、造价低廉的特点,因此应用普遍。在灯泡中充入卤素形成的卤钨灯,亮度较高、发光效率高、形体小、成本低,性能较好,常作大型照明设备光源,也在光电传感技术中有较多应用。

8.2.2 气体放电光源

气体放电光源是通过高压使气体电离而产生的很强的光辐射。因为其不发热,也被称做冷光源。其辐射光谱为线光谱或带光谱。具体线光谱和带光谱的结构与放电气体成分有关。如钠灯只发射 589.0nm 和 589.6nm 的双黄光,氙灯发出的则往往为带状光谱。需要指出的是,某种光源如氙灯也包含很多类型,其辐射光谱的能量分布是不同的,要根据实际的需要选择。

8.2.3 半导体发光光源

发光二极管(LED)是一种电致发光的半导体器件,它与钨丝白炽灯相比具有体积小、重量轻、电压低、功耗低、寿命长、响应快、便于与集成电路相匹配等优点,因此得到广泛应用。目前有各种单色性较好的单色 LED,也有高效大功率白光 LED。随着各个国家半导体照明计划的提出和白光 LED 技术的进步,目前的多种照明光源都可能被其代替。在光电传感应用中往往从光谱特性、伏安特性、发光特性、发散特性等角度对所用 LED 型号进行选择。

8.2.3.1 光谱特性

光电传感技术中常用光谱分布曲线表示光源光谱特性。光谱分布曲线就是描述发光的相对强度(或能量)随波长(或频率)变化的曲线。光源发光光谱的形成是由材料的种类、性质以及发光中心的结构决定的,而与器件的几何形状和封装方式无关。图 8-2 给出了 $GaAs_{0.6}P_{0.4}$ 和 GaP 的发射光谱。从曲线可看出,每一种发光管的发光强度都有一个最大值,此最大值所对应的波长称为该发光管的发光峰值波长。在光谱曲线上,在峰值波长两侧,可以分别找到两个恒等于峰值波长所对应的发光强度的一半的点。此两点所对应的谱线宽度,称为该发光管的带宽。显然,带宽是反映发光的单色性好坏的参数。

8.2.3.2 伏安特性

如图 8-3 所示，发光二极管伏安特性与普通二极管大致相同，当所加正向电压超过开启电压时电流急剧上升。开启电压取决于器件制作材料的禁带宽度。

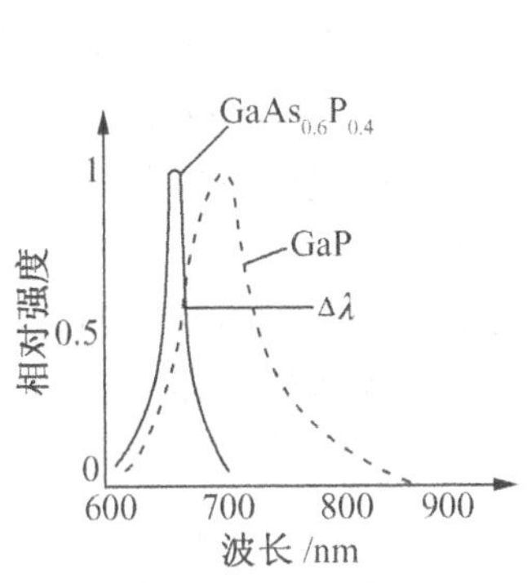

图 8-2 两种 LED 光谱分布曲线

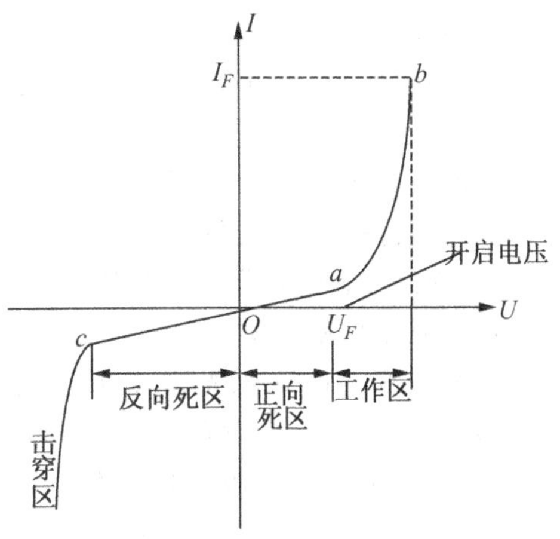

图 8-3 发光二极管伏安特性

8.2.3.3 发光特性

发光特性有两个方面：一是发光强度随正向激励电流的变化规律。如图 8-4 所示为不同类型 LED 的发光特性。二是发光强度随偏离轴向角度的变化规律，也被称做发光强度的角度分布曲线。角度分布曲线与封装形式有关，有的发光二极管头部有半圆形的透镜可以起到聚光作用，减小发散角。

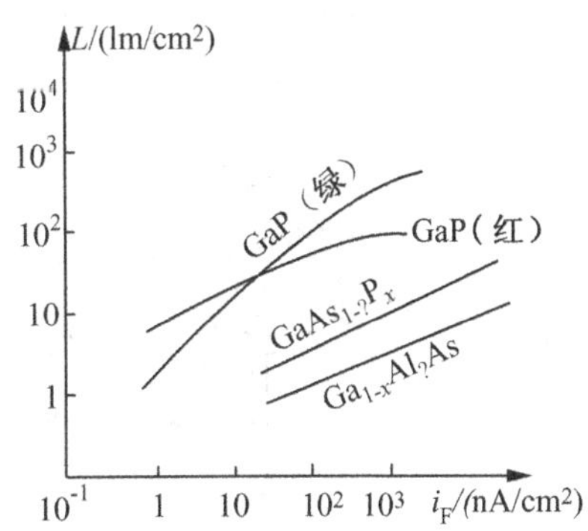

图 8-4 发光二极管强度随正向电流变化曲线

8.2.3.4 常用驱动电路

使用二极管时一般必须加电阻限流，图 8-5 给出基本直流和交流驱动电路。

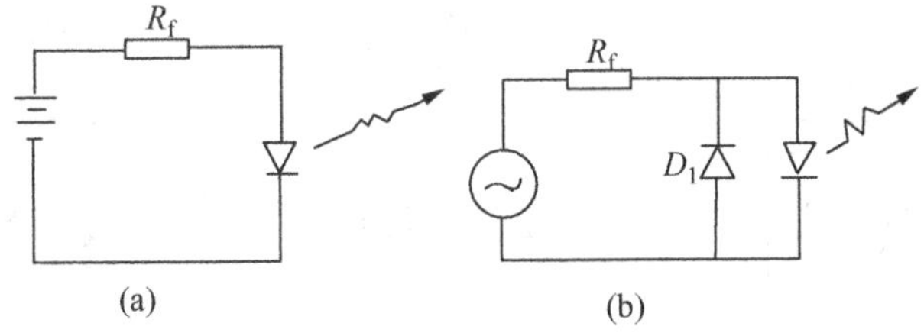

图 8-5 基本直流和交流驱动电路

在实际使用时还要考虑到温度特性以及某些特殊场合要求下的响应时间等。

8.2.4 激光器

激光器是一种新型的发光器件，它和普通光源有显著的差别。激光具有以下特点：

(1)方向性强(准直性好)。光束的发散度极小,大约只有 0.001 弧度,接近平行。1962 年,人类第一次使用激光照射月球,地球离月球的距离约 38 万公里,但激光在月球表面的光斑不到两公里。而若以聚光效果很好,看似平行的探照灯光柱射向月球,其光斑直径将覆盖整个月球。

(2)单色性好。激光器输出的光,波长分布范围非常窄,因此颜色极纯。以输出红光的氦氖激光器为例,其光的波长分布范围可以窄到 2×10^{-9} 米,是氪灯发射的红光波长分布范围的万分之二。由此可见,激光器的单色性远远超过任何一种单色光源。

(3)亮度高。在激光发明前,人工光源中高压脉冲氙灯的亮度最高,与太阳的亮度不相上下,而红宝石激光器的激光亮度,能超过氙灯的几百亿倍。

由于激光光源的这些特点,使它成为光学中划时代的标志。目前常用的激光器主要有气体激光器(He-Ne 激光器、CO_2 激光器、Ar^+ 激光器等)、固体激光器(红宝石激光器、玻璃激光器、Nd:YAG 激光器)、液体激光器(染料激光器)和半导体激光器(GaAlAs、In-GaAs)等。其中半导体激光器的体积小、重量轻、寿命长、效率高、结构简单而坚固,特别适用于光通信、光电测试、自动控制等技术领域,是目前最有前途、发展最快的激光器。

半导体激光器,也叫激光二极管,其本质上就是一个半导体二极管,按照 PN 结材料是否相同,可把激光二极管分为同质结、单异质结、双异质结和量子阱激光二极管。某型号激光二极管的外形及尺寸如图 8-6(a)所示。其内部结构类型有三种,如图 8-6(b)所示。

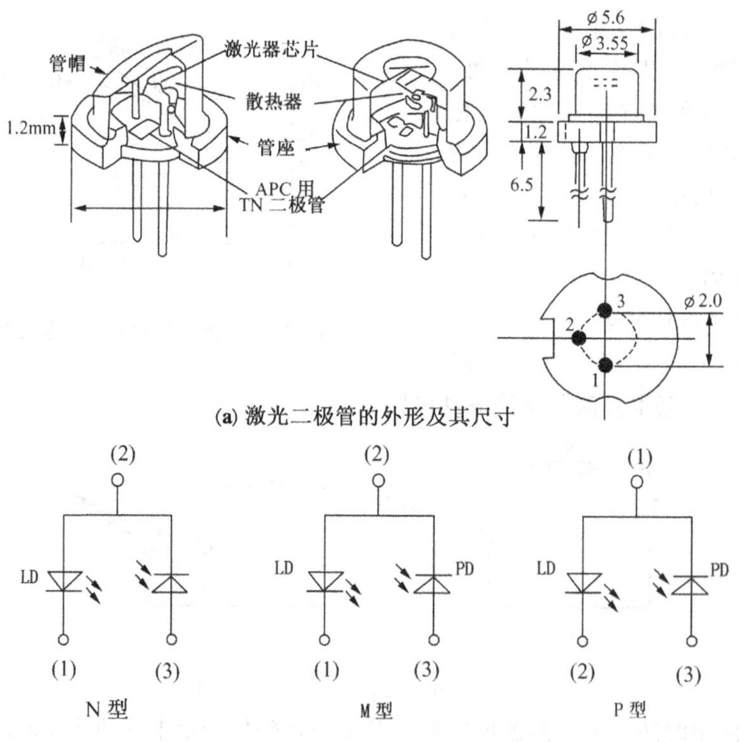

图 8-6 激光二极管外形及内部结构图

由图 8-6(b)可见，激光二极管内包括两个部分：第一部分是激光发射部分(可用 LD 表示)，它的作用是发射激光，如图中电极(1)；第二部分是激光接收部分(可用 PD 表示)，它的作用是接收、监测 LD 发出的激光(当然，若不需监测 LD 的输出，PD 部分则可不用)，如图中电极(3)；这两个部分共用公共电极(2)，因此，激光二极管有三个电极。

半导体激光二极管的常用参数有：

(1)波长：即激光管发出的工作光的波长。

(2)阈值电流：即激光管开始产生激光振荡的电流，对一般小功率激光管而言，其值为数十毫安，具有应变多量子阱结构的激光管阈值电流可低至 10mA 以下。

(3)工作电流：即激光管达到额定输出功率时的驱动电流，此值对于设计调试激光驱动电路较重要。

(4)垂直发散角：激光二极管的发光带在垂直于 PN 结方向张开的角度，一般在 15°～40°之间。

(5)水平发散角：激光二极管的发光带在与 PN 结平行方向所张开的角度，一般在 6°～10°之间。

(6)监控电流：即激光管在额定输出功率时，在 PD 管上流过的电流。

激光二极管对过电流、过电压以及静电干扰极为敏感。因此，在使用时要特别注意不要使其工作参数超过其最大允许值，可采用的方法如下：

(1)用直流恒流源驱动激光二极管。

(2)在激光二极管电路上串联限流电阻器，并联旁路电容器。

(3)由于激光二极管温度升高将增大流过它的电流值，因此，必须采用必要的散热措施，以保证器件工作在一定的温度范围之内。

(4)为了避免激光二极管因承受过大的反向电压而造成击穿损坏，可在其两端反并联上快速硅二极管。

激光技术飞速发展，不同种类激光器有不同领域的应用，详情可查阅相关专业资料。

8.2.5　光源特性

光源的辐射特性(例如白炽灯辐射为非相干的朗伯光源，激光器是相干光源)、光谱特性(辐射的中心波长 λ 和谱宽 $\Delta\lambda$)、光电转换特性(光源的电偏置与光源幅射的光学特性之间的关系)以及光源的环境特性(热系数、长时间漂移和老化等)是光源的重要参量，在选择时是要考虑的方面。

8.3　外光电效应传感器

光电探测器件工作的物理基础是光电效应。在光线作用下，物体的电导性能改变的现象称为内光电效应，如光敏电阻等就属于这类光电器件。在光线作用下，能使电子逸出物体表面的现象称为外光电效应，如光电管、光电倍增管就属于这类光电器件。本节介绍外光电效应传感器。

8.3.1 光电管

8.3.1.1 结构与原理

光电管的典型结构是在真空玻璃管内装入两个电极一光阴极与光阳极，最简单的光阴极是在玻璃泡内涂上阴极材料构成，阳极为置于光电管中心的金属丝，如图 8-7 所示。

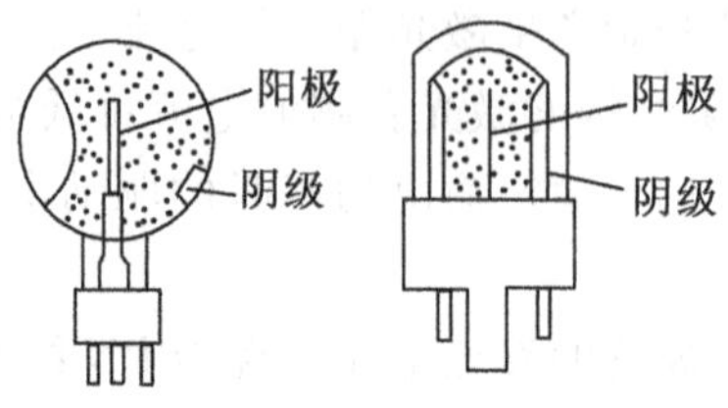

图 8-7　光电管

根据爱因斯坦假设：一个电子只能接受一个光子的能量。因此要使一个电子从物体表面逸出，必须使光子能量 ε 大于该物体的表面逸出功 A。各种不同的材料具有不同的逸出功 A，因此对某特定材料而言，将有一个频率限 ν_0（或波长限 λ_0），称为“红限”。当入射光的频率低于 ν_0 时（或波长大于 ν_0），不论入射光有多强，也不能激发电子；当入射频率高于 ν_0 时，不管它多么微弱也会使被照射的物体激发电子，光越强则激发出的电子数目越多。红限波长可用下式求得：

$$\lambda_0 = hc/A \tag{8-7}$$

式中：c——光速。

8.3.1.2 光电管典型特性参数

当一定频率和一定辐照度的光照射到光电管的阴极时，发生光电效应。如果这时再给光电管的两极间加上正向电压，使光电子在电场中被加速，那么光电子就顺利地达到阳极，在连接光电管两极的电路中产生光电流 I。光电管典型应用电路如图 8-8 所示：

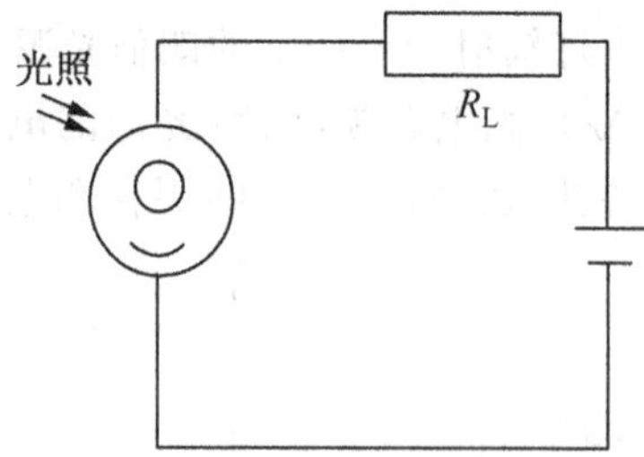

图 8-8　光电管典型应用电路

在一定光照条件下，当正向电压增加到一定数值时，光电流就不再增加或增加很少，这说明几乎所有的光电子都达到了光电管的阳极而使光电流达到了饱和。这个饱和值称为饱和光电流 I_H。使光电流刚好达到 I_H 时的正向电压 U_b 称为饱和电压。

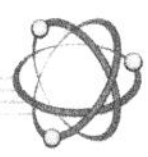

当正向电压为零时，在光的照射下仍会有少数光电子达到阳极，因此正向电压为零时的光电流不为零。要使光电流为零，必须加反向电压阻止光电子跑向阳极。使光电流刚好为零时的反向电压 U_a 称为截止电压。

当没有受到光照时产生的电流叫做暗电流。它主要是由阴极(k)在常温下的电子热运动产生的热电流和光电子等漏电形式下的漏电流组成。暗电流和由于各种漫反射光照射引起的本底电流都会随外电压的变化而变化且二者都使外电压为 $-U_a$ 时，光电流不能完全降为 0。

当入射光的频率和辐照度一定时，光电流 I 与光电管两极间电压 U 的关系称为光电管的伏安特性，如图 8-9 所示。图中曲线Ⅰ的辐射照度比曲线Ⅱ的大。

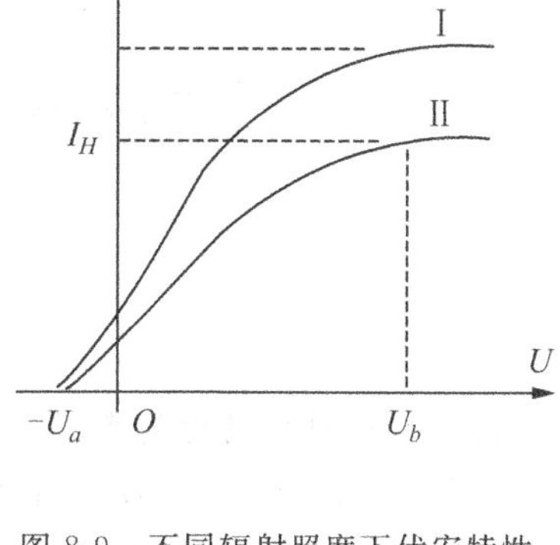

图 8-9　不同辐射照度下伏安特性

如果给光电管所加的正向电压大于 U_b，在入射光频率不变的条件下增加辐照度，也就是增加单位时间内辐射到阴极表面的既定频率的光子数，那么单位时间内从阴极表面逸出的光电子也随之增加，因而使饱和光电流的增加与辐照度的增加成正比。

8.3.1.3　光电管分类

光电管分为真空光电管和充气光电管两类。真空光电管按受照方式可分为侧窗式和端窗式。端窗式包括弱流和强流两种。强流光电管具有平行平板结构。光电管内添加惰性气体如氖气就形成充气光电管，在光电阴极被光照射产生光子后，在被阳极吸收过程中，碰撞气体分子，使其电离，可以得到更多的正离子和自由电子，可以提高灵敏度。但充气光电管频率特性较差，受温度影响大，伏安特性为非线性。因为存在这些缺点，限制了充气光电管的应用。

8.3.2　光电倍增管

8.3.2.1　构造和原理

光电倍增管由真空管壳内的光电阴极、阳极以及位于其间的若干个倍增极构成(图 8-10)。工作时在各电极之间加上规定的电压。当光或辐射照射阴极时，阴极发射光电子，光电子在电场的作用下逐级轰击次级发射倍增极，在末级倍增极形成数量为光电子的百万倍以上的次级电子。众多的次级电子最后为阳极收集，在阳极电路中产生可观的输出电流。

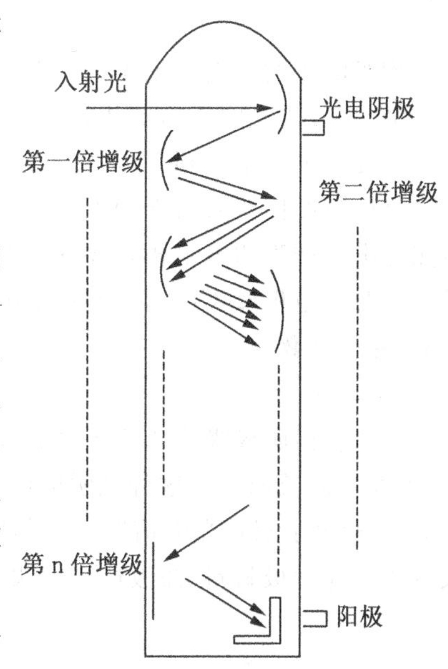

图 8-10　光电倍增管

要使 PMT 具有稳定的增益，各个倍增极之间就要有稳定的电压差用来对电子进行加速。为各个倍增极提供逐级递增的电压差的电路称为 PMT 偏置电路或称为分压电路。基本供电

电路如图 8-11 所示。

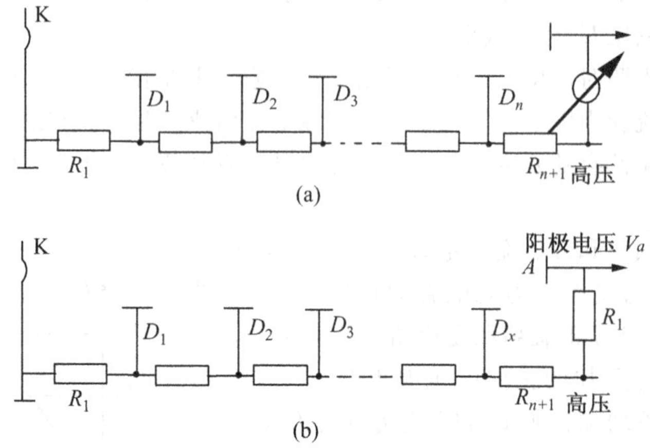

图 8-11　光电倍增管供电电路

8.3.2.2　光电倍增管的类型

光电倍增管按其接收入射光的方式一般可分成端窗型和侧窗型两大类。侧窗型光电倍增管是从玻璃壳的侧面接收入射光，端窗型光电倍增管则从玻璃壳的顶部接收射光。

在通常情况下，侧窗型光电倍增管的单价比较便宜，在分光光度计、旋光仪和常规光度测定方面具有广泛的应用。大部分的侧窗型光电倍增管使用不透明光阴极(反射式光阴极)和环形聚焦型电子倍增极结构，这种结构能够使其在较低的工作电压下具有较高的灵敏度。

端窗型光电倍增管也称顶窗型光电倍增管。它是在其入射窗的内表面上沉积了半透明的光阴极(透过式光阴极)，这使其具有优于侧窗型的均匀性。端窗型光电倍增管的特点是拥有从几十平方毫米到几百平方厘米的光阴极，另外，现在还出现了针对高能物理实验用的可以广角度捕获入射光的大尺寸半球形光窗的光电倍增管。

按照光电倍增管的电子倍增系统不同，有环形聚焦型、盒栅型、直线聚焦型、百叶窗型、细网型、微通道板(MCP)型、金属通道型和混合型等不同结构。

8.3.2.3　特性参数

(1)光谱响应

光电倍增管由阴极吸收入射光子的能量并将其转换为电子，其转换效率(阴极灵敏度)随入射光的波长而变。这种光阴极灵敏度与入射光波长之间的关系叫做光谱响应特性。图 8-12 给出了双碱光电倍增管的典型光谱响应曲线。一般情况下，光谱响应特性的长波段取决于光阴极材料，短波段则取决于入射窗材料。

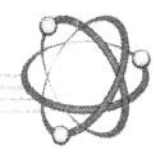

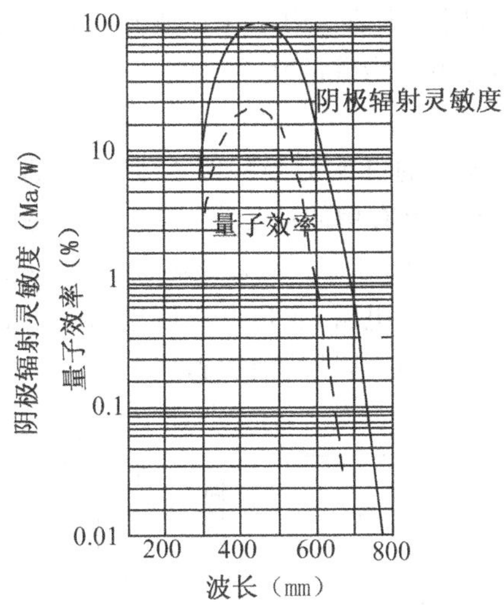

图 8-12 双碱光电倍增管的典型光谱响应曲线

(2)阴极光照灵敏度

阴极光照灵敏度，是指使用钨灯产生的 2856K 色温光测试的每单位通量入射光产生的阴极光电子电流。

(3)电流放大(增益)

光阴极发射出来的光电子被电场加速后撞击到第一倍增极上将产生二次电子发射，以便产生多于光电子数目的电子流，这些二次发射的电子流又被加速撞击到下一个倍增极，以产生又一次的二次电子发射，连续地重复这一过程，直到最末倍增极的二次电子发射被阳极收集，这样就达到了电流放大的目的。这时光电倍增管阴极产生的很小的光电子电流即被放大成较大的阳极输出电流。而光电倍增管的倍增性能可用阳极灵敏度来描述。阳极灵敏度表示入射于光电阴极的单位光通量所产生的阳极电流，单位为安/流明。阳极灵敏度与阴极灵敏度的比值，即为光电倍增管的增益。

(4)阳极暗电流

光电倍增管在完全黑暗的环境下仍有微小的电流输出。这个微小的电流叫做阳极暗电流。它是决定光电倍增管对微弱光信号的检出能力的重要因素之一。阳极灵敏度越高，暗电流越小，则光电倍增管能测量更为微弱的光信号。阳极灵敏度和暗电流均随工作电压的提高而上升，但是上升斜率不同，因此存在最佳工作电压，使信噪比最大。一般用途的光电倍增管，只要阳极灵敏度能满足需要，总是选择在较低的电压下工作。

(5)磁场影响

大多数光电倍增管会受到磁场的影响，磁场会使光电倍增管中的发射电子脱离预定轨道而造成增益损失。这种损失与光电倍增管的型号及其在磁场中的方向有关。一般而言，从阴极到第一倍增极的距离越长，光电倍增管就越容易受到磁场的影响。

(6)温度特点

降低光电倍增管的使用环境温度可以减少热电子发射，从而降低暗电流。另外，光电倍增管的灵敏度也会受到温度的影响。在紫外和可见光区，光电倍增管的温度系数为负值，到了长波截止波长附近则呈正值。由于在长波截止波长附近的温度系数很大，所以在一些应用中应当严格控制光电倍增管的环境温度。

8.3.2.4 基本应用电路

光电倍增管在工作时输出的电流信号一般小于 0.1mA，单光子计数时信号更微弱，一般为十几微安(μA)；除了以上有用的信号外，PMT 本身还会产生各种各样的噪声以及幅度小于 100nA 的暗电流。如图 8-13 所示，光电倍增管使用时，往往在 PMT 输出端接入合适的前置放大电路作为负载电阻，实现电流信号到电压信号的转换，同时放大有用信号并抑制噪声，以便于后续电路对信号的甄别和采集。

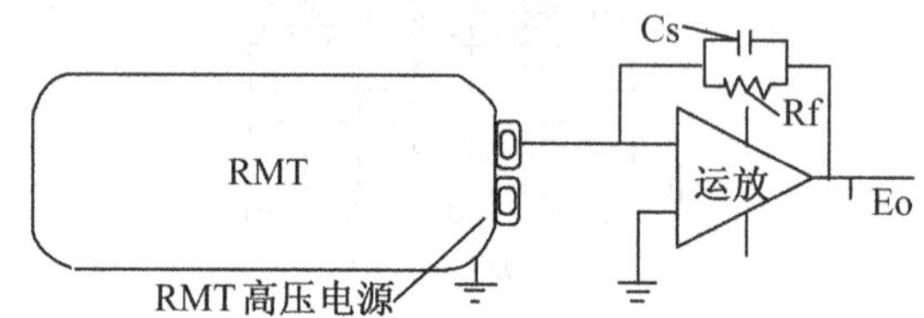

图 8-13 光电倍增管基本应用电路

光电管和光电倍增管都是将微弱光信号转换成电信号的真空电子器件。光电管通常用于自动控制、光度学测量和强度调制光的检测。如用于保安与警报系统、计数与分类装置、影片音膜复制与还音、彩色胶片密度测量以及色度学测量等。而光电倍增管因为采用了二次发射倍增系统，所以光电倍增管在探测紫外、可见和近红外区的辐射能量的光电探测器中，具有极高的灵敏度和极低的噪声。另外，光电倍增管还具有响应快速、成本低、阴极面积大等优点，广泛地应用在电子、冶金、机械、化工、地质、医疗、核工业、天文和宇宙空间研究等领域。

8.4 内光电效应传感器

内光电效应按其工作原理可分为两种：光电导效应和光生伏特效应。半导体受到光照时会产生光生电子一空穴对，使导电性能增强，光线愈强，阻值愈低。这种光照后电阻率变化的现象称为光电导效应。基于这种效应的光电器件有光敏电阻和反向偏置工作的光敏二极管与三极管。

8.4.1 光电导器件——光敏电阻

利用具有光电导效应的半导体材料做成的光电探测器称为光电导器件，通常叫做光敏电阻。目前，光敏电阻应用非常广泛，可见光波段和大气透过的几个窗口，即近红外、中红外和远红外波段，都有适用的光敏电阻。本节将具体介绍。

8.4.1.1 光敏电阻的结构与工作原理

光敏电阻又称光导管，它几乎都是用半导体材料制成的光电器件，如图 8-14 所示。光敏电阻没有极性，纯粹是一个电阻器件，使用时既可加直流电压，也可以加交流电压。无光照时，光敏电阻值(暗电阻)很大，电路中电流(暗电流)很小。

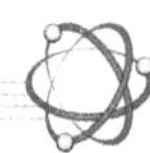

当光敏电阻受到一定波长范围的光照时，它的阻值（亮电阻）急剧减少，电路中电流迅速增大。一般希望暗电阻越大越好，亮电阻越小越好，此时光敏电阻的灵敏度高。实际光敏电阻的暗电阻值一般在兆欧级，亮电阻在几千欧以下。图 8-15 为光敏电阻的原理结构。它是涂于玻璃底板上的一薄层半导体物质，半导体的两端装有金属电极，金属电极与引出线端相连接，光敏电阻就通过引出线端接入电路。为了防止周围介质的影响，在半导体光敏层上覆盖了一层漆膜，漆膜的成分应使它在光敏层最敏感的波长范围内透射率最大。

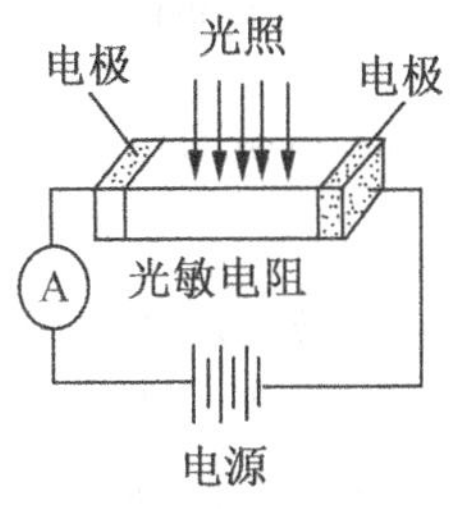

图 8-14　光敏电阻基本应用电路

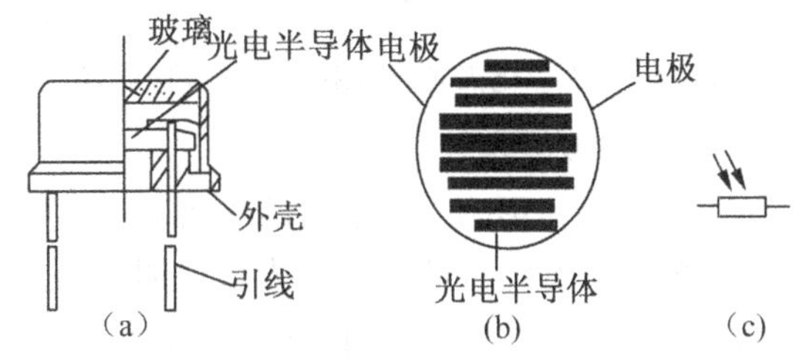

图 8-15　光敏电阻结构及符号

8.4.1.2　光敏电阻的主要参数

(1)暗电阻。光敏电阻在不受光照射时的阻值称为暗电阻，此时流过的电流称为暗电流。

(2)亮电阻。光敏电阻在受光照射时的电阻称为亮电阻，此时流过的电流称为亮电流。

(3)光电流。亮电流与暗电流之差称为光电流。

8.4.1.3　光敏电阻的基本特性

(1)伏安特性

在一定照度下，流过光敏电阻的电流与光敏电阻两端的电压的关系称为光敏电阻的伏安特性。图 8-16 为硫化镉光敏电阻的伏安特性曲线。由图可见，光敏电阻在一定的电压范围内，其伏安曲线为直线，说明其阻值与入射光量有关，而与电压、电流无关。

(2)光谱特性

光敏电阻的相对光敏灵度与入射波长的关系称为光谱特性，亦称为光谱响应。图 8-17 为硫化镉光敏电阻的伏安特性曲线及几种不同材料光敏电阻的光谱特性。对应于不同波长，光敏电阻的灵敏度是不同的。从图中可见硫化镉光敏电阻的光谱响应的峰值在可见光区域，常被用作光度量测量（照度计）的探头。而硫化铅光敏电阻响应于近红外和中红外区，常用做火焰探测器的探头。

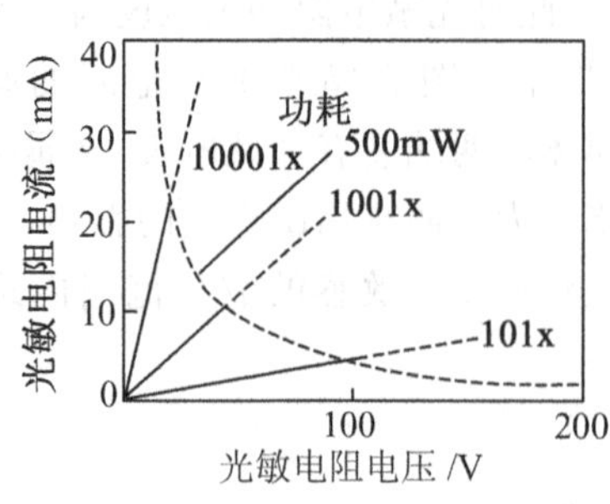

图 8-16　为硫化镉光敏电阻的伏安特性曲线

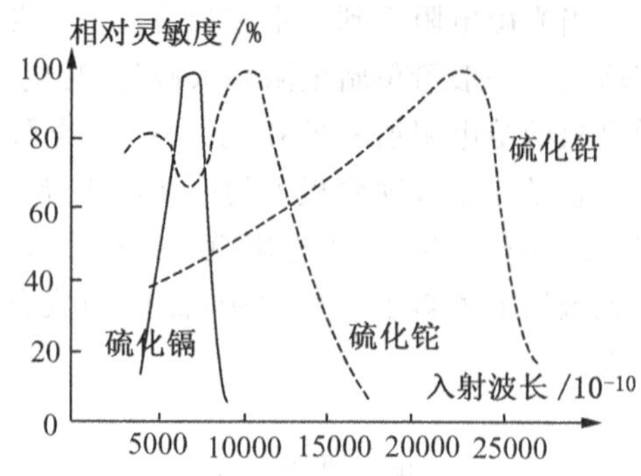

图 8-17　光敏电阻光谱特性

(3)温度特性

温度变化影响光敏电阻的光谱响应。同时，光敏电阻的灵敏度和暗电阻都要改变，尤其是响应于红外区的硫化铅光敏电阻受温度影响更大。图 8-18 为硫化铅光敏电阻的光谱温度特性曲线，它的峰值随着温度上升向波长短的方向移动。因此，硫化铅光敏电阻要在低温、恒温的条件下使用。对于可见光的光敏电阻，其温度影响要小一些。

8.4.1.4　光敏电阻在火焰探测报警器中应用

图 8-19 是采用硫化铅光敏电阻为探测元件的火焰探测器电路图。硫化铅光敏电阻的暗电阻为 1MΩ，亮电阻为 0.2MΩ（光照度 0.01W/m2 下测试），峰值响应波长为 2.2μm。硫化铅光敏电阻处于 V_1 管组成的恒压偏置电路，其偏置电压约为 6V，电流约为 6μA。V_2 管集电极电阻两端并联 68μF 的电容，可以抑制 100Hz 以上的高频，使其成为只有几十赫兹的窄带放大器。V_2、V_3 构成二级负反馈互补放大器，火焰的闪动信号经二级放大后送给中心控制站进行报警处理。采用恒压偏置电路是为了在更换光敏电阻或长时间使用后，器件阻值的变化不致于影响输出信号的幅度，保证火焰报警器能长期稳定地工作。

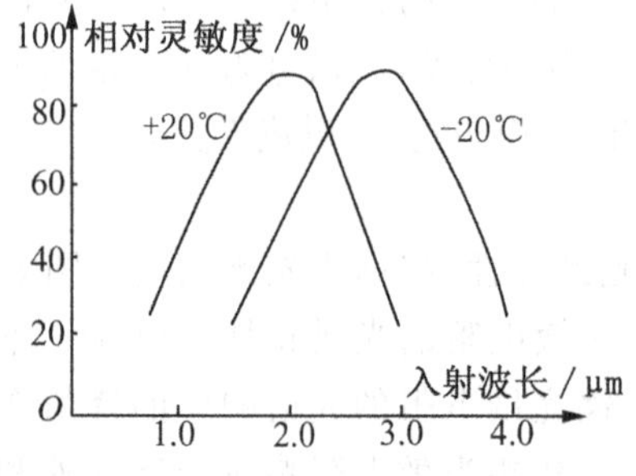

图 8-18　光敏电阻温度特性

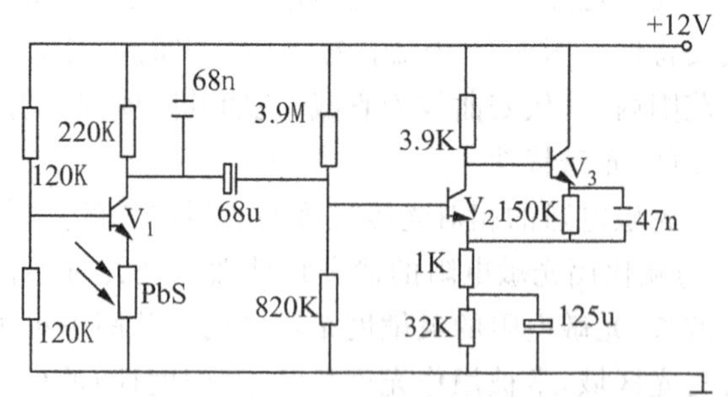

8-19　火焰探测报警器原理图

8.4.2　光伏探测器

用光生伏特效应制造出来的光敏器件称为光伏探测器。可用来制造光伏器件的材料很多，如有硅、硒、锗等光伏器件。其中硅光伏器件具有暗电流小、噪声低、受温度的影响

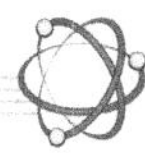

较小、制造工艺简单等特点，所以它已经成为目前应用最广泛的光伏器件，如硅光电池、硅光电二极管、硅雪崩光电二极管、硅光电三极管及硅光电场效应管等等。

8.4.2.1 光敏二极管和光敏晶体管

(1)结构原理

光敏二极管的结构与一般二极管相似。它装在透明玻璃外壳中，其PN结装在管的顶部，可以直接受到光照射。光敏二极管在电路中一般是处于反向工作状态[见图8-20(a)]，在没有光照射时，反向电阻很大，反向电流很小，这个小反向电流称为暗电流。当光照射在PN结上时，光子打在PN结附近，使PN结附近产生光生电子和光生空穴对。它们在PN结处的内电场作用下作定向运动，形成光电流。光的照度越大，光电流越大。因此光敏二极管在不受光照射时，处于截止状态，受光照射时，处于导通状态。

光敏晶体管与一般晶体管很相似，具有两个PN结，只是它的发射极一边做得很大，以扩大光的照射面积。NPN型光敏晶体管的结构简图和基本电路如图8-20(b)(c)所示。大多数光敏晶体管的基极无引出线，当集电极加上相对于发射极为正的电压而不接基极时，集电结就是反向偏压；当光照射在集电结上时，就会在结附近产生电子-空穴对，从而形成光电流，相当于三极管的基极电流。由于基极电流的增加，因此集电极电流是光生电流的β倍，所以光敏晶体管有放大作用。

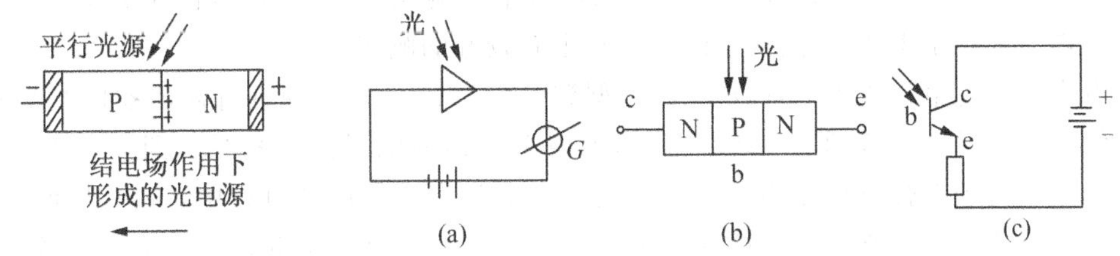

图8-20 光敏二极管和晶体管结构原理

(2)基本特性

①光谱特性。光敏二极管和晶体管的光谱特性曲线如图8-21所示。从曲线可以看出，锗的峰值波长约为1.5μm，此时灵敏度最大，而当入射光的波长增加或缩短时，相对灵敏度也下降。一般来讲，锗管的暗电流较大，因此性能较差，故在可见光或探测赤热状态物体时，一般都用硅管。但对红外光进行探测时，锗管较为适宜。

②伏安特性。图8-22为硅光敏管在不同照度下的伏安特性曲线。

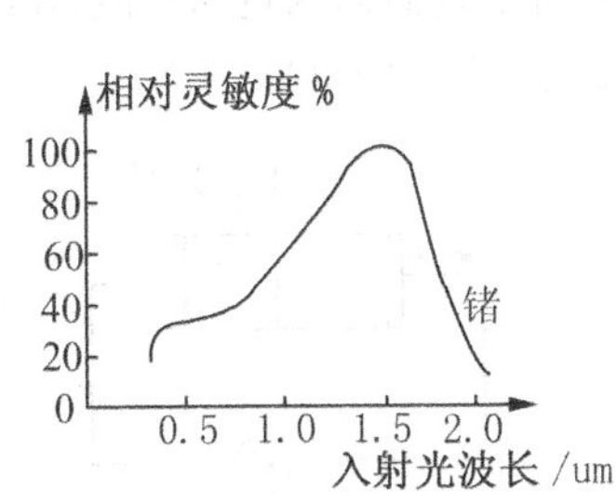

图8-21 敏二极管和晶体管光谱特性

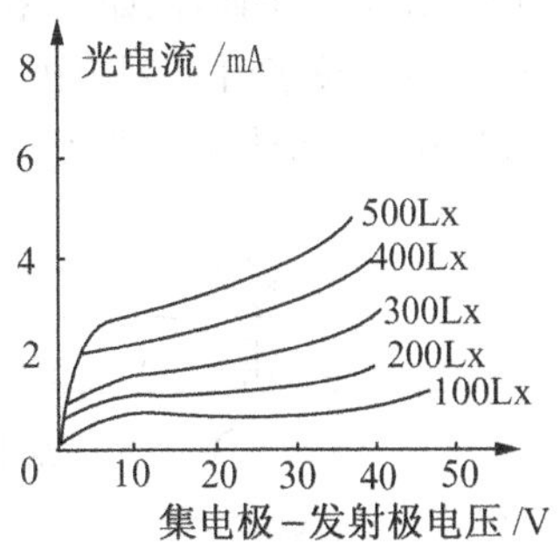

图8-22 光敏晶体管伏安特性

③温度特性。光敏晶体管的温度特性是指其暗电流及光电流与温度的关系。光敏晶体管的温度特性曲线如图 8-23 所示。从特性曲线可以看出,温度变化对光电流影响很小,而对暗电流影响很大,所以在电子线路中应该对暗电流进行温度补偿,否则将会导致输出误差。

④方向性。光敏二极管和三极管使用时应注意保持光源与光敏管的合适位置(见图 8-24)。因为只有在光敏晶体管管壳轴线与入射光方向接近的某一方位(取决于透镜的对称性和管芯偏离中心的程度),入射光恰好聚焦在管芯所在的区域,光敏管的灵敏度才最大。为避免灵敏度变化,使用中必须保持光源与光敏管的相对位置不变。

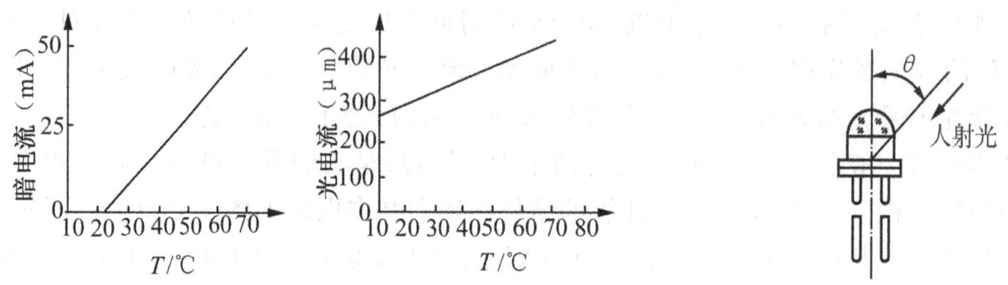

图 8-23 光敏晶体管的温度特性

图 8-24 光敏晶体管的方向性

(3)特殊光电二极管

①PIN 型光电二松管。PIN 型硅光电二极管不仅响应速度快,而且由于其 PN 结势垒区可以扩展到整个 I 型层,因而对红外波长也有较好的响应。

②雪崩型硅光电二极管(APD)。雪崩型硅光电二极管是一种具有内增益的半导体光敏器件。处于反向偏置的 PN 结,其势垒区内有很强的电场。当光照射到 PN 结上时产生的光生载流子在强电场作用下加速运动。光生载流子在运动过程中,碰撞其他原子而产生大量新的电子—空穴对。这些电子—空穴对在运动过程中获得足够大的动能,又碰撞出大量新的二次电子—空穴对。这样像雪崩一样迅速地碰撞出大量电子和空穴,形成强大的电流,形成倍增效应。雪崩光电二极管具有电流增益大,灵敏度高,频率响应快,不需要后续庞大的放大电路等特点。因此它在微弱辐射信号的探测方面被广泛地应用。

8.4.2.2 光电池

光电池是一种直接将光能转换为电能的光电器件。

(1)结构原理

光电池的工作原理是基于"光生伏特效应"(图 8-25)。它实质上是一个大面积的 PN 结,当光照射到 PN 结的一个面,例如 P 型面时,若光子能量大于半导体材料的禁带宽度,那么 P 型区每吸收一个光子就产生一对自由电子和空穴,电子空穴对从表面向内迅速扩散,在结电场的作用下,最后建立一个与光照强度有关的电动势。图 8-26 为工作原理图。

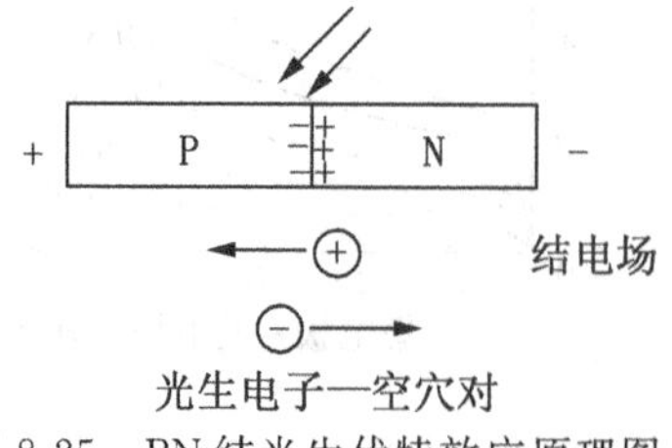

图 8-25 PN 结光生伏特效应原理图

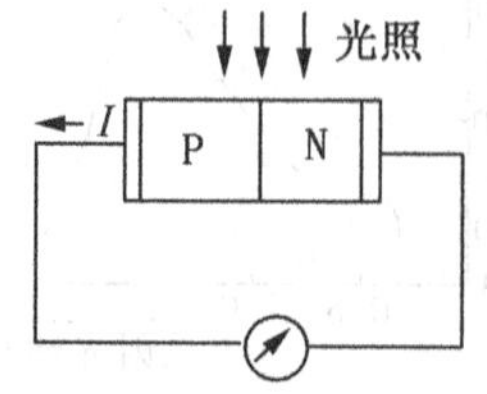

图 8-26 光电池工作原理

(2)基本特性

光电池的基本特性有以下几种：

①光谱特性。光电池对不同波长的光的灵敏度是不同的。不同材料的光电池，光谱响应峰值所对应的入射光波长是不同的，硅光电池在0.8μm附近，硒光电池在0.5μm附近。硅光电池的光谱响应波长范围为0.4～1.2μm，而硒光电池的范围只能为0.38～0.75μm。可见硅光电池可以在很宽的波长范围内得到应用。

②光照特性。光电池在不同光照度下，光电流和光生电动势是不同的，它们之间的关系就是光照特性。硅光电池的开路电压和短路电流与光照的关系中，短路电流在很大范围内与光照强度成线性关系，开路电压(负截电阻 RL 无限大时)与光照度的关系是非线性的，并且当照度在2000lx时就趋于饱和了。因此当把电池作为测量元件时，应把它当作电流源的形式来使用，不能用作电压源。

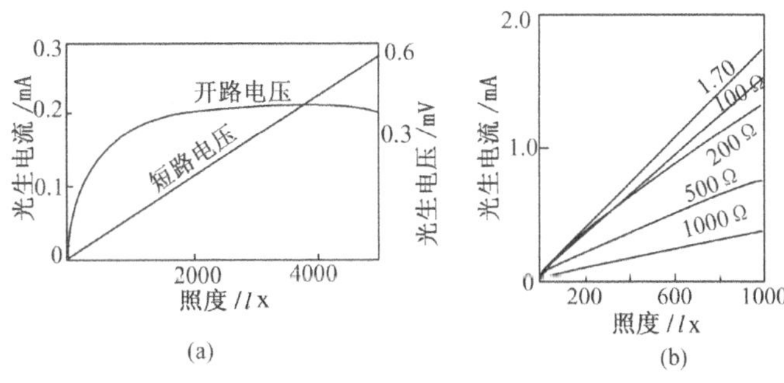

图8-27 光电池的光照特性

③温度特性。光电池的温度特性是描述光电池的开路电压和短路电流随温度变化的情况。由于它关系到应用光电池的仪器或设备的温度漂移，影响到测量精度或控制精度等重要指标，因此温度特性是光电池的重要特性之一。由于温度对光电池的工作有很大影响，因此把它作为测量器件应用时，最好能保证温度恒定或采取温度补偿措施。

(3)光电池在光电式纬线探测器中应用

光电式纬线探测器是应用于喷气织机上，判断纬线是否断线的一种探测器。图8-28为光电式纬线探测器原理电路图。当纬线在喷气作用下前进时，红外发射管 V_D 发出的红外光，经纬线反射，由光电池接收，如光电池接收不到反射信号时，说明纬线已断。因此利用光电池的输出信号，通过后续电路放大、脉冲整形等，控制机器正常运转还是关机报警。

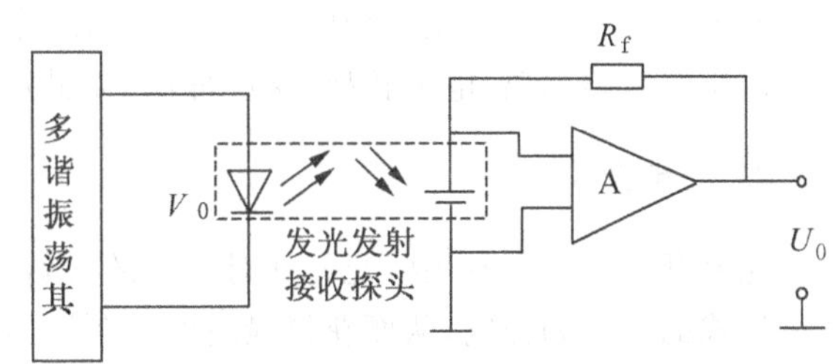

图8-28 光电式纬线探测器原理图

由于纬线线径很细，又是摆动着前进，形成光的漫反射，削弱了反射光的强度，而且还伴有背景杂散光，因此要求探纬器具备高的灵敏度和分辨力。为此，红外发光管 V_D 采用占空比很小的强电流脉冲供电，这样既保证发光管使用寿命，又能在瞬间有强光射出，以提高检测灵敏度。一般来说，光电池输出信号比较小，需经放大、脉冲整形以提高分辨力。

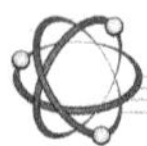

8.5 光电耦合器件

光电耦合器件是由发光元件(如发光二极管)和光电接收元件合并使用,以光作为媒介传递信号的光电器件。光电耦合器中的发光元件通常是半导体的发光二极管,光电接收元件有光敏电阻、光敏二极管、光敏三极管或光可控硅等。根据其结构和用途不同,又可分为用于实现电隔离的光电耦合器和用于检测有无物体的光电开关。

8.5.1 光电耦合器

光电耦合器的发光和接收元件都封装在一个外壳内,一般有金属封装和塑料封装两种。耦合器常见的组合形式如图 8-29 所示。

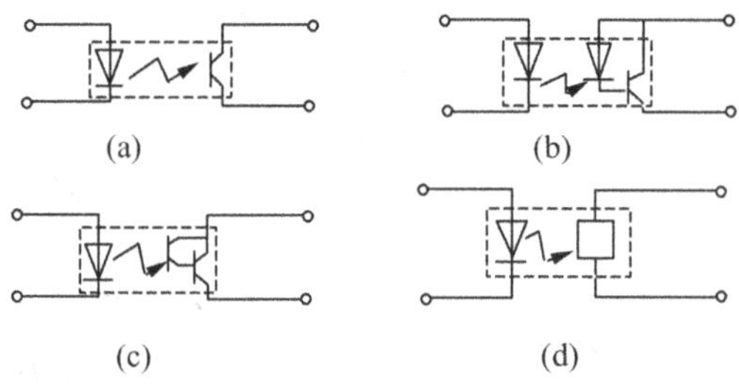

图 8-29 光电耦合器结构

图 8-29(a)所示的组合形式结构简单、成本较低,且输出电流较大,可达 100mA,响应时间为 3～4μs。图 8-29(b)形式结构简单,成本较低、响应时间快,约为 1μs,但输出电流小,在 50～300μA 之间。图 8-29(c)形式传输效率高,但只适用于较低频率的装置中。图 8-29(d)是一种高速、高传输效率的新颖器件。对图中所示无论何种形式,为保证其有较佳的灵敏度,都考虑了发光与接收波长的匹配。

光电耦合器实际上是一个电量隔离转换器,它具有抗干扰性能和单向信号传输功能,广泛应用在电路隔离、电平转换、噪声抑制、无触点开关及固态继电器等场合。

8.5.2 光电开关

光电开关是一种利用感光元件对变化的入射光加以接收,并进行光电转换,同时加以某种形式的放大和控制,从而获得最终的控制输出"开"、"关"信号的器件。

图 8-30 为典型的光电开关结构图。图 8-30(a)是一种透射式的光电开关,它的发光元件和接收元件的光轴是重合的。当不透明的物体位于或经过它们之间时,会阻断光路,使接收元件接收不到来自发光元件的光,这样起到检测作用。图 8-30(b)是一种反射式的光电开关,它的发光元件和接收元件的光轴在同一平面且以某一角度相交,交点一般即为待测物所在处。当有物体经过时,接收元件将接收到从物体表面反射的光,没有物体时则接收不到。光电开关的特点是小型、高速、非接触,而且与 TTL、MOS 等电路容易结合。

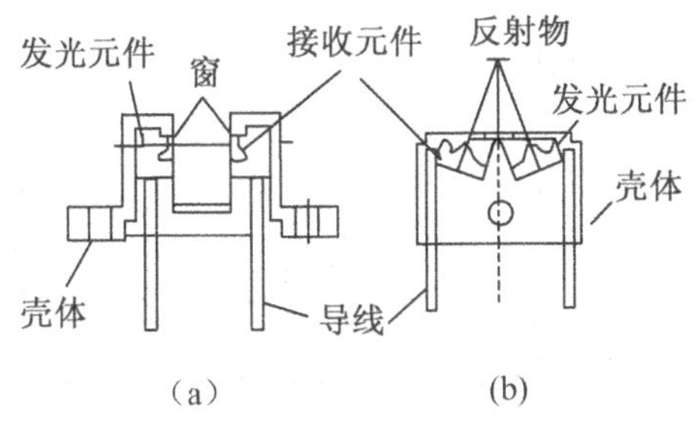

图 8-30　光电开关结构图

用光电开关检测物体时，大部分只要求其输出信号有“高—低”(1—0)之分即可。光电开关广泛应用于工业控制、自动化包装线及安全装置中作光控制和光探测装置。可在自控系统中用作物体检测，产品计数，料位检测，尺寸控制，安全报警及计算机输入接口等用途。

图 8-31 为光电式数字转速表工作原理图。图 8-31(a)表示转轴上涂黑白两种颜色的工作方式。当电机转动时，反光与不反光交替出现，光电元件间断地接收反射光信号，输出电脉冲。经放大整形电路转换成方波信号，由数字频率计测得电机的转速。图 8-31(b)为电机轴上固装一齿数为 z 的调制盘[相当图(a)电机轴上黑白相间的涂色]的工作方式。其工作原理与图 8-31(a)相同。若频率计的计数频率为 f，由下式：

$$n = 60f/z \tag{8—3}$$

即可测得转轴转速 n(r/min)。

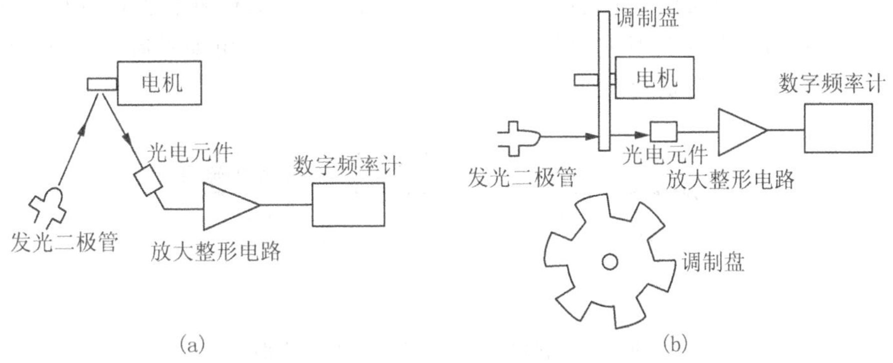

图 8-31　光电式数字转速表工作原理图

8.5.3　光电耦合器在脉冲点火控制器中应用

图 8-32 为燃气热水器中的高压打火确认电路原理图。在高压打火时，火花电压可达10000 多伏，这个脉冲高电压对电路工作影响极大，为了使电路正常工作，采用光电耦合器 VB 进行电平隔离，大大增强了电路抗干扰能力。当高压打火针对打火确认针放电时，光电耦合器中的发光二极管发光，耦合器中的光敏三极管导通，经 V_1、V_2、V_3 放大，驱动强吸电磁阀，将气路打开，燃气碰到火花即燃烧。若高压打火针与打火确认针之间不放电，则光电耦合器不工作，V_1 等不导通，燃气阀门关闭。

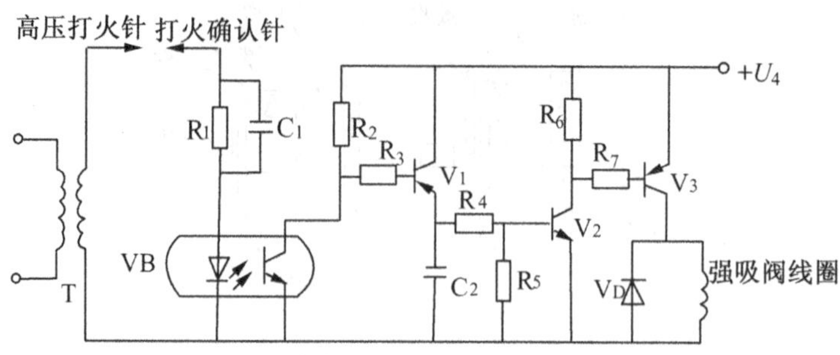

图 8-32　燃气热水器中的高压打火确认电路原理图

8.6　旋转式光电编码器

编码器是一种通过编码进行测量的元件，它直接把被测转角或直线位移转换成相应的代码，指示其位置。从结构上讲，编码器有接触式、电磁式、光电式和电容式等类型。这里只讨论旋转式光电编码器。

旋转式光电编码器，是一种通过光电转换将输出轴上的机械几何位移量转换成脉冲或数字量的传感器。旋转式光电编码器由码盘和光电检测装置组成。码盘是在一定直径的圆板上按照一定规则开通若干个长方形孔。由于光电码盘与电动机同轴，电动机旋转时，码盘与电动机同速旋转，经发光二极管等电子元件组成的检测装置检测输出相应信号，其原理示意图如图 8-33 所示；根据码盘结构不同，旋转式光电编码器分绝对编码器和增量编码器两种，下面分别介绍。

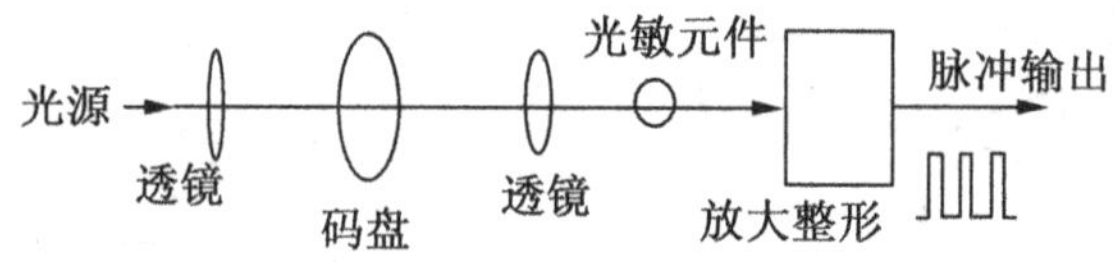

图 8-33　旋转式光电编码器原理示意图

8.6.1　绝对式编码器

绝对式编码器是利用自然二进制、格雷码等编码方式进行光电转换的。在它的圆形码盘上沿径向有若干同心码道，每条道上由透光和不透光的扇形区相间组成，码盘上的码道数就是它的二进制数码的位数。在码盘的一侧是光源，另一侧对应每一码道有一光敏元件；当码盘处于不同位置时，各光敏元件根据受光照与否转换出相应的电平信号，形成二进制数。这种编码器的特点是在转轴的任意位置都可读出一个固定的与位置相对应的数字码；没有累积误差；电源切除后位置信息不会丢失。

图 8-34 表示的是一个 4 位二进制循环码的光电编码盘，该编码盘由透明与不透明区域构成。转动时，由光电元件接收相应的编码信号。由于循环码相邻两个代码间只有一

位数变化，即"0"变为"1"或"1"变为"0"，这样，由于安装不准确而产生的误差最多不超过一个编码单位，故误差大大减小。4 位二进制编码盘的一个编码单位所对应的角度为 360°/16＝22.5°。显然，码道越多，分辨率就越高，对于一个具有 N 位二进制分辨率的编码器，其码盘必须有 N 条码道。

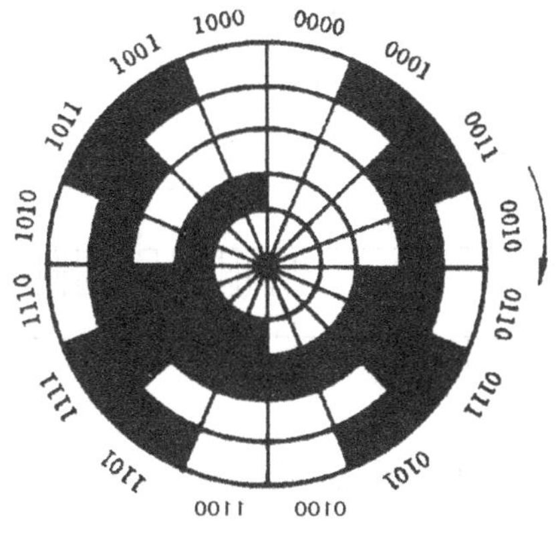

图 8-34　二进制循环编码盘

8.6.2　增量编码器

增量式编码器与绝对式编码器不同之处在于圆盘的线条图形，其码盘比绝对编码器码盘要简单得多且分辨率更高。一般只需要三条码道，这里的码道实际上已不具有绝对编码器码道的意义，而是产生计数脉冲。通过计算每秒光电编码器输出脉冲的个数就能反映当前的转速。此外，为判断旋转方向，码盘还可提供相位相差 90°的两路脉冲信号。

增量式编码器的码盘的外道和中间道有数目相同均匀分布的透光和不透光的扇形区（光栅），但是两道扇区相互错开半个区。当码盘转动时，它的输出信号是相位差为 90°的 A 相和 B 相脉冲信号以及只有一条透光狭缝的第三码道所产生的脉冲信号（它作为码盘的基准位置，给计数系统提供一个初始的零位信号）。从 A，B 两个输出信号的相位关系（超前或滞后）可判断旋转的方向。由图 8-35(a)可见，当码盘正转时，A 道脉冲波形比 B 道超前 $\pi/2$，而反转时，A 道脉冲比 B 道滞后 $\pi/2$。图(b)是一实际电路，用 A 道整形波的下沿触发单稳态产生的正脉冲与 B 道整形波相"与"，当码盘正转时只有正向脉冲输出，反之，只有逆向脉冲输出。图 8-35 电路的缺点是有时会产生误记脉冲造成误差，这种情况出现在当某一道信号处于"高"或"低"电平状态，而另一道信号正处于"高"和"低"之间的往返变化状态，此时码盘虽然未产生位移，但是会产生单方向的输出脉冲。

图 8-36 是一个既能防止误脉冲又能提高分辨率的四倍频细分电路。在这里，采用了有记忆功能的 D 型触发器和时钟发生电路。由图 8-36 可见，每一通道有两个 D 触发器串接，这样，在时钟脉冲的间隔中，两个 Q 端（如对应 B 道的 74LS175 的第 2、7 引脚）保持前两个时钟期的输入状态，若两者相同，则表示时钟间隔中无变化；否则，可以根据两者关系判断出它的变化方向，从而产生"正向"或"反向"输出脉冲。当某通道由于振动在"高"和"低"间往复变化时，将交替产生"正向"和"反向"脉冲，这在对两个计数器取代数和时就

可消除它们的影响。由此可见,时钟发生器的频率应大于振动频率的可能最大值。由图 8-36 还可看出,在原一个脉冲信号的周期内,得到了四个计数脉冲。例如,原每圈脉冲数为 1000 的编码器可产生 4 倍频的脉冲数是 4000 个,其分辨率为 0.09°。

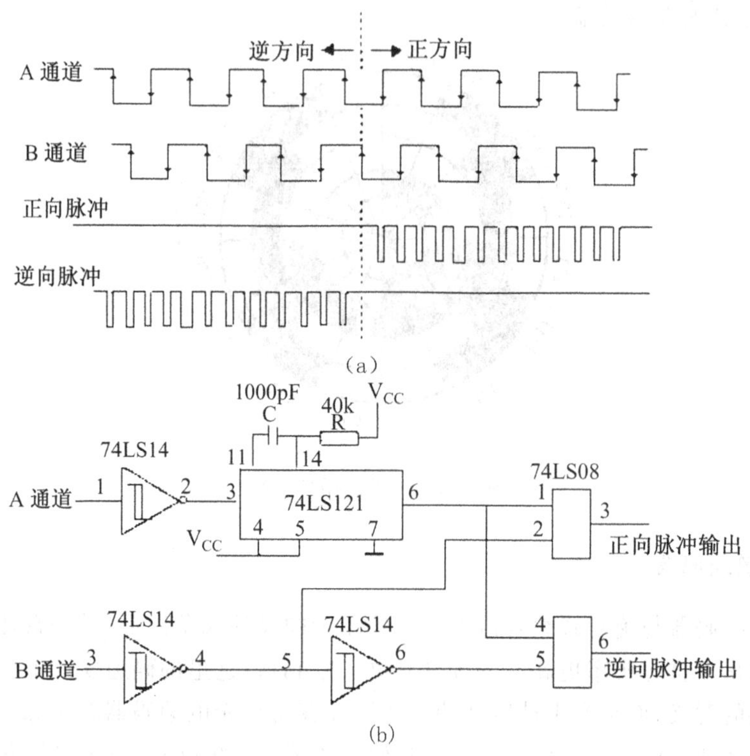

图 8-35 增量式编码器工作原理图

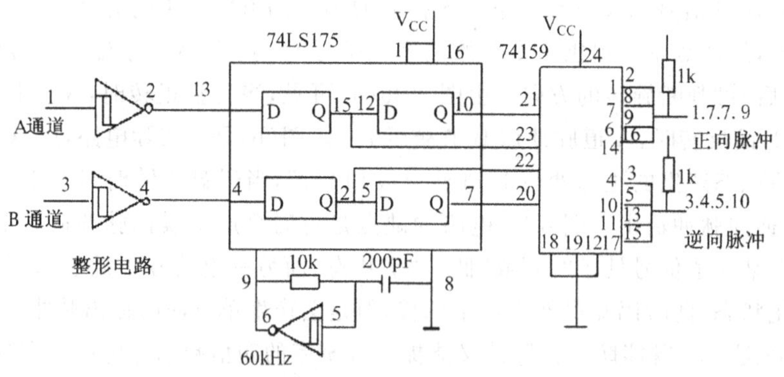

图 8-36 能防止误脉冲的四倍频细分电路

8.6.3 用光电编码器测量方向盘旋转角度

对汽车方向盘旋转角度的测量可选用增量式光电编码器作为传感器。考虑到汽车方向盘转动是双向的,既可顺时针旋转,也可逆时针旋转,需要对编码器的输出信号鉴相后

才能计数。图 8-37 给出了光电编码器实际使用的鉴相与双向计数电路,鉴相电路用 1 个 D 触发器和 2 个与非门组成,计数电路用 3 片 74LS193 组成。

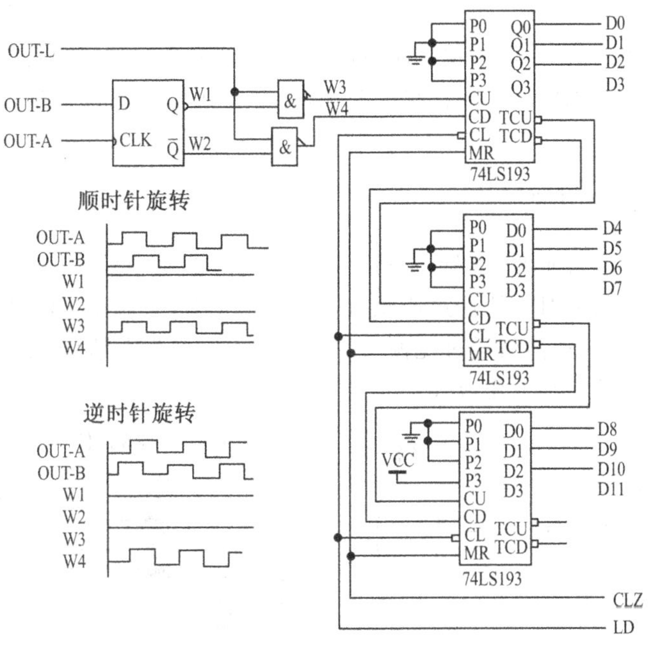

图 8-37 汽车方向盘旋转角度的测量计数原理图

当光电编码器顺时针旋转时,通道 A 输出波形超前通道 B 输出波形 90°,D 触发器输出 Q(波形 W_1)为高电平,Q(波形 W_2)为低电平,上面与非门打开,计数脉冲通过(波形 W_3),送至双向计数器 74LS193 的加脉冲输入端 CU,进行加法计数;此时,下面与非门关闭,其输出为高电平(波形 W_4)。当光电编码器逆时针旋转时,通道 A 输出波形比通道 B 输出波形延迟 90°,D 触发器输出 Q(波形 W_1)为低电平,Q(波形 W_2)为高电平,上面与非门关闭,其输出为高电平(波形 W_3);此时,下面与非门打开,计数脉冲通过(波形 W_4),送至双向计数器 74LS193 的减脉冲输入端 CD,进行减法计数。

汽车方向盘顺时针和逆时针旋转时,其最大旋转角度均为两圈半,选用分辨率为 360 个脉冲/圈的编码器,其最大输出脉冲数为 900 个;实际使用的计数电路用 3 片 74LS193 组成,在系统上电初始化时,先对其进行复位(CLR 信号),再将其初值设为 800H,即 2048(LD 信号);如此,当方向盘顺时针旋转时,计数电路的输出范围为 2048～2948,当方向盘逆时针旋转时,计数电路的输出范围为 2048～1148;计数电路的数据输出 D_0～D_{11}送至数据处理电路。

光电编码器是一种角度(角速度)检测装置,它将输入给轴的角度量,利用光电转换原理转换成相应的电脉冲或数字量,具有体积小,精度高,工作可靠,接口数字化等优点。广泛应用于数控机床、回转台、伺服传动、机器人、雷达、军事目标测定等需要检测角度的装置和设备中。

8.7 光栅传感器

光栅是利用光的透射、衍射现象制成的光电检测元件。常见的光栅从形状上可分为圆光栅和长光栅。圆光栅用于角位移的检测，长光栅用于直线位移的检测。光栅的检测精度较高，可达 1μm 以上。

8.7.1 光栅传感器的构造

光栅传感器一般由光源，透镜，光栅尺，光敏元件，驱动电路组成，见图 8-38。光源一般采用白炽灯泡。其辐射光线经过透镜后变成平行光束，照射在光栅尺上。光敏元件(常选用光电池和光敏三极管)将透过光栅尺的光强信号转换为电信号，驱动线路实现对光敏元件输出信号进行功率和电压放大。

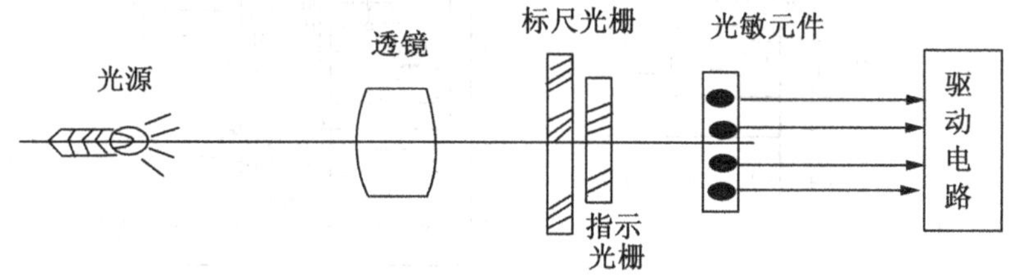

图 8-38 光栅传感器的原理图

光栅尺是光栅传感器的主要部件，主要由标尺光栅和指示光栅两部分组成。光栅是用真空镀膜的方法光刻上均匀密集线纹的透明玻璃片或长条形金属镜面。长光栅的线纹相互平行，各线纹之间距离(栅距)相等。圆光栅的线纹是等栅距角的向心条纹。栅距和栅距角是光栅的基本参数。同一个光栅元件，其标尺光栅和指示光栅的线纹密度必须相同。

按光路分，光栅传感器可分为分光式、反射式和镜像式读数头三种。图 8-39(a)、(b)、(c)分别给出了它们的结构原理图，图中 Q 表示光源，L 表示透镜，G 表示光栅尺，P 表示光敏元件，P_r 表示棱镜。

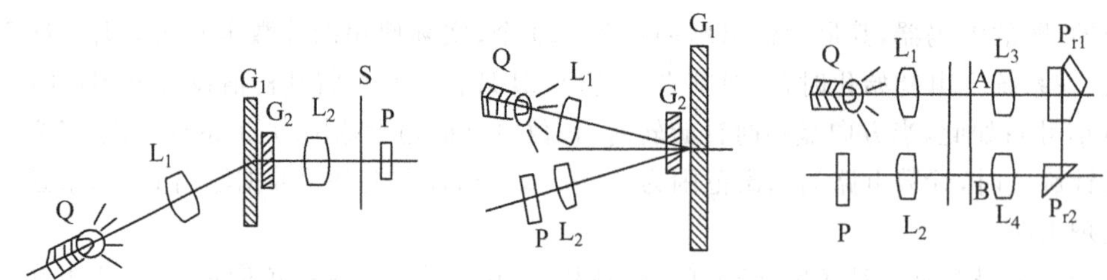

(a)分光式读数头 (b)反射式读数头 (c)镜像式读数头

图 8-39 光栅结构原理图

8.7.2　光栅工作原理

常见的光栅都是根据莫尔条纹的形成原理进行工作的。图 8-40 是其工作原理图。

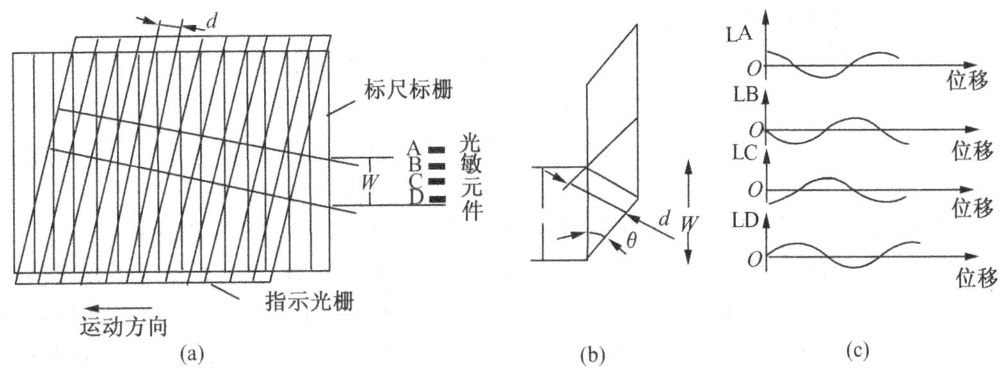

图 8-40　光栅工作原理

当使指示光栅上的线纹与标尺光栅上的线纹成一角度 θ 来放置两光栅尺时，必然会造成两光栅尺上的线纹互相交叉。在光源的照射下，交叉点近旁的小区域内由于黑色线纹重叠，因而遮光面积最小，挡光效应最弱，光的累积作用使得这个区域出现亮带。相反，距交叉点较远的区域，因两光栅尺不透明的黑色线纹的重叠部分变得越来越少，不透明区域面积逐渐变大，即遮光面积逐渐变大，使得挡光效应变强，只有较少的光线能通过这个区域透过光栅，使这个区域出现暗带。这些与光栅线纹几乎垂直，相间出现的亮、暗带就是莫尔条纹。莫尔条纹具有以下性质：

(1)当用平行光束照射光栅时，透过莫尔条纹的光强度分布近似于余弦函数。

(2)若用 W 表示莫尔条纹的宽度，d 表示光栅的栅距，θ 表示两光栅尺线纹的夹角，则它们之间的几何关系为

$$W=d/\sin\theta \tag{8-38}$$

当 θ 角很小时，取 $\sin\theta\approx\theta$，上式可近似写成

$$W=d/\theta \tag{8-39}$$

若取 $d=0.01\text{mm}$，$\theta=0.01\text{rad}$，则由上式可得 $W=1\text{mm}$。这说明，无需复杂的光学系统和电子系统，利用光的干涉现象，就能把光栅的栅距转换成放大 100 倍的莫尔条纹的宽度。这种放大作用是光栅的一个重要特点。

(3)由于莫尔条纹是由若干条光栅线纹共同干涉形成的，所以莫尔条纹对光栅个别线纹之间的栅距误差具有平均效应，能消除光栅栅距不均匀所造成的影响。

(4)莫尔条纹的移动与两光栅尺之间的相对移动相对应。两光栅尺相对移动一个栅距 d，莫尔条纹便相应移动一个莫尔条纹宽度 W，其方向与两光栅尺相对移动的方向垂直，且当两光栅尺相对移动的方向改变时，莫尔条纹移动的方向也随之改变。

根据上述莫尔条纹的特性，假如我们在莫尔条纹移动的方向上开 4 个观察窗口 A，B，C，D，且使这 4 个窗口两两相距 1/4 莫尔条纹宽度，即 $W/4$。由上述讨论可知，当两光栅尺相对移动时，莫尔条纹随之移动，从 4 个观察窗口 A，B，C，D 可以得到 4 个在相位上

依次超前或滞后(取决于两光栅尺相对移动的方向)1/4 周期(即 $\pi/2$)的近似于余弦函数的光强度变化过程,用 L_A,L_B,L_C,L_D 表示,见图 8-41(c)。若采用光敏元件来检测,光敏元件把透过观察窗口的光强度变化 L_A,L_B,L_C,L_D 转换成相应的电压信号 V_A,V_B,V_C,V_D。根据这 4 个电压信号,可以检测出光栅尺的相对移动。

①位移大小的检测。莫尔条纹的移动与两光栅尺之间的相对移动是相对应的,故通过检测 V_A,V_B,V_C,V_D 这 4 个电压信号的变化情况,便可相应地检测出两光栅尺之间的相对移动。V_A,V_B,V_C,V_D 每变化一个周期,即莫尔条纹每变化一个周期,表明两光栅尺相对移动了一个栅距的距离;若两光栅尺之间的相对移动不到一个栅距,因 V_A,V_B,V_C,V_D 是余弦函数,故根据这 4 个电压信号之值也可以计算出其相对移动的距离。

②位移方向的检测。在图 8-41(a)中,若标尺光栅固定不动,指示光栅沿正方向移动,这时,莫尔条纹相应地沿向下的方向移动,透过观察窗口 A 和 B,光敏元件检测到的光强度变化过程 L_A 和 L_B 及输出的相应的电压信号 V_A 和 V_B,如图 8-41(a)所示,在这种情况下,V_A 滞后 V_B 的相位为 $\pi/2$;反之,若标尺光栅固定不动,指示光栅沿负方向移动,这时,莫尔条纹则相应地沿向上的方向移动,透过观察窗口 A 和 B,光敏元件检测到的光强度变化过程 L_A 和 L_B 及输出的相应的电压信号 V_A 和 V_B 如图 8-41(b)所示,在这种情况下,V_A 超前 V_B 的相位为 $\pi/2$。因此,根据 V_A 和 V_B 两信号相互间的超前和滞后关系,便可确定出两光栅尺之间的相对移动方向。

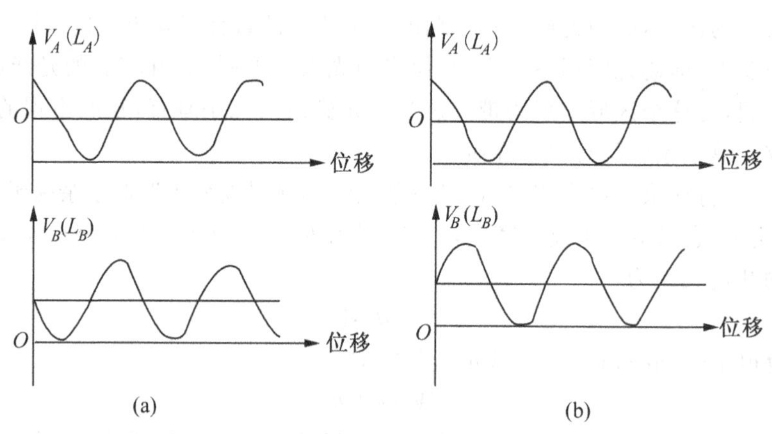

图 8-41　光栅的位移检测原理图

③速度的检测。两光栅尺的相对移动速度决定着莫尔条纹的移动速度,即决定着透过观察窗口的光强度的频率,因此,通过检测 V_A,V_B,V_C,V_D 的变化频率就可以推断出两光栅尺的相对移动速度。

8.7.3　光栅信息处理及应用实例

在实际应用中,常常需要将两光栅尺的相对位移表达成易于辨识和应用的数字脉冲量,因此,光栅读数头输出的电压信号还必须经过进一步的信息处理,转换成所需的数字脉冲形式。光栅信息处理一般要经过放大、整形、鉴向倍频三个环节。其中,放大与整形环节与一般系统中采用的原理及结构无多大差别,主要是用以求得电压与功率的放大以及波形的规整。而鉴向倍频线路的功能有两个：一是鉴别方向，即根据整形环节输出的两路方波信号 A 和 B 的相位关系确定出工作台的移动方向；二是将 A 和 B 两路信号进行脉冲倍频，这样可提高光栅测量装置的分辨率。

图 8-42 给出了一种用于光栅信息处理的线路框图。它由光栅信号检测电路、辩向细分电路、位置计数电路 3 部分组成。光栅信号检测电路由光敏三极管和比较器组成。由比较器输出的信号整形后送到辨向细分电路中，芯片 7495 的接收脉冲由单片机提供，7495 输出信号经过或门与门后送由 2 片 74193 串联组成的 8 位计数器，单片机通过 $P1$ 口接受 74193 输出的 8 位数据，得到光栅位置。

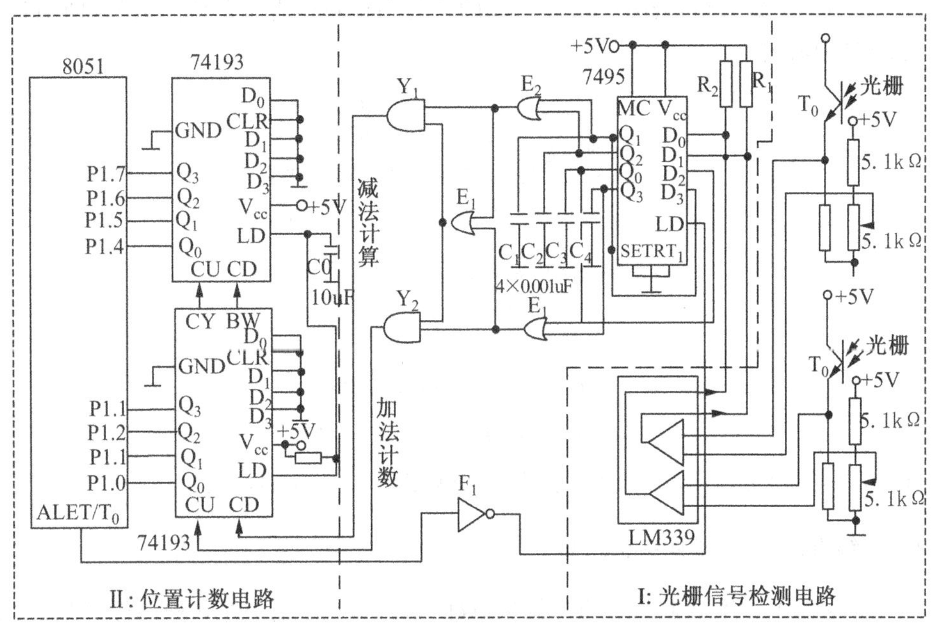

图 8-42 一种光栅信息处理的原理图

由于光栅信号相差 90°，当光栅正向移动时，一个周期内，两相信号共有 4 次相对变化即一个周期内实现 4 次加法计数因此实现了正转四倍频计数。同理，当光栅反向移动时，一个周期内实现 4 次减法计数因此实现了反转四倍频计数。

8.8 位置敏感探测器

位置敏感探测器(Position Sensitive Detector，PSD)是一种新型的光电器件，可将光敏面上的光点位置转化为电信号，实现器件对入射光位置的敏感。根据所传感的位置坐标维数，PSD 分一维和二维两类。

8.8.1 一维 PSD 的结构和工作原理

PSD 的工作原理基于横向光电效应，图 8-43 显示了其结构。PSD 由三层构成，最上一层是 P 层，下层是 N 层，中间插入一较厚的高阻 I 层。I 层耗尽区宽，结电容小，光生载流子几乎全部都在 I 层耗尽区中产生，没有扩散分量的光电流，因此响应速度比普通 PN 结光电二极管要快得多。当 PSD 表面受到光照射时，在光斑位置处产生与光能量成正比例的电子—空穴对，流过 P 层电阻，分别从设置在 P 层相对的两个电极上输出光电流 I_1 和 I_2。由于 P 层电阻是均匀的，电极输出的光电流反比于入射光斑位置到各自电极之间的距离，光电流 I_1 和 I_2 可以用下面方式表示(假设坐标原点选在 PSD 中心时)：

$$\begin{aligned} I_1 &= I_1(L-X_A)/2L \\ I_2 &= I_0(L+X_A)/2L \end{aligned} \tag{8-43}$$

实际应用中，由于光源光功率的波动及光源与 PSD 间距离的变化，I_0 并不是一个恒定值，为了消除 I_0 的影响，通常把输出电流的差与和相除作为位置检测信号，即当坐标原点选在 PSD 中心时：

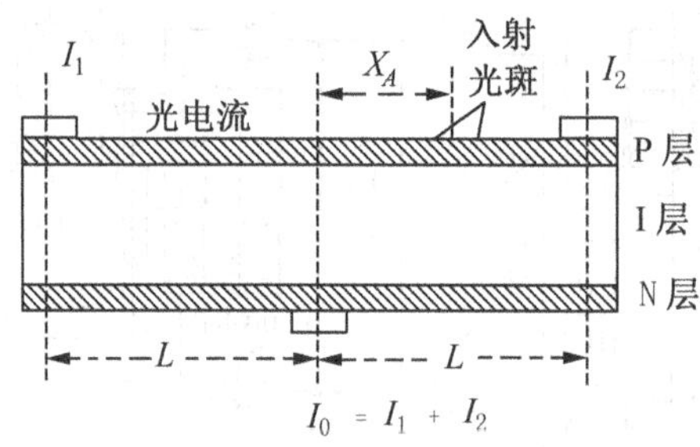

图 8-43　一维 PSD 的结构

$$X_A = L(I_2 - I_1)/(I_2 + I_1) \tag{8-44}$$

所以，只要检测出 I_1 和 I_2 的大小，即可以算出光点所在的位置。

8.8.2　二维方形 PSD 器件结构原理

根据器件结构，二维 PSD 有四边形结构、双面结构和枕形结构等几种。我们以二维四边形 PSD 器件为例介绍工作原理。二维四边形 PSD 器件在 X、Y 两个方向上的感光层是独立的，分别感受 X、Y 方向光点位置的变化，其原理示意图如图 8-44 所示。基于相同的工作原理，可以导出二维方形 PSD 器件的位置参数与电极上的电流关系表达式(坐标原点为器件中心)：

$$\begin{aligned} (I_2 - I_1)/(I_2 + I_1) &= X/L \\ (I_3 - I_4)/(I_3 + I_4) &= Y/L \end{aligned} \tag{8-45}$$

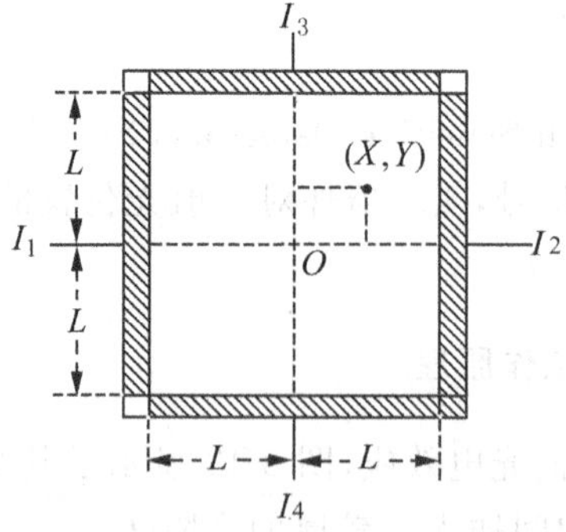

图 8-44　二维 PSD 原理示意图

8.8.3　PSD器件非线性

实验发现，PSD器件存在着电流对位置响应的非线性。这也是PSD的主要不足之处。它的线性度主要取决于在制造过程中表面扩散层和底层材料电阻率的均匀性，以及有效的感光面积等多种因素，而且非线性并没有准确的公式作为依据。一般而言，在距离器件中心2/3的范围内的线性度较好。越靠近边缘线性度越差。因此在实际应用中应尽量选用线性度较好的区域，使其非线性限制在最小。图8-45介绍了一种对二维PSD信号处理及非线性修正的方案。二维PSD输出的微弱电流 $I_1 \sim I_4$，分别经过I/V转换后，由高准确度低热零点漂移运算放大器A放大到A/D变换器所要求的电压范围，由模拟开关控制，轮流选通其中一路信号，由A/D转换器转化为数字信号，送到AT89C55的P1口，供CPU采集。可通过键盘控制编程模式实现对不同结构型号传感器的非线性标定。

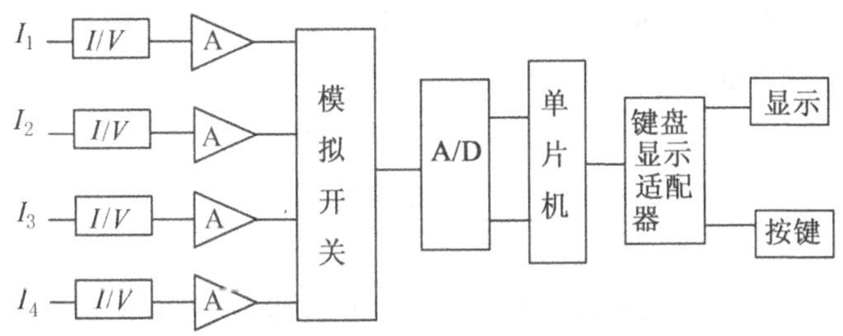

图8-45　二维PSD信号处理及非线性修正原理图

8.8.4　PSD的应用

PSD不像传统的硅光电探测器只能作为光电转换、光电耦合、光接收和光强测量等方面的应用，而能直接用来测量位置、距离、高度、角度和运动轨迹等。不像固态图像传感器的测量表面由于敏感单元有一定大小而存在死区，PSD光敏面内无盲区。所以PSD正日益引起人们的重视，在位置、位移、距离、角度及其相关量的检测中获得越来越广泛的应用。

这里介绍用三角测量法结合PSD实现微小厚度变化量测量的原理。三角测量法可以分为斜射法和直射法两种。斜射法是入射光束与被测表面法线成一锐角，而直射法是入射光束垂直于被测表面。这两种方法各有优缺点：斜射法的测量准确度高于直射法，因而在要求较高准确度的测量时应首先考虑斜射法。直射法光斑较小，光强集中，不会因被测面不垂直而扩大光照面上的亮斑，因而对于表面较粗糙、处于振动中的被测对象，干扰误差小。

斜射三角法的测量原理如图8-46所示，激光器发出的一激光束，经会聚镜后，入射到被测物体表面。由于反射一般为漫反射，经被测表面后的散射光呈一小光斑，该光斑经成像镜后成像在光电位置传感器PSD的光敏面上，再经过光电转换得到电信号，由透镜成像公式可以推算出成像光点的位置与厚度的变化关系式，通过对电信号的分析、计算，最终实现厚度变化量的测量。

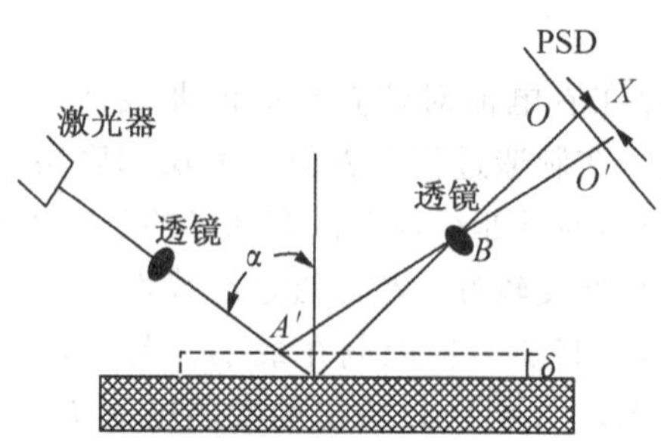

图 8-46　斜射三角法的测量原理

激光以入射角 α 入射到被测物体表面点 A，由成像透镜把点成像在 PSD 上 O 处，若物体厚度变化为 δ，则入射光射到表面点 A'，并成像于 PSD 上的 O'点，O'点偏离 O 点的位移为 X，则由相似三角形的关系可以推出：

$$\Delta AA'B \cong \Delta OO'B$$

$$\text{所以}:\delta = X\frac{AB}{OB}\cos\alpha$$

系统固定后 α、$\frac{AB}{OB}$均为确定值，位移量 δ 可通过 PSD 测出 X 后由上式计算得到。

8.9　光电图像传感器件

能够将二维光强分布的光学图像转换为一维时序电信号的传感器称为图像传感器。目前常用的光电图像传感器件主要有电荷耦合图像传感器(CCD)和金属氧化物半导体(CMOS)图像传感器件。

8.9.1　电荷耦合图像传感器

电荷耦合器件(Charge Couple Device，简称 CCD)是一种大规模 MOS(金属一氧化物一半导体)结构集成电路器件。它的特点是以电荷作为信号，其图像传感的过程即电荷的产生、存储、转移和检测的过程。CCD 光电图像传感器自 1970 年问世以来，由于其独特的性能而发展迅速，广泛应用于自动控制和自动测量，尤其适用于图像识别技术。

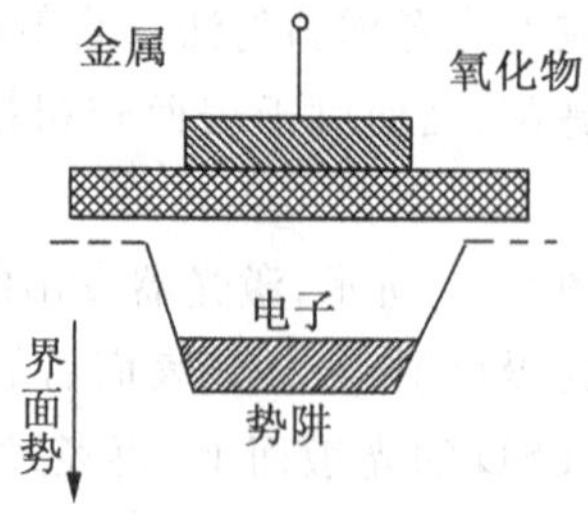

图 8-47　MOS 电容器基本结构

8.9.1.1　CCD图像传感器的基本工作原理

CCD的最基本结构是一系列彼此非常靠近的MOS电容器，与其他常见电容器一样，MOS电容器也能够存储电荷。假设MOS电容器中的半导体是P型硅，当在金属电极上施加一个正电压时，在其电极下形成所谓耗尽层，由于电子在那里势能较低，形成了电子的“势阱”，成为蓄积电荷的场所。这些电容器用同一半导体衬底制成，衬底上面履盖一层氧化层，并在其上制作许多金属电极，各电极按三相（也有二相和四相）配线方式连接，如图8-48(a)所示。图(b)、(c)为三相CCD时钟电压与电荷转移的关系。当电压从φ_1相移到φ_2相时，φ_1相电极下势阱消失，φ_2相电极下形成势阱。这样储存于φ_1相电极下势阱中的电荷移到邻近的φ_2相电极下势阱中，实现电荷的耦合与转移。

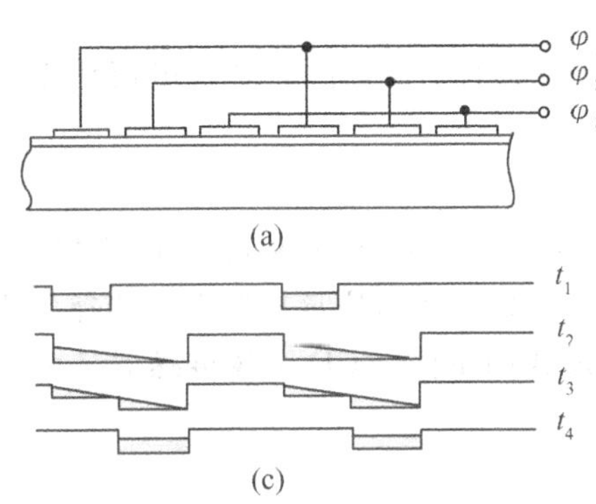

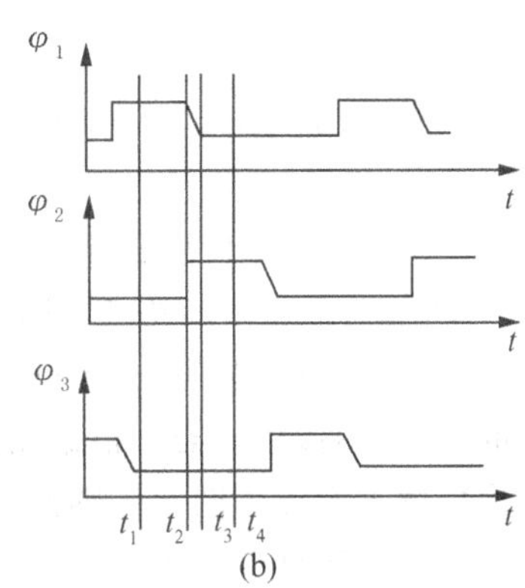

图8-48　三相CCD时钟电压与电荷转移

CCD图像传感器的信号电荷是由光信号注入产生的。以P衬底半导体材料为例，当光信号照射到CCD硅片表面时，在加有电压的栅极附近的半导体体内产生电子—空穴对，其多数载流子（空穴）被排斥进入衬底，而少数载流子（电子）则被收集在势阱中，形成信号电荷存储起来。存储电荷的多少正比于照射的光强。

为了将CCD中的信号电荷变换为电流或电压输出，以检测信号电荷的大小。CCD要有一个输出结构。电荷输出结构有多种形式，如电流输出结构、浮置扩散输出结构、浮置栅输出结构等。下面简单介绍电流输出结构：它由输出栅G、输出反偏二极管、复位管和输出跟随器组成，这些元器件均集成在CCD芯片上。VT_1和VT_2为MOS场效应晶体管。该电路的工作原理为：当VT_1截止变为低电平时，输出栅加上直流偏压，信号电荷被送到A点的电容上，使A点的电位降低。A的电压变化可从跟随器VT_2的源极测出。A点的电压化量与比输出的电荷量有一定关系。为了在检测下一个电荷包时A点电位恢复.在复位管VT的栅极再加一正脉冲复位信号VT_1导通，其漏极直流偏压加到A点。因此，检测一下电荷包，在输出端就得到一个负脉冲，该负脉冲的幅度正比于电荷包的大小。

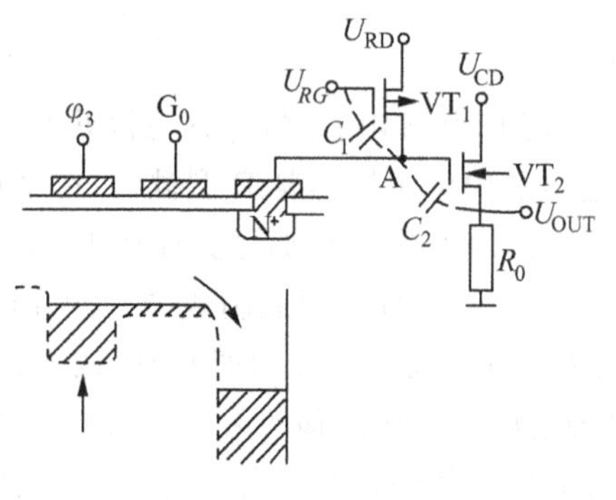

（a）选通电荷积分输出电路

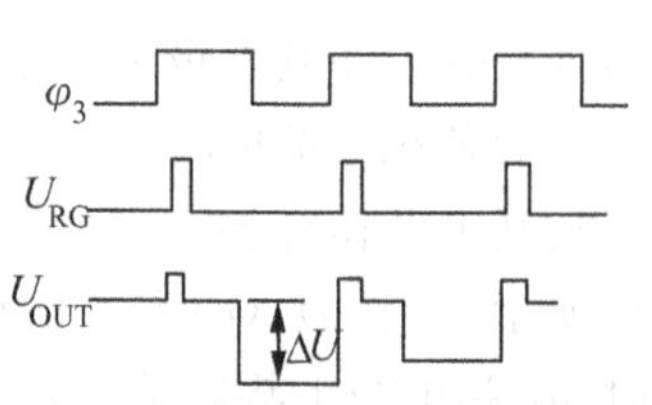

（b）驱动时钟波形和输出波形

图 8-49　电流输出结构

通过上述的 CCD 工作原理可看出，CCD 器件具有产生、存储、转移电荷和逐一读出信号电荷的功能。

8.9.1.2　CCD 图像传感器分类和应用

CCD 图像传感器按光谱范围可分为可见光 CCD、红外 CCD、X 光 CCD 和紫外 CCD。可见光 CCD 又可分为黑白 CCD、彩色 CCD 等。具体使用时应该按照需要选择合适光谱范围的 CCD 图像传感器。根据光敏元件排列形式的不同，CCD 图像传感器又可分为线阵图像传感器和面阵图像传感器两种。

(1)线阵 CCD 图像传感器

从结构上分，线阵 CCD 可分为双沟道传输与单沟道传输两种。无论哪种结构都由光敏单元阵列、移位寄存器、转移栅阵列及输出单元组成。所不同的是单沟道线阵 CCD 只有一个移位寄存器和转移栅阵列，而双沟道线阵 CCD 则有位于两侧的两个移位寄存器和转移栅阵列构成。其大致结构如图 8-50 中(a)、(b)所示。

如图 8-51 所示是某双沟道线阵 CCD 图像传感器的结构图。光敏源(像元)阵列位于传感器中央，两侧设置 CCD 移位寄存器，在它们之间设有转移控制栅。在每一个光敏元件上都有一个梳状公共电极，在光积分周期里，光敏电极电压为高电平，电量与光照强度和光积分时间成正比的光电荷存储于像敏单元的势阱中。当转移脉冲到来时，光敏单元按其所处位置的奇偶性，分别把信号电荷向两侧移位寄存器转送。同时，在 CCD 移位寄存器上加上时钟脉冲，将信号电荷从 CCD 中转移，由输出端一行行地输出。

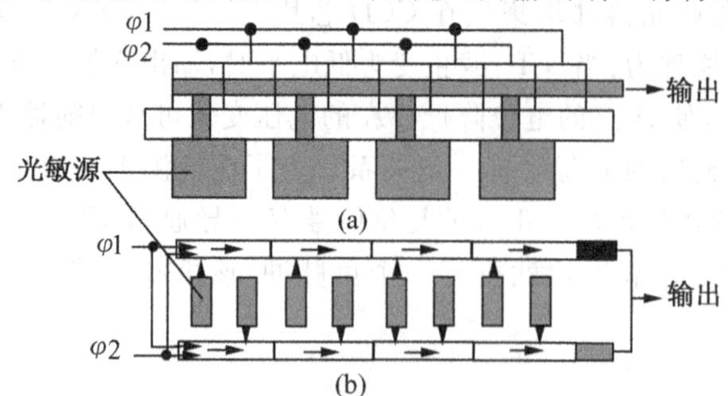

图 8-50　(a)单沟道线阵 CCD 结构原理图(b)双沟道线阵 CCD 结构原理图

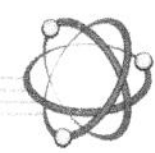

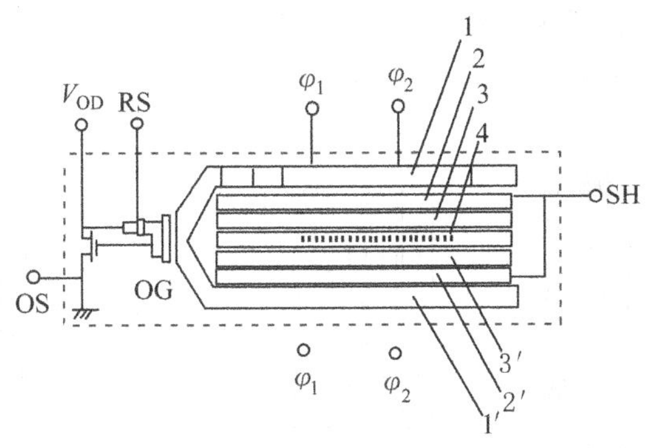

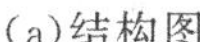
(a)结构图

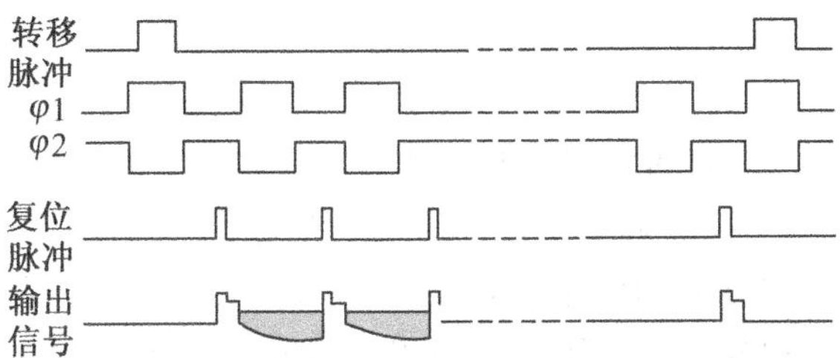

(b)控制信号

1.CCD 转移寄存器　2.转移控制栅　3.积蓄控制电极　4.PD 阵列　SH—转移控制栅输入端　RS—复位控制　VOD—漏极输出　OS—图像信号输出　OG—输出控制栅

图 8-51　双沟道线阵 CCD 图像传感器

(2)面阵 CCD 图像传感器

线阵 CCD 图像传感器可以直接接收一维光信息，但不能直接将二维图像转变为视频信号输出。而面阵 CCD 图像传感器可以直接将二维图像转变为视频信号输出。

理论上，按一定的方式将一维线型光敏单元及移位寄存器排列成二维阵列，即可以构成面阵 CCD 图像传感器。但实际上面阵 CCD 图像传感器结构比较复杂。具体有帧转移型、线转移型、隔列转移型等不同的结构。

线转移型面阵 CCD 图像传感器由行扫描发生器、感光区和输出寄存器组成如图 8-52(a)所示。感光区一行行紧密排列成面阵，每一行都有确定地址。行扫描发生器(或称行寻址电路)选中某一行后，驱动脉冲将该行的信号电荷一位位地按箭头方向转移，最终移入输出寄存器，输出寄存器亦在驱动脉冲的作用下使信号电荷经输出端输出。这种结构的面阵 CCD 图像传感器典型特点是可以根据需要控制行扫描电路实现隔行或逐行扫描，但电路比较复杂，易引起图像模糊。

帧转移型面阵 CCD 图像传感器由感光区、暂存区和水平输出移位寄存器组成如图 8-52(b)所示。感光区与暂存区的单元数目相同，暂存区和水平输出移位寄存器是被遮挡的。光积分周期里，光生电荷被收集到这些感光区的光敏单元的势阱里，光学图像变成电荷包图像。当光积分周期结束时，信号电荷迅速转移到存储区中，在行驱动脉冲的作用下，整行整行地向输出移位寄存器移动，输出移位寄存器则不断在水平方向驱动脉冲的作用下经输出端输出一行视频信号，直至输出整帧信号。当整帧视频信号自存储区移出后，就开始下一帧信号的形成。这种面型 CCD 的特点是结构简单，光敏单元密度高，但增加了存储区。

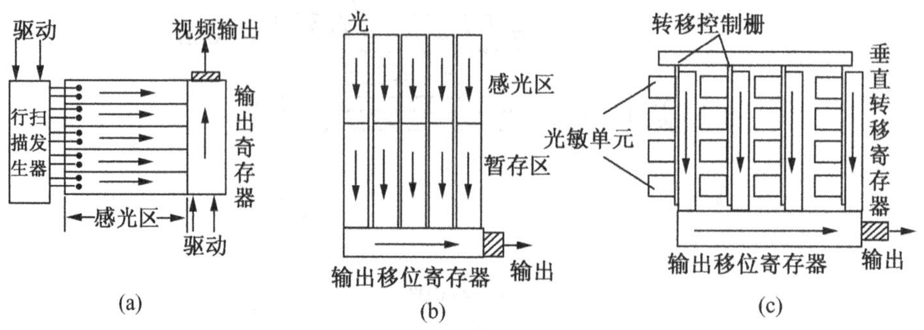

图 8-52　面阵 CCD 图像传感器

隔列转移型面阵 CCD 图像传感器是目前应用最多的一种结构如图 8-52(c)所示。感光区由一列光敏单元与一列存储单元交替排列。在光积分期间，光生电荷存储在感光区光敏单元的势阱里；光积分时间结束后，控制转移栅的电位使信号电荷进入存储区。随后，感光区继续进入光积分周期，同时存储区中整个电荷图像一行一行地向下移到水平读出移位寄存器中，经输出放大器件，在输出端得到与光学图像对应的一行行视频信号。这种结构的感光单元面积减小，图像清晰，但单元设计复杂。面型 CCD 图像传感器主要用于摄像机及测试技术。

8.9.1.2　CCD 图像传感器的应用状况

CCD 检测技术作为一种能有效实现动态跟踪的非接触检测技术，被广泛应用于尺寸、位移、表面形状检测和温度检测等领域。如由 CCD 传感器、光学成像系统、数据采集和处理系统构成的尺寸测量装置，精度高、速度快、应用方便灵活，是现有机械式、光学式、电磁式测量仪器所无法比拟的。物体的辐射光波长和强度与物体温度有着特定的关系，因此 CCD 作为一种光电转换器件，可用于温度测量，CCD 测温技术有很大的发展潜力和应用前景。目前，CCD 应用技术已成为集光学、电子学、精密机械与计算机技术为一体的综合性技术，并被广泛应用于现代光学和光电测试技术领域。事实上，凡可用胶卷和光电检测技术的地方几乎都可以应用 CCD。随着半导体材料与技术的发展，特别是超大规模集成电路技术的不断进步，CCD 图像传感器的性能也在迅速提高，将 CCD 技术、计算机图像处理技术与传统测量方法相结合，能获取被测对象的更多信息，实现快速、准确的无接触测量，显著提高测量技术水平和智能化水平，因此，CCD 技术必将以其突出的优点而在工业测控、机器视觉、多媒体技术、虚拟现实技术及其他许多领域得到越来越广泛的应用。

8.9.2　CMOS 图像传感器简介

CCD 图像传感器技术已成熟并广泛应用。但 CCD 图像传感器也有很多缺点，比如其驱动脉冲复杂，要使用相对较高的工作电压，驱动电路及信号处理电路等难以与图像传感器单芯片集成。而目前发展迅速的 CMOS 图像传感器则在很大程度上解决了这些

问题。

CMOS图像传感器的原理框图如图8-53所示。其基本结构由像元阵列、行选通逻辑、列选通逻辑、信号放大器、模拟开关等部分组成。像元按照XY方向排成阵列，每个像元可分别由行选通逻辑、列选通逻辑进行选择，在具体输出时可以控制行选通逻辑、列选通逻辑实现逐行扫描或者隔行扫描方式输出，也可以只输出某行或某列甚至某些行中的某些列的信号。每列像元对应一个列放大器，每列的信号由列选通逻辑电路选通输出至输出放大器输出。

CMOS图像传感器像敏单元结构有两种基本类型：无源像素单元PPS(passive pixel schematic)，有源像素单元APS(active pixel schematic)。有源像素单元APS又可分为光敏二极管型APS、光栅型APS。目前应用最多的是有源像敏单元结构。下图是单个象素的示意图。

复位信号脉冲控制复位管V_1导通对光电二极管(PD)充电复位。V_1关断后，光电流对PD等效电容放电，使得光电管上的电平下降，放电速度反映了光电流的大小，经过一个固定时间间隔后，电容上存留的电荷量就与光照成正比。这时就将一幅图像摄入到敏感元件阵列之中了PD上的信号经过源极跟随管V_2和行选通管V_3输出。整个系统在数字时序电路的控制下工作。

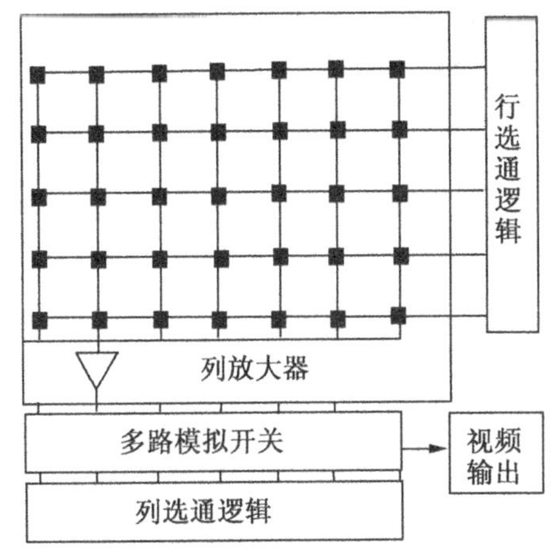

图8-53　CMOS图像传感器的原理框图

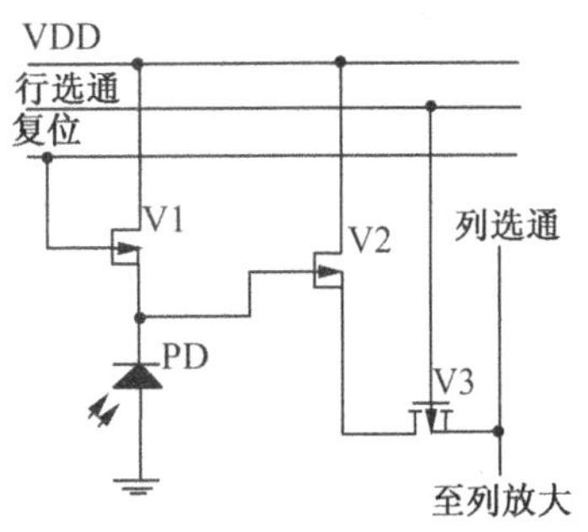

图8-54　有源像敏单元结构

目前的CMOS图像传感器已经集成有模数转换器、偏置非均匀性校正电路、随机选址电路等辅助电路。这给图像传感器提供了很多额外的功能，如偏置非均匀性校正电路可以校正各像敏单元的偏置电压，从而对弱信号检测、线性度要求高的场合有重要意义。利用随机选址电路可对图像进行随意采集。因而使CMOS图像传感器图像信号可以有3种读出模式：

(1)整个阵列逐行扫描读出，这是一种较普通的读出模式。

(2)窗口读出模式，仅读出感兴趣窗口内像元的图像信息。

(3)跳跃读出模式，每隔一定数目的像元读出，用降低分辨率为代价，允许图像取样，以增加读出速率。跳跃读出模式与窗口读出模式结合，可实现电子全景摄像、倾斜摄像和可变焦摄像。也可应用于需要快速检测的机器人等领域。

另外，为了获得质量合格的实用摄像头，芯片中必须包含各种控制电路，如曝光时间控制、自动增益控制等。为了使芯片中各部分电路按规定的节拍动作，必须使用多个时序控制信号。为了便于摄像头的应用，还要求该芯片能输出一些时序信号，如同步信号、行起始信号、场起始信号等。

CMOS 图像传感器的最大优点在于其制作采用标准的 CMOS 半导体工艺，这使得其功能增强非常容易却仍能保持较低成本。CMOS 图像传感器是一种非常有前途的传感器件。

思考与习题

1. 激光光源有哪些特点？
2. 外光电效应和内光电效应有何区别？
3. 解释光电倍增管的电子倍增效应？
4. 什么是光伏效应，常用基于光伏效应的光电传感器件有哪些？
5. 雪崩型光电二极管(APD)与普通光电二极管有何区别？
6. 简述 CCD 图像传感器件电荷的产生、存储、转移和检测的过程。

第9章　温度测量

9.1　温度概述

9.1.1　温度与温标

温度是工业生产和科学实验中一个非常重要的参数。物体的许多物理现象和化学性质都与温度有关。许多生产过程都是在一定的温度范围内进行的，需要测量温度和控制温度。随着科学技术的发展，对温度的测量越来越普遍，而且对温度测量的准确度也有更高的要求。

温度是表征物体冷热程度的物理量。温度不能直接加以测量，只能借助于冷热不同的物体之间的热交换，以及物体的某些物理性质随着冷热程度不同而变化的特性间接测量。

为了定量地描述温度的高低，必须建立温度标尺，即温标。温标就是温度的数值表示。各种温度计和温度传感器的温度数值均由温标确定。历史上提出过多种温标，如早期的经验温标（摄氏温标和华氏温标），理论上的热力学温标，当前世界通用的国际温标。热力学温标确定的温度数值为热力学温度（符号为 T），单位为开尔文（符号为 K）。

热力学温度是国际上公认的最基本温度，国际温标最终以它为准而不断完善。我国目前实行的是 1990 年国际温标（ITS-90），它同时定义国际开尔文温度（符号 ITS-90）和国际摄氏温度（t_{90}），T_{90} 和 t_{90} 之间的关系为在实际应用中，一般直接用 T 和 t 代替 T_{90} 和 t_{90}。

9.1.2　温度测量的主要方法和分类

(1)温度传感器的组成在工程中无论是简单的还是复杂的测温传感器，就测量系统的功能而言，通常由现场的感温元件和控制室的显示装置两部分组成，如图 9-1 所示。简单的温度传感器往往是温度传感器和显示组成一体的，一般在现场使用。

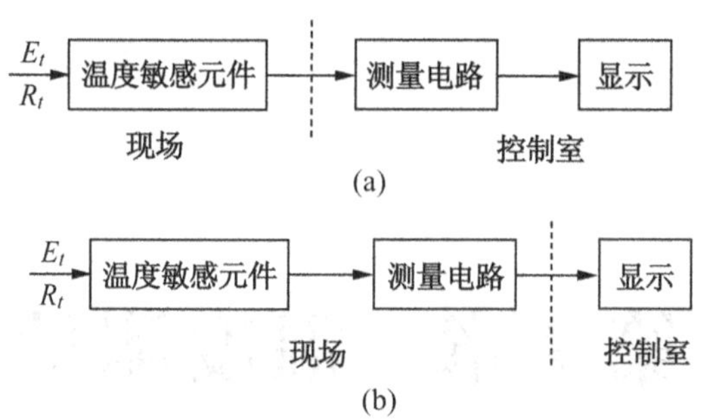

图 9-1 温度测量框图

(2)温度测量方法及分类测量方法按感温元件是否与被测介质接触,可以分成接触式与非接触式两大类。

接触式测温方法是使温度敏感元件和被测温度对象相接触,当被测温度与感温元件达到热平衡时,温度敏感元件与被测温度对象的温度相等。这类温度传感器具有结构简单,工作可靠,精度高,稳定性好,价格低廉等优点。

这类测温方法的温度传感器主要有:基于物体受热体积膨胀性质的膨胀式温度传感器,

基于导体或半导体电阻值随温度变化的电阻式温度传感器,基于热电效应的热电偶温度传感器。

非接触式测温方法是应用物体的热辐射能量随温度的变化而变化的原理。物体辐射能量的大小与温度有关,并且以电磁波形式向四周辐射,当选择合适的接收检测装置时,便可测得被测对象发出的热辐射能量并且转换成可测量和显示的各种信号,实现温度的测量。这类测温方法的温度传感器主要有光电高温传感器、红外辐射温度传感器、光纤高温传感器等(详见其他章节)。非接触式温度传感器理论上不存在热接触式温度传感器的测量滞后和在温度范围上的限制,可测高温、腐蚀、有毒、运动物体及固体、液体表面的温度,不干扰被测温度场,但精度较低,使用不太方便。

9.2 膨胀式温度传感器

根据液体、固体、气体受热时产生热膨胀的原理,这类温度传感器有液体膨胀式、固体膨胀式和气体膨胀式。

9.2.1 液体膨胀式

在有刻度的细玻璃管里充入液体(称为工作液,如水银、酒精等)构成液体膨胀式温度计。常用的有水银玻璃温度计和电接点式温度计,这种温度计远不能算传感器,它只能就地指示温度。

电接点式温度计可对设定的某一温度发出开关信号或进行位式控制,有固定式和可调式两种。如可调电接点式温度计,其中一根铂丝接在毛细管下部固定处,另一根铂丝根

据设定温度可以上下移动，当升至设定温度时，铂丝与水银柱接通，反之断开，这种既可指示，又能发出通断信号，常用于温度测量和双位控制。

9.2.2　固体膨胀式

固体膨胀式是以双金属元件作为温度敏感元件受热而产生膨胀变形来测温的。它由两种线膨胀系数不同的金属紧固结合而成双金属片，为提高灵敏度常作成螺旋形。如双金属温度计。

螺旋形双金属片一端固定，另一端连接指针轴，当温度变化时，双金属片弯曲变形，通过指针轴带动指针偏转显示温度。它常用于测量－80℃～600℃范围的温度，抗震性能好，读数方便，但精度不太高，用于工业过程测温、上下限报警和控制。

9.2.3　气体膨胀式

气体膨胀式是利用封闭容器中的气体压力随温度升高而升高的原理来测温的，利用这种原理测温的温度计又称压力计式温度计，如图9-2所示。温包、毛细管和弹簧管三者的内腔构成一个封闭容器，其中充满工作物质（如气体常为氮气），工作物质的压力经毛细管传给弹簧管，使弹簧管产生变形，并由传动机构带动指针，指示出被测温度的数值。

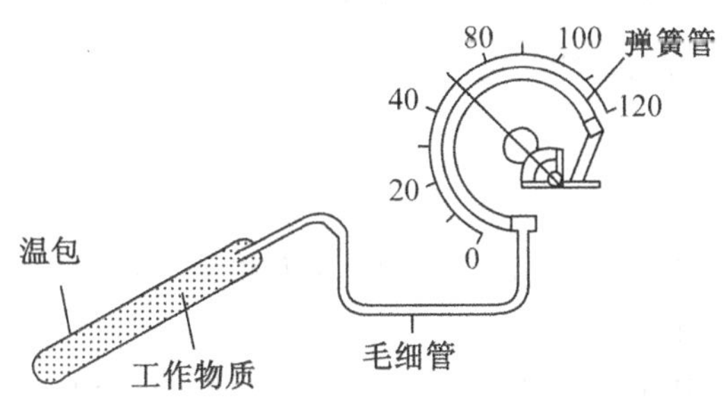

图9-2　压力式温度计

压力温度计结构简单、抗振及耐腐蚀性能好，与微动开关组合可作温度控制器用，但它的测量距离受毛细管长度限制，一般充液体可达20m，充气体或蒸汽可达60m。

9.3　热电偶传感器

热电偶是工程上应用最广泛的温度传感器。它构造简单，使用方便，具有较高的准确度、稳定性及复现性，温度测量范围宽，在温度测量中占有重要的地位。

9.3.1　热电偶测温原理

两种不同的导体（或半导体）组成一个闭合回路，如图9-3所示。

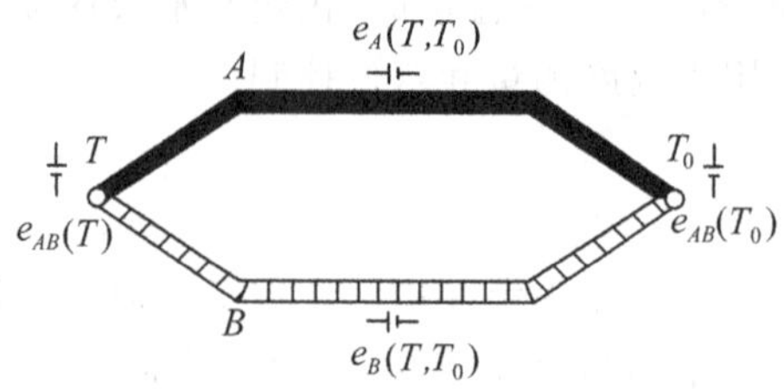

图 9-3　热电效应示意图

导体或半导体的组合称为热电偶。两个接点，一个称工作端，又称测量端或热端，测温时将它置于被测介质中；另一个称自由端，又称参考端或冷端。

$$E_{AB}(T)=\frac{KT}{e}\ln\frac{N_{AT}}{N_{BT}}$$

在图 9-3 所示的回路中，所产生的热电势由两部分组成：温差电势和接触电势。接触电势是由于两种不同导体的自由电子密度不同而在接触处形成的电动势。两种导体接触时，自由电子由密度大的导体向密度小的导体扩散，在接触处失去电子的一侧带正电，得到电子的一侧带负电，形成稳定的接触电势。如图 9-4 所示。接触电势的数值取决于两种不同导体的性质和接触点的温度。两接点的接触电势 $E_{AB}(T)$ 和 $E_{AB}(T_0)$ 可表示为：

$$E_{AB}(T_0)=\frac{KT_0}{e}\ln\frac{N_{AT_0}}{N_{BT_0}} \tag{9-1}$$

式中：K——波尔兹曼常数；

e——单位电荷电量；

N_{AT}、N_{BT} 和 N_{AT0}、N_{BT0}——分别在温度为 T 和 T_0 时，导体 A、B 的电子密度。

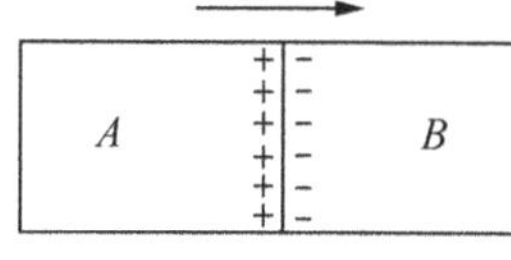

图 9-4　接触电动势

温差电势是同一导体的两端因其温度不同而产生的一种热电势。同一导体的两端温度不同时，高温端的电子能量要比低温端的电子能量大，因而从高温端跑到低温端的电子数比从低温端跑到高温端的要多，结果高温端因失去电子而带正电，低温端因获得多余的电子而带负电，因此，在导体两端便形成电势，其大小由下面公式给出：

$$E_A(T,T_0)=\frac{K}{e}\int_{T_0}^{T}\frac{1}{N_{AT}}\cdot\frac{\mathrm{d}(N_{AT}\cdot t)}{\mathrm{d}t}\mathrm{d}t \tag{9-2}$$

式中：N_{AT} 和 N_{BT} 分别为 A 导体和 B 导体的电子密度，是温度的函数。

$$E_B(T,T_0)=\frac{K}{e}\int_{T_0}^{T}\frac{1}{N_{BT}}\cdot\frac{\mathrm{d}(N_{BT}\cdot t)}{\mathrm{d}t}\mathrm{d}t \tag{9-3}$$

热电偶回路中产生的总热电势为

$$E_{AB}(T,T_0)=E_{AB}(T)+E_B(T,T_0)-E_{AB}(T_0)-E_A(T,T_0) \tag{9-4}$$

在总热电势中，温差电势比接触电势小很多，可忽略不计，热电偶的热电势可表示为

$$E_{AB}(T,T_0)=E_{AB}(T)-E_{AB}(T_0) \tag{9-5}$$

对于已选定的热电偶，当参考端温度 T_0 恒定时，$E_{AB}(T_0)=c$ 为常数，则总的热电动势就只与温度 T 成单值函数关系，即

$$E_{AB}(T,T_0)=E_{AB}(T)-c=f(T) \tag{9-6}$$

实际应用中，热电势与温度之间关系是通过热电偶分度表来确定的。分度表是在参考端温度为 0℃时，通过实验建立起来的热电势与工作端温度之间的数值对应关系。用热电偶测温，还要掌握热电偶基本定律。下面引述几个常用的热电偶定律。

9.3.2　热电偶基本定律

9.3.2.1　中间导体定律

利用热电偶进行测温，必须在回路中引入连接导线和仪表，接入导线和仪表后会不会影响回路中的热电势呢？

中间导体定律：在热电偶测温回路内，接入第三种导体，只要其两端温度相同，则对回路的总热电势没有影响。

如图 9-5 所示，由于温差电势可忽略不计，则回路中的总热电势等于各接点的接触电势之和。即：

$$E_{ABC}(T,T_0)=E_{AB}(T)+E_{BC}(T_0)+E_{CA}(T_0) \tag{9-7}$$

当 $T=T_0$ 时，有 $E_{ABC}(T,T_0)=0$，故可以得到：

$$E_{AB}(T_0)=-E_{BC}(T_0)-E_{CA}(T_0) \tag{9-8}$$

将(9-7)式代入(9-6)式中得：

$$E_{ABC}(T,T_0)=E_{AB}(T)-E_{AB}(T_0)=E_{AB}(T,T_0) \tag{9-9}$$

同理，加入第四、第五种导体后，只要加入的导体两端温度相等，同样不影响回路中的总热电势。图 9-6 为测量仪表及引线作为第三种导体的热电偶回路示意图，由于仪表端两条端线的温度相同，所以仪表的引入不会对原热电势的值产生影响。

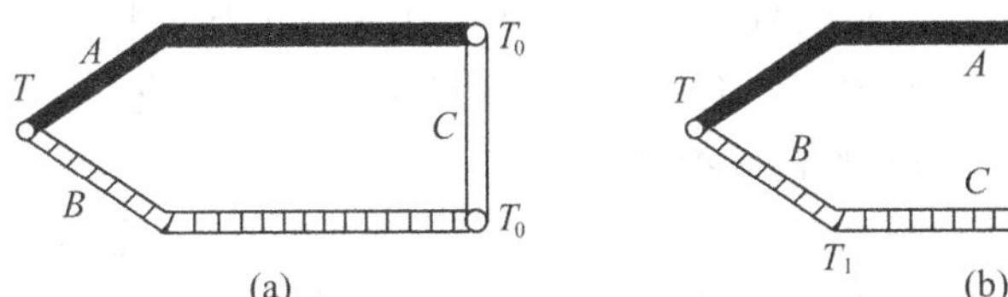

图 9-5　中间导体定律

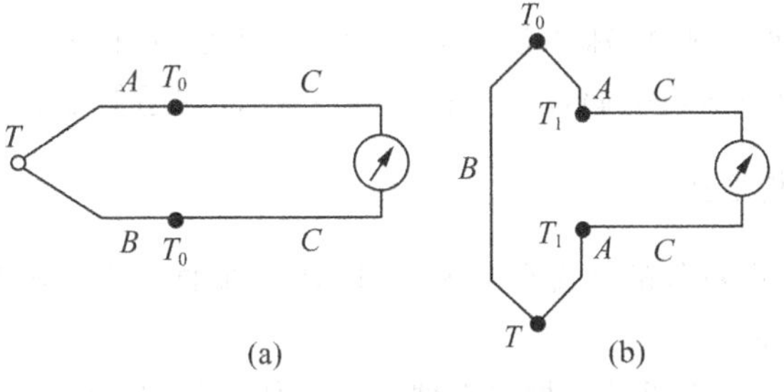

图 9-6　带仪表的热电偶回路

9.3.2.2　标准电极定律

如图 9-7 所示，若两种导体 A、B 分别与第三种导体 C(常称为标准电极)组成热电偶，已经知道 C 与任意导体配对时的热电势，那么在相同温度下，AB 导体组成的热电偶的电动势满足公式：

$$E_{AB}(T,T_0)=E_{AC}(T,T_0)-E_{BC}(T,T_0) \tag{9-10}$$

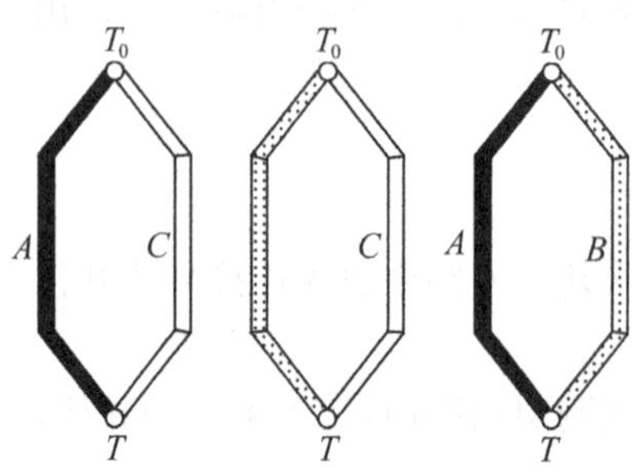

图 9-7　标准电极定律

通常选用高纯铂丝作标准电极。只要测得它与各种金属组成的热电偶的热电动势，则各种金属间相互组合成热电偶的热电动势就可根据标准电极定律计算出来。

9.3.2.3　均质导体定律

由一种均质导体组成的闭合回路中，不论导体的截面和长度如何以及各处的温度分布如何，都不能产生热电势。这条定理说明，热电偶必须由两种不同性质的均质材料构成。

9.3.3　热电偶类型

理论上讲，任何两种不同材料的导体都可以组成热电偶，但为了准确可靠地测量温度，对组成热电偶的材料必须经过严格的选择。工程上用于热电偶的材料应满足以下条件：热电势变化尽量大，热电势与温度关系尽量接近线性关系，物理、化学性能稳定，易加工，复现性好，便于成批生产，有良好的互换性。

实际上并非所有材料都能满足上述要求。目前在国际上被公认比较好的热电材料只有几种。国际电工委员会(IEC)向世界各国推荐 8 种标准化热电偶，所谓标准化热电偶，它已列入工业标准化文件中，具有统一的分度表。我国从 1988 年开始采用 IEC 标准生产热电偶。

另外，目前还生产一些特殊用途的热电偶，以满足特殊测温的需要。如用于测量 3800℃超高温的钨镍系列热电偶，用于测量 2K～273K 的超低温的镍铬-金铁热电偶等。

9.3.4　热电偶的结构形式

为了适应不同生产对象的测温要求和条件，热电偶的结构形式有普通型热电偶、铠装型热电偶和薄膜热电偶等。

(1)普通型热电偶　普通型结构热电偶工业上使用最多，如图 9-8 所示它一般由热电极、绝缘套管、保护管和接线盒组成，普通型热电偶按其安装时的连接形式可分为固定螺纹连接、固定法兰连接、活动法兰连接、无固定装置等多种形式。

(2)铠装热电偶　铠装热电偶又称套管热电偶。它是由热电偶丝、绝缘材料和金属套管三者经拉伸加工而成的坚实组合体，如图 9-9 所示。它可以做得很细很长，使用中随需要能任意弯曲。铠装热电偶的主要优点是测温端热容量小，动态响应快，机械强度高，挠性好，可安装在结构复杂的装置上，因此被广泛用在许多工业部门中。

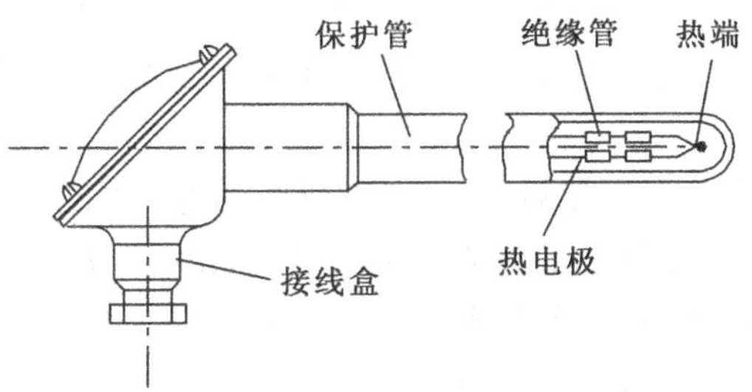

图 9-8 普通型热电偶

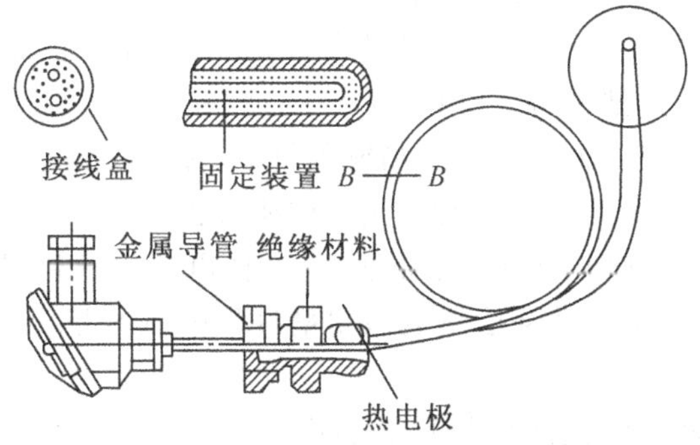

图 9-9 铠装热电偶

(3)薄膜热电偶 薄膜热电偶是由两种薄膜热电极材料，用真空蒸镀、化学涂层等办法蒸镀到绝缘基板上面制成的一种特殊热电偶，如图 9-10 所示。薄膜热电偶的热接点可以做得很小(可薄到 0.01～0.1μm)，具有热容量小，反应速度快等的特点，热相应时间达到微秒级，适用于微小面积上的表面温度以及快速变化的动态温度测量。

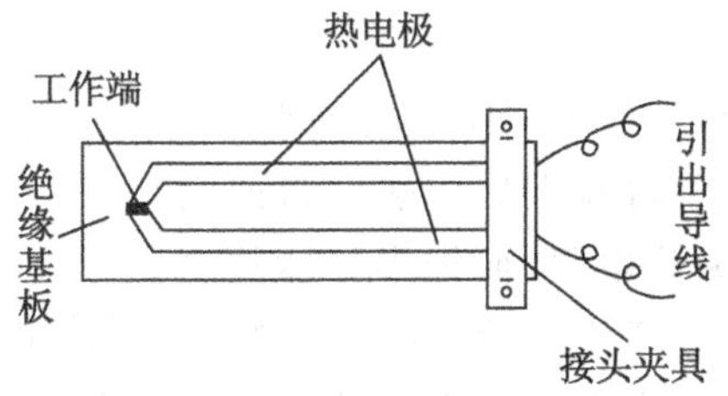

图 9-10 薄膜热电偶

9.3.5 热电偶的补偿导线及参考端温度补偿方法

从热电偶测温基本公式可以看到，对某一种热电偶来说热电偶产生的热电势只与工作端温度 T 和自由端温度 T_0 有关，即：

$$E_{AB}(T,T_0)=E_{AB}(T)-E_{AB}(T_0) \tag{9-11}$$

热电偶的分度表是以 $T_0=0$℃作为基准进行分度的，而在实际使用过程中，参考端温度往往不为0℃，那么工作端温度为 T 时，分度表所对应的热电势 $E_{AB}(T,0)$ 与热电偶实际产生的热电势 $E_{AB}(T,T_0)$ 之间的关系可根据中间温度定律得到下式：

$$E_{AB}(T,0)=E_{AB}(T,T_0)+E_{AB}(T_0,0) \tag{9-12}$$

由此可见，$E_{AB}(T_0,0)$ 是参考端温度 T_0 的函数，因此需要对热电偶参考端温度进行处理。

(1)热电偶补偿导线　在实际测温时，需要把热电偶输出的电势信号传输到远离现场数十米的控制室里的显示仪表或控制仪表，这样参考端温度 T_0 也比较稳定。热电偶一般做得较短需要用导线将热电偶的冷端延伸出来。工程中采用一种补偿导线，它通常由两种不同性质的廉价金属导线制成，而且在0～100℃温度范围内，要求补偿导线和所配热电偶具有相同的热电特性。

(2)参考端温度修正法　采用补偿导线可使热电偶的参考端延伸到温度比较稳定的地方，但只要参考端温度不等于0℃，需要对热电偶回路的电势值加以修正，修正值为 $E_{AB}(T_0,0)$。经修正后的实际热电势，可由分度表中查出被测实际温度值

(3)参考端0℃恒温法　在实验室及精密测量中，通常把参考端放入装满冰水混合物的容器中，以便参考端温度保持0℃，种方法又称冰浴法。

(4)参考端温度自动补偿法(补偿电桥法)　补偿电桥法是利用不平衡电桥产生的不平衡电压作为补偿信号，来自动补偿热电偶测量过程中因参考端温度不为0℃或变化而引起热电势的变化值。

例　用镍铬—镍硅热电偶测量加热炉温度。已知冷端温度 $t_0=30$℃，测得热电势 $E_{AB}(t,t_0)$ 为33.29mV，求加热炉温度。

解　查镍铬—镍硅热电偶分度表得 $E_{AB}(30,0)=1.203$mV。可得

$$E_{AB}(t,0)=E_{AB}(t,t_0)+E_{AB}(t_0,0)=33.29+1.203=34.493\text{mV}$$

由镍铬—镍硅热电偶分度表得 $t=829.8$℃。

9.4　热电阻传感器

热电阻传感器是利用导体或半导体的电阻值随温度变化而变化的原理进行测温的。热电阻传感器分为金属热电阻和半导体热电阻两大类，一般把金属热电阻称为热电阻，而把半导体热电阻称为热敏电阻。热电阻广泛用来测量－200℃～＋850℃范围内的温度，少数情况下，低温可测量至1K，高温达1000℃。标准铂电阻温度计的精确度高，并作为复现国际温标的标准仪器。热电阻传感器由热电阻、连接导线及显示仪表组成，如图9-11所示。热电阻也可与温度变送器连接，转换为标准电流信号输出。

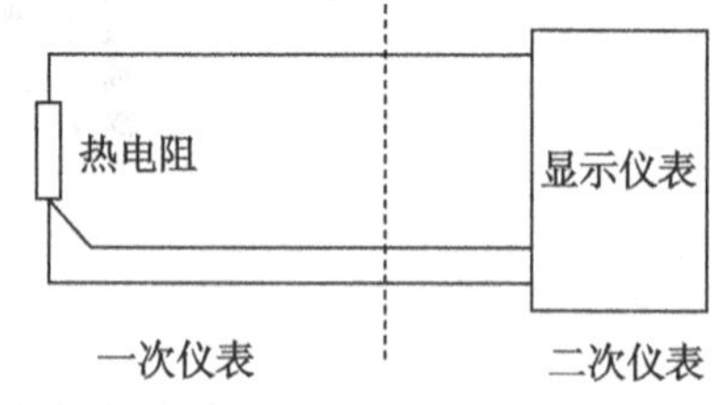

图9-11　热电阻测温

9.4.1 常用热电阻

用于制造热电阻的材料应具有尽可能大和稳定的电阻温度系数和电阻率，电阻和温度关系（R—t）最好成线性，物理化学性能稳定，复现性好等。目前最常用的热电阻有铂热电阻和铜热电阻。

（1）铂热电阻

铂热电阻的特点是精度高、稳定性好、性能可靠，所以在温度传感器中得到了广泛应用。按 IEC 标准，铂热电阻的使用温度范围为－200℃～＋850℃。

铂热电阻的特性方程分为下面两种情况：

在－200℃～0℃的温度范围内：

$$R_t=R_0[1+At+Bt^2+Ct^3(t-100)] \tag{9-13}$$

在 0℃～850℃的温度范围内：

$$R_t=R_0(1+At+Bt^2) \tag{9-14}$$

其中 R_t 和 R_0 分别为 t℃和 0℃时铂电阻值；A、B 和 C 为常数。

在 ITS-90 标准中，这些常数规定为：

$$A=3.9083\times10^{-13}/℃$$

$$B=-5.775\times10^{-7}/℃^2$$

$$C=-4.183\times10^{-12}/℃^4$$

从上式看出，热电阻在温度 t 时的电阻值与 R_0 有关。目前我国规定工业用铂热电阻有 $R_0=10\Omega$ 和 $R_0=100\Omega$ 两种，它们的分度号分别为 P_{t10} 和 P_{t100}，其中以 P_{t100} 为常用。铂热电阻不同分度号亦有相应分度表，即 R_t—t 的关系表，这样在实际测量中，只要测得热电阻的阻值 R_t，便可从分度表上查出对应的温度值。P_{t100} 的分度表见表 9-1。铂热电阻中的铂丝纯度用电阻比 W_{100} 表示，它是铂热电阻在 100℃时电阻值 R_{100} 与 0℃时电阻值 R_0 之比。按 IEC 标准，工业使用的铂热电阻的 $W_{100}>1.3850$。

表 9-1 **P_{t100} 分度表**

分度号：S （参考端温度为 0℃）

测量端温度/℃	0	10	20	30	40	50	60	70	80	90
	热电动势/mV									
0	0.000	0.055	0.113	0.173	0.235	0.299	0.365	0.432	0.502	0.573
100	0.645	0.719	0.795	0.872	0.950	1.029	1.109	1.190	1.273	1.356
200	1.440	1.525	1.611	1.698	1.785	1.873	1.962	2.051	2.141	2.232
300	2.323	2.414	2.506	2.599	2.692	2.786	2.880	2.974	3.069	3.164
400	3.260	3.356	3.452	3.549	3.645	3.743	3.840	3.938	4.036	4.135
500	4.234	4.333	4.432	4.532	4.632	4.732	4.832	4.933	5.034	5.136
600	5.237	5.339	5.442	5.544	5.648	5.751	5.855	5.960	6.064	6.169

续表

700	6.274	6.380	6.486	6.592	6.699	6.805	6.913	7.020	7.128	7.236
800	7.345	7.454	7.563	7.672	7.785	7.892	8.003	8.114	8.225	8.336
900	8.448	8.560	8.673	8.786	8.899	9.012	9.126	9.240	9.355	9.470
1000	9.585	9.700	9.816	9.932	10.048	10.165	10.282	10.400	10.517	10.635
1100	10.754	10.872	10.991	11.110	11.229	11.348	11.467	11.587	11.707	11.827
1200	11.947	12.067	12.188	12.308	12.429	12.550	12.671	12.792	12.913	13.034
1300	13.155	13.276	13.397	13.519	13.640	13.761	13.883	14.004	14.125	14.247
1400	14.368	14.489	14.610	14.731	14.852	14.973	15.094	15.215	15.336	15.456
1500	15.576	15.697	15.817	15.937	16.057	16.176	16.296	16.415	16.534	16.653
1600	16.771	16.890	17.008	17.125	17.245	17.360	17.477	17.594	17.711	17.826

(2)铜热电阻

由于铂是贵重金属，因此，在一些测量精度要求不高且温度较低的场合，可采用铜热电阻进行测温，它的测量范围为－50℃～＋150℃。

铜热电阻在测量范围内其电阻值与温度的关系几乎是线性的，可近似地表示为：

$$R_t = R_0(1+\alpha) \tag{9-15}$$

式中：α 为铜热电阻的电阻温度系数，取 $\alpha = 4.28\times10^{-3}/℃$。铜热电组的两种分度号为 $Cu_{50}(R_0=50\Omega)$ 和 $Cu_{100}(R_{100}=100\Omega)$。铜热电阻线性好，价格便宜，但它易氧化，不适宜在腐蚀性介质或高温下工作。表 9-2 为 Cu_{50} 的分度表

表 9-2 **Cu_{50} 的分度表**

温度/℃	0	10	20	30	40	50	60	70	80	90
	电阻/Ω									
—0	50.00	47.85	45.70	43.55	41.40	39.24				
0	50.00	52.14	45.28	56.42	58.56	60.70	62.84	64.98	67.12	69.26
100	71.40	73.54	75.68	77.83	79.98	82.13				

9.4.2 热电阻的结构

工业用热电阻的结构如图 9-12 所示。它由电阻体、绝缘管、保护套管、引线和接线盒等部分组成。

电阻体由电阻丝和电阻支架组成。电阻丝采用双线无感绕法绕制在具有一定形状的云母、石英或陶瓷塑料支架上，支架起支撑和绝缘作用，引出线通常采用直径 1mm 的银丝或镀银铜丝，它与接线盒柱相接，以便与外接线路相连而测量显示温度。用热电阻传感器进行测温时，测量电路经常采用电桥电路。而热电阻与检测仪表相隔一段距离，因此热

电阻的引线对测量结果有较大的影响。热电阻内部引线方式有两线制、三线制和四线制三种，如图 9-13 和图 9-14 所示。二线制中引线电阻对测量影响大，用于测温精度不高场合。三线制可以减小热电阻与测量仪表之间连接导线的电阻因环境温度变化所引起的测量误差。四线制可以完全消除引线电阻对测量的影响，用于高精度温度检测。

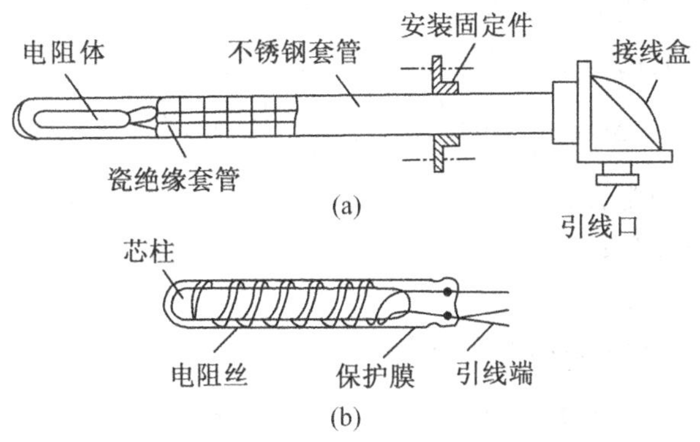

图 9-12　热电阻的基本结构

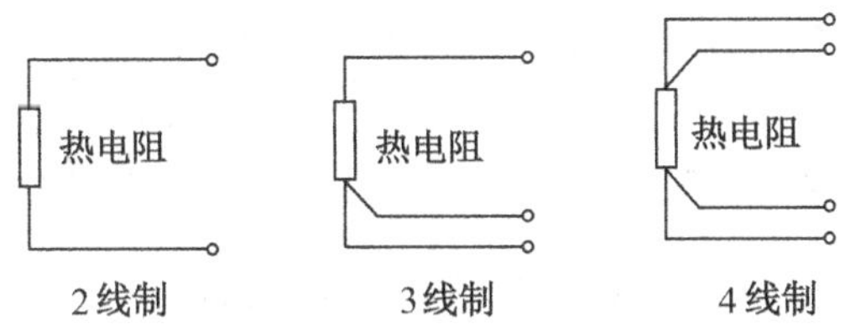

图 9-13　热电阻连线形式

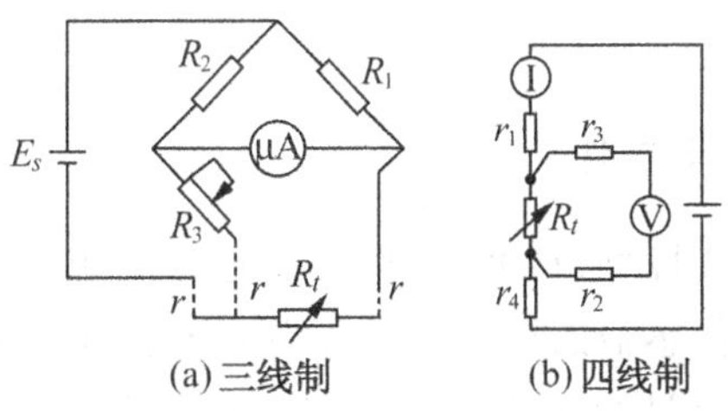

图 9-14　三线制和四线制举例

9.5　集成温度传感器

集成温度传感器是利用晶体管 PN 结的电流电压特性与温度的关系，把感温 PN 结及有关电子线路集成在一个小硅片上，构成一个小型化、一体化的专用集成电路片。集成温度传感器具有体积小、反应快、线性好、价格低等优点，由于 PN 结受耐热性能和特性范围的限制，它只能用来测 150℃以下的温度。

9.5.1 基本工作原理

目前在集成温度传感器中，都采用一对非常匹配的差分对管作为温度敏感元件。图9-15是集成温度传感器基本原理图。

其中 T_1 和 T_2 是互相匹配的晶体管，I_1 和 I_2 分别是 T_1 和 T_2 管的集电极电流，由恒流源提供。T_1 和 T_2 管的两个发射极和基极电压之差 ΔV_{be} 可用下式表示，即：

$$\Delta U=\frac{KT}{q}\ln\left(\frac{I_1}{I_2}\cdot\frac{AE_2}{AE_1}\right)=\frac{KT}{q}\ln\left(\frac{I_1}{I_2}\cdot\gamma\right) \tag{9-16}$$

式中：k——是波尔兹曼常数；

q——是电子电荷量；

T——是绝对温度；

r——是 T_1 和 T_2 管发射结的面积之比。

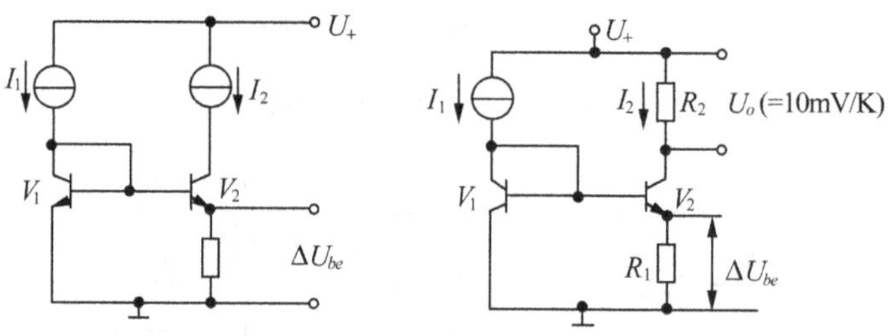

图 9-15 集成温度传感器

从式中看出，如果保证 I_1/I_2 恒定，则 ΔV_{be} 就与温度 T 成单值线性函数关系。这就是集成温度传感器的基本工作原理，在此基础上可设计出各种不同电路以及不同输出类型的集成温度传感器。

9.5.2 常用集成温度传感器器件

集成温度传感器具有线性好、精度适中、灵敏度高、体积小、使用方便等优点，得到广泛应用。集成温度传感器的输出形式分为电压输出和电流输出两种。电压输出型的灵敏度一般为10mV/K，温度0℃时输出为0，温度25℃时输出2.982V。电流输出型的灵敏度一般为1mA/K。常用的集成器件包括DS1820和AD590。

9.6 AD590器件

AD590是美国模拟器件公司生产的单片集成两端感温电流源。它的主要特性如下：

(1)流过器件的电流(mA)等于器件所处环境的热力学温度(开尔文)度数，即：

$$\frac{I_r}{T}=1\text{mA/K}$$

式中：I_r——流过器件(AD590)的电流，单位为mA；

T——热力学温度，单位为K。

(2)AD590 的测温范围为－55℃～＋150℃。

(3)AD590 的电源电压范围为 4～30V。电源电压可在 4～6V 范围变化，电流 I_r 变化 1mA，相当于温度变化 1K。AD590 可以承受 44V 正向电压和 20V 反向电压，因而器件反接也不会被损坏。

(4)输出电阻为 710MΩ。

(5)精度高。AD590 共有 I、J、K、L、M 挡，其中 M 挡精度最高，在－55℃～＋150℃范围内，非线性误差为±(0.1～0.3)℃。

9.7 AD590 的应用电路

9.7.1 基本应用电路

图 9-16(a)是 AD590 的封装形式，图 9-16(b)是 AD590 的原理结构。

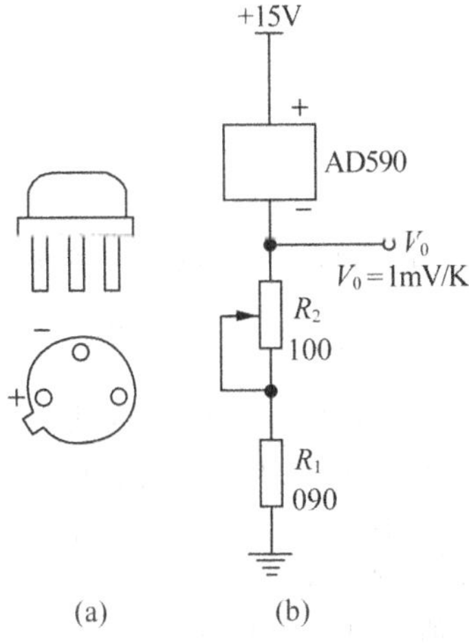

图 9-16 AD590

9.7.2 温差测量电路及其应用——摄氏温度测量电路

如图 9-17 所示，测温电路主要包括集成温度传感器 AD590，放大器 LM324，稳压管及部分电阻组成。其中 D_2 的作用钳制由电源提供的电流电压，经可调电阻 R_7 调节后，保持 P 点电压，即放大器的同相端输入电压为 2.73V。D_1 的作用是使 AD590 在稳定的工作电压范围下工作。调节可调电阻 R_3 为 10kΩ，由稳压管 D_1 稳压后，用于保障 Q 点电压，即放大器的反相端输入电压为(273＋T)mA×10kΩ。其中，T 为被测温度的摄氏表示值。集成芯片 LM324 经过电阻 R_4，R_5 分压后直接从电源获得了正常的工作电压，将同相端和反相端的输入电压值作差运算后进行线性放大，作为整个设计电路的输出。是哦当改变 R_8 以及 R_9 的电阻值可以改变输出电压的放大倍数。

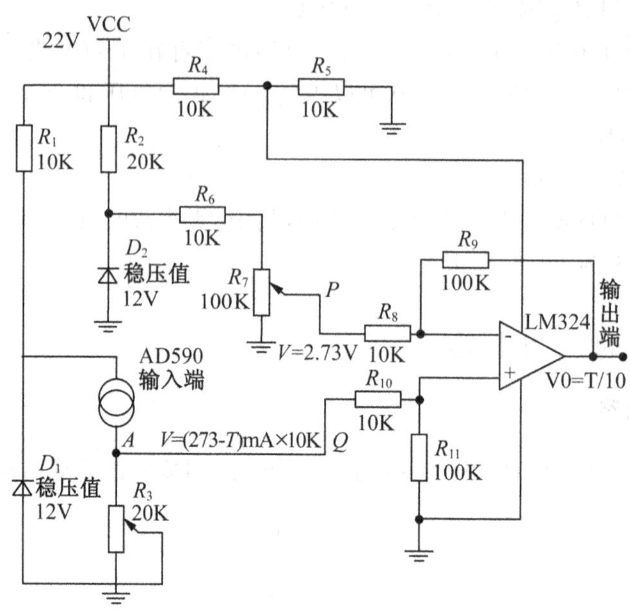

图 9-17　摄氏温度测量电路

实验中输出电流是以绝对温度零度(－273℃)为基准。因此,A 点的电压值为:

$$V_A = I_0 \times R = \frac{(273+T)\text{mA}}{\text{K}} \times 10\text{k}\Omega$$

而 R_6 和 R_7 构成分压电路,调节 P 点电压使其达到 $V_P = 2.73\text{V}$。LM324,R_8,R_9,R_{10},R_{11} 构成运放差动输入减法运算电路,因此,输出电压为:

$$V_0 = \left(1+\frac{R_9}{R_8}\right)\frac{R_{11}}{R_{10}+R\,11}V_A - \frac{R_9}{R_8}V_P = \frac{T}{10}$$

其中 T 为被测温度的摄氏表示值。可以得到 T 的表示公式:

$$T = 10V_0$$

9.8　DS1820 器件

DS1820 采用 DALLAS 公司独特的单总线技术,利用温敏振荡器的频率随温度变化的关系,通过对振荡周期的计数实现温度测量。测温范围－55℃～＋125℃,并可直接输出被测温度值;内含 64 位经过激光修正的只读存储器 ROM,用户可设定非易失性的上下限报警值,其报警搜索命令简单、易记,利用该命令和寻址功能可迅速识别出发生温度越限报警的器件。

9.8.1　DS1820 的特性

(1)单线接口:仅需一根线与 MCU 连接,命令的输入和结果的输出都经过单线传输。

(2)每一个芯片都有唯一的一个序列号,支持多个 DS1820 存在于一条单线总线上。

(3)可以由总线提供电源,也可以单独提供电源。

(4)测温范围为－55℃～＋125℃，精度为0.5℃。

(5)九位温度读数，温度为数字值。

(6)A/D变换时间约为200ms。

(7)用户自设定温度报警上下限，其值是非易失性的。

(8)报警搜索命令可识别超温度限的DS1820序列号。

9.8.2　DS1820引脚及功能

DS1820的引脚见图9-18(PR35封装)。

GND：地；

DQ：数据输入/输出(I/O)脚(单线接口，可作寄生供电)；

VDD：电源电压。

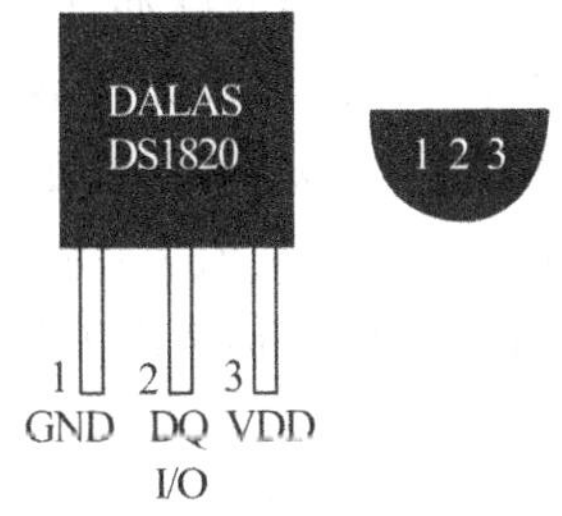

图9-18　引脚图

9.8.3　DS1820的内部结构

如图9-19所示，DS1820由三个主要数字器件组成：

①64bit闪速ROM；

②温度传感器；

③非易失性温度报警触发器TH和TL。

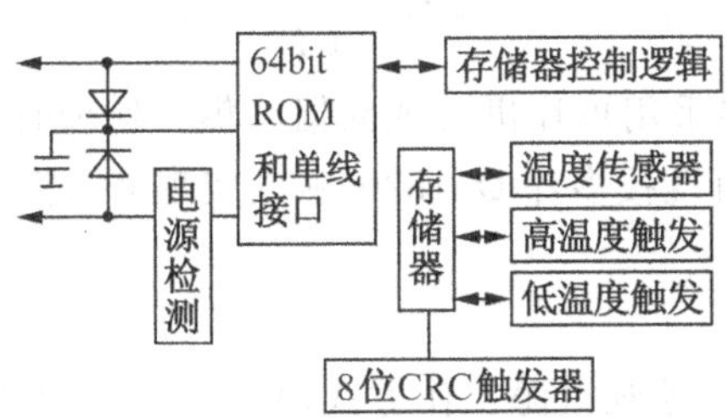

图9-19　内部结构图

64bit闪速ROM的结构如下：

8bit检验CRC		48bit序列号		8bit工厂代码(10H)	
MSB	LSB	MSB	LSB	MSB	LSB

它既可寄生供电也可由外部 5V 电源供电。在寄生供电情况下，当总线为高电平时，DS1820 从总线上获得能量并储存在内部电容，当总线为低电平时，由电容向 DS1820 供电。

9.8.4 CRC 的产生

在 64 位 ROM 的是高有效字节中存有循环冗余校验码(CRC)。主机根据 ROM 的前 56 位来计算 CRC 值，并和存入 DSI820 中的 CRC 值作比较，以判断主机收到的 ROM 数据是否正确。CRC 的函数表达式为：$CRC=X_8+X_4-X_3+1$。此外，DS1820 尚需依上式为暂存器中的数据来产生一个 8 位 CRC 送给主机，以确保暂存器数据传送无误。

9.8.5 DS1820 的测温原理

内部计数器对一个受温度影响的振荡器的脉冲计数，低温时振荡器的脉冲可以通过门电路，而当到达某一设置高温时振荡器的脉冲无法通过门电路。计数器设置为－55℃时的值，如果计数器到达 0 之前，门电路未关闭，则温度寄存器的值将增加，这表示当前温度高于－55℃。同时，计数器复位在当前温度值上，电路对振荡器的温度系数进行补偿，计数器重新开始计数直到回零。如果门电路仍然未关闭，则重复以上过程。

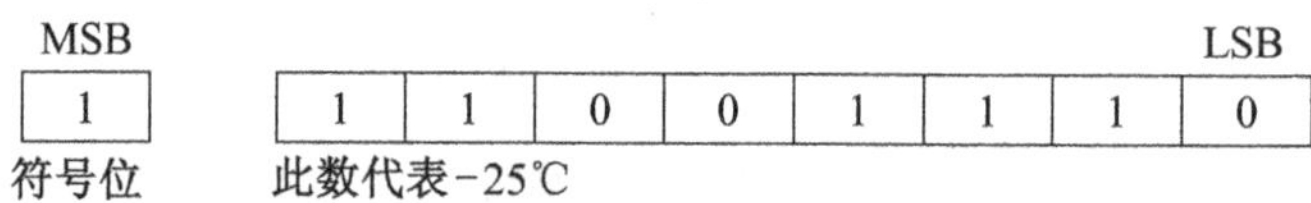

在正常测温情况下，DS1820 的测温分辨力为 0.5℃，可采用下述方法获得高分辨率的温度测量结果：首先用 DS1820 提供的读暂存器指令(BEH)读出以 0.5℃为分辨率的温度测量结果，然后切去测量结果中的最低有效位(LSB)，得到所测实际温度的整数部分 T_Z，然后再用 BEH 指令取计数器 l 的计数剩余值 CS 和每度计数值 CD。考虑到 DS1820 测量温度的整数部分以 0.25℃、0.75℃为进位界限的关系，实际温度 T_S 可用下式计算：

$$T_S=\frac{(T_Z-0.25℃)+(CD-CS)}{CD}$$

对 DS1820 的使用，多采用单片机实现数据采集。处理时，将 DS1820 信号线与单片机一位口线相连，单片机可挂接多片 DS1820，从而实现多点温度检测系统。

9.8.6 应用电路图

图中 DS1820 采取的是单独电源工作方式，V_{dd} 接＋5V，GND 接 7 地，DQ 脚(即 I/O 脚)与 89C2051 的 P1.7 管脚相连。由于在正常工作时，I/O 脚需要大约 1mA 的电流，所以在此管脚上加了一个 4.7 千欧姆的上拉电阻。

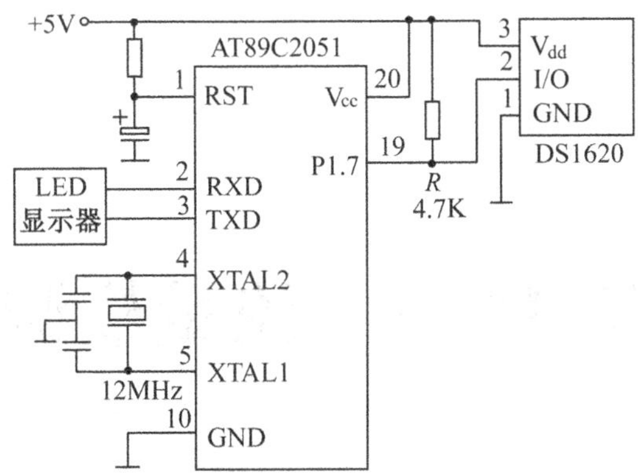

图 9-20　DS1820 应用电路

思考与习题

1. 测量温度有哪些方式？试叙述各自的不同点。
2. 为什么需要温度的零点补偿？最常用的是哪种方法？
3. 试使用 AD590 或 DS1820 设计温度测量系统，叙述其主要组成框架。

第 10 章　流量检测

10.1　流量的基本概念

流量就是在单位时间内流体通过一定截面积的数量。如果流量用流体的体积来表示,称为瞬时体积流量(Q_v),简称体积流量,单位为 m^3/s;用流体的质量来表示,称为瞬时质量流量(Q_m),简称质量流量,单位为 kg/s。它们的表达式为:

$$Q_V = \int_S v \mathrm{d}S \tag{10-1}$$

$$Q_m = \int_S v\rho \mathrm{d}S \tag{10-2}$$

式中:Q_m,Q_v——在时间间隔 Δt 内通过的流体质量或体积;

ρ——流体介质密度;

v——流体平均流速;

$\mathrm{d}S$——微元面积。

累积流量是指在一段时间内流体体积流量或质量流量的累积值,它们的表达方式为:

$$V = \int_0^{t_1} Q_V \mathrm{d}t \tag{10-3}$$

$$m = \int_0^{t_1} Q_m \mathrm{d}t \tag{10-4}$$

式中:V——时间 t_0 到 t_1 时间段内累积的体积流量,单位为 m^3;

m——时间 t_0 到 t_1 时间段内累积质量流量,单位为 kg。

对着一定通道内流动流体的流量进行测量统称为流量计量。流量测量的流体是多样化的,如测量对象有气体、液体、气液混合流体、气液固混合流体,流体额温度、压力、流量均有较大的差异,对测量准确度的要求也各不相同。因此,流量测量的任务就是根据测量目的、被测流体的种类、流动状态、测量场所等测量条件,研究各种相应的测量方法,并保证流量量值的正确性。

10.2　流量检测方法的分类

由于被测流量介质复杂性,检测条件的多样性,测量的精度要求不同,所以,流量检测

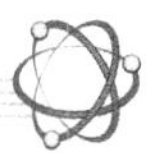

的方法和原理选用就不同,测量的成本有很大的差异。流量检测方法的分类是一个错综复杂的问题,按照不同的分类原则就可以进行不同的分类,按照测量可分为体积流量和质量流量,其中,体积流量分为:容积法、速度计算法;质量流量分为:直接质量法、间接质量法。

10.2.1 体积流量的测量方法

10.2.1.1 容积法

容积方法是在单位时间内,用标准固定体积对流动介质连续不断地进行度量,以流出流体固定容积数来计算流量。基于这种测量方法的流量计有:腰轮、椭圆齿轮流量计、旋转活塞、螺杆流量计等。容积法受流体的流动状态影响小,适用于测量高黏度、低雷诺数的流体。

10.2.1.2 速度法

速度型流量计是通过测出管道内的平均流速,再乘以管道截面积求得流体的体积流量。因为通常管道的截面面积为常数,所以,体积流量只和流速成比例关系。主要有超生波和电磁式流量计。

速度法有较宽的使用条件,可用于各种工况下的流体流量检测,有的方法还可用于对脏污介质流体的检测。但是,由于这种方法是利用平均流速计算流量,所以管路条件的影响很大,w 流动产生涡流及截面上流速分布不对称等都会给测量带来误差。

10.2.1.3 流体旋涡法

在管道内设置旋涡发生体,使得流体产生旋涡或旋转,而旋涡的频率与流体的流量有确定的函数关系,从而实现流体流量的测量。有卡门涡街流量计和旋进旋涡式流量计。

10.2.2 质量流量的测量方法

质量流量检测可分为直接法和间接法两类。

10.2.2.1 直接法

直接法是利用检测元件,使输出信号直接反映质量流量。直接式质量流量检测方法主要有利用孔板和定量泵组合实现的差压式检测方法;利用同轴双涡轮组合的角动量式检测方法;基于科里奥力效应的检测方法等。

10.2.2.2 间接法

用两个检测元件分别测出两个相应参数,通过运算间接获取流体的质量流量,例如,通过测量出体积流量、流体的密度,进而得到质量流量。

10.3 节流差压式

节流式流量计是一类历史悠久、技术成熟、应用最广泛的流量计。节流式的特点是:结构简单、使用寿命长、适应能力强,几乎能测量各种工况下的流量。

10.3.1 差压式流量计组成及测量原理

当充满管道的流体流经管道内的节流件,如孔板、喷嘴、V 形锥、文丘利管等,如图

10-1 所示，流体将在节流件处形成局部收缩，因而流速增加，静压力降低，于是在节流件前后便产生了压差。流体流量愈大，产生的压差愈大，这样可依据压差来衡量流量的大小。这种测量方法是以流体连续性方程（质量守恒定律）和伯努利方程（能量守恒定律）为基础的。压差的大小不仅与流量有关，还与其他许多因素有关，如当节流装置形式或管道内流体的物理性质（密度、黏度）不同时，在同样大小的流量下产生的压差也是不同的。

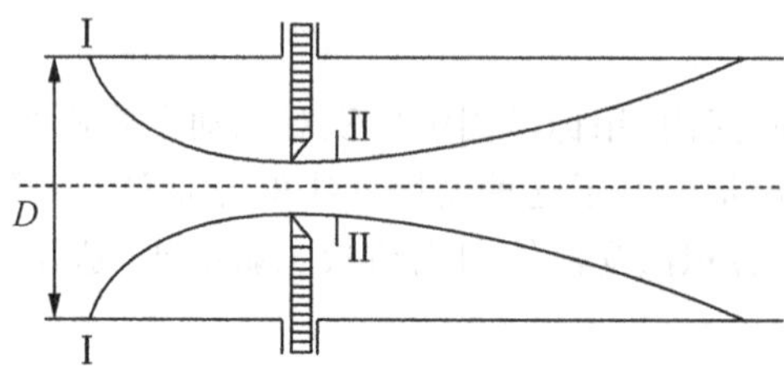

图 10-1　孔板测量原理

在图 10-1 中，稳定流动的流体沿水平方向流经管道，在管道中间垂直于轴线方向安装一个节流件，如孔板，它造成流通截面积减小，显然截面Ⅰ—Ⅰ处流体未受孔板的影响，流体充满管道，管道截面积为 S_1，流体的静压力为 P_1，平均流速为 v_1，流体的密度为 ρ_1。截面Ⅱ—Ⅱ处是流体经过孔板后流速收缩的最小截面，截面积为 S_2，压力为 P_2，平均流速为 v_2，流体密度为 ρ_2。图中所示的压力、流速曲线在孔板前后的变化情况充分反映了流体的静压能、动压能的相互转换。流体在截面Ⅰ—Ⅰ处，流束收缩到最小，流速达到最大，静压力最小，然后流束扩张，流速和压力慢慢增加，然而由于涡流区的存在，导致流体有能量损失。

设被测流体为不可压缩的理想流体（液体），其流体经过孔板时，不对外做功，与外界没有热量交换，流体本身也没有温度变化。根据伯努利方程，对截面Ⅰ—Ⅰ、Ⅱ—Ⅱ处沿管中心的流体存在以下能量关系：

$$\frac{P_1'}{\rho_1}+\frac{v_1^2}{2}=\frac{P_2'}{\rho_2}+\frac{v_2^2}{2} \tag{10-5}$$

因为被测流体是等温不可压缩的，即 $\rho_1=\rho_2=\rho$，所以式(10-5)可写为

$$P_1'+\frac{\rho v_1^2}{2}=P_2'+\frac{\rho v_2^2}{2} \tag{10-6}$$

式中：P_1、v_1——截面Ⅰ—Ⅰ处的压力和速度；

P_2、v_2——截面Ⅱ—Ⅱ处的压力和速度。

根据流体的连续性方程得

$$S_1 v_1=S_2 v_2 \tag{10-7}$$

即

$$v_1=\frac{S_2}{S_1}v_2 \tag{10-8}$$

代入式(10-6)得

$$v_2^2=\frac{2(P_1'-P_2')}{\rho\left[1-\left(\frac{S_2}{S_1}\right)^2\right]} \tag{10-9}$$

对于截面Ⅱ—Ⅱ，代入体积流量方程得

$$Q_V=S_2 v_2=S_2\sqrt{\frac{2(P_1'-P_2')}{\rho\cdot\left[1-\left(\frac{S_2}{S_1}\right)^2\right]}} \tag{10-10}$$

式(10-10)是反映质量流量 Q_m 和孔板前后压差 P_1-P_2 之间关系的理论方程式。实际上，式(10-10)中 S_2 代表流束最小收缩截面，因其位置和大小均难以确定，从而使 S_2 面上的静压力 P_2 也难以确定，所以理论方程必须修正。为了计算和使用方便，用孔板的开孔截面 S_0 代替流束最小收缩截面 S_2。在应用中，压力差取自距孔板前后端面的固定位置处，这样压力易于测量。基于上述几点理由，式(10-10)需要修正。通常用一个无量纲数 C 修正，C 称为流出系数。

设孔板开孔直径 d 与管道直径 D 的比值为 $\beta=d/D$，这样式(10-10)可写为

$$Q_V=CS_0\sqrt{\frac{2(P_1'-P_2')}{\rho\cdot\left[1-\left(\frac{S_2}{S_1}\right)^2\right]}}=\frac{CS_0}{\sqrt{1-\beta^4}}\sqrt{\frac{2\Delta P}{\rho}} \tag{10-11}$$

以上推导是针对不可压缩的理想流体而得出的流量公式。对于可压缩流体(如各种气体、蒸汽)流过节流装置时。压力发生改变必然引起密度 ρ 的改变，因此，对于可压缩流体，式(10-11)应引入气体可膨胀系数 ε，则式(10-11)变为

$$Q_V=\frac{C\varepsilon S_0}{\sqrt{1-\beta^4}}\sqrt{\frac{2\Delta P}{\rho}} \tag{10-12}$$

同理

$$Q_m=\frac{C\varepsilon S_0}{\sqrt{1-\beta^4}}\sqrt{2\rho\Delta P} \tag{10-13}$$

式中：C——流出系数；

ε——可膨胀性系数(测液体时 $\varepsilon=1$)；

S_0——节流件开孔截面积(m^2)，$S_0=\pi\cdot d^2/4$；$\beta=d/D$ 为节流件直径比；

D——管道直径(mm)；

d——节流件开孔直径(mm)；

ρ_1——被测流体在Ⅰ—Ⅰ处的密度(kg/m^3)；

ΔP 为节流装置输出的差压(P_a)。

式(10-12)、式(10-13)是差压式流量计的流量公式。当被测流体为液体时，$\varepsilon=1$；当被测流体为气体、蒸汽时，$\varepsilon<1$。

实际工程应用时，通常在一定的工况条件下进行测量流量，C 为流出系数和 ε 为可膨胀性系数变化不大，可以认为是常数，为了计算简化，为此可以定义每个流量装置的仪表系数 K，流量计算为：

$$Q_V=K\sqrt{\frac{\Delta P}{\rho}} \tag{10-14}$$

$$Q_m=K\sqrt{\rho\cdot\Delta P} \tag{10-15}$$

例1 应用孔板测量蒸汽流量，最大差压为50kPa，对应质量流量为10t/h，若蒸汽的

密度稳定不变为 4kg/m^3，求差压变送器信号为 25kPa 时，此时质量流量为多少？

解 因为最大差压为 50kPa，对应质量流量为 10t/h，所以

$$Q_{m\max}=K\sqrt{\rho\cdot\Delta P_{\max}} \tag{10-16}$$

$$K=\frac{Q_{m\max}}{\sqrt{\rho\cdot\Delta P_{\max}}}=\frac{10}{\sqrt{4\cdot 50}}=0.707 \tag{10-17}$$

所以，25kPa 对应的流量为

$$Q_m=K\sqrt{\rho\cdot\Delta P}=0.707\sqrt{4\times 25}=7.07\text{t/h} \tag{10-18}$$

10.3.2 节流装置结构

节流式差压流量计的节流装置按其标准化程度分为标准型和非标准型两大类。所谓标准节流装置，是指按照标准文件设计、制造、安装和使用，无须经实流校准即可确定其流量值并估算流量测量误差的装置；非标准节流装置是成熟程度较差，尚未列入标准文件中的检测件。

10.3.2.1 标准型节流装置

标准节流装置 ISO5167 或 GB/T2624 中所包括的节流装置称为标准节流装置，它们是标准孔板、标准喷嘴、经典文丘里管和文丘里喷嘴。在设计、制造、安装及使用方面皆遵循标准规定，可不必个别校准而使用。

(1)标准孔板又称同心直角边缘孔板，其轴向截面如图 10-2 中图(a)、(b)所示。孔板是一块加工成圆形同心的、具有锐利直角边缘的薄板。孔板开孔的上游侧边缘应是锐利的直角。标准孔板有 3 种取压方式：角接、法兰及 D-D/2 取压。

(2)标准喷嘴有两种结构形式：ISS1932 喷嘴和长径喷嘴，如图 10-2(c)所示。

①ISS1932 喷嘴。上游面由垂直于轴的平面、廓形为圆周的两段弧线所确定的收缩段、圆筒形喉部和凹槽组成的喷嘴。ISS1932 喷嘴的取压方式仅有角接取压一种。

②长径喷嘴。上游面由垂直于轴的平面、廓形为 1/4 椭圆的收缩段、圆筒形喉部和可能有的凹槽或斜角组成的喷嘴。长径喷嘴的取压方式仅有 D-D/2 取压一种。

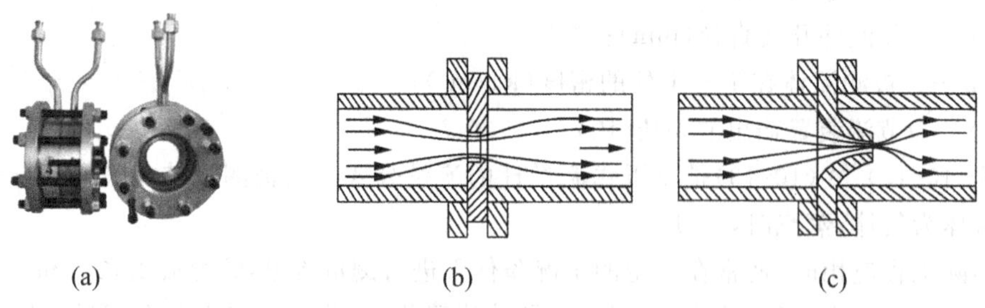

图 10-2 节流装置结构

10.3.2.2 非标准节流装置

(1)低雷诺数：1/4 圆孔板，锥形入口孔板，双重孔板，双斜孔板，半圆孔板等。

(2)脏污介质：圆缺孔板，偏心孔板，环状孔板，楔形孔板，弯管节流件等。

(3)低压损：罗洛斯管，道尔管、道尔孔板，双重文丘里喷嘴，通用文丘里管等。

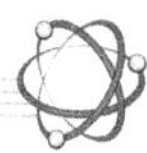

(4)脉动流节流装置。

(5)临界流节流装置:声速文丘里喷嘴。

(6)混相流节流装置。

例 2　密度为 $\rho=1000\text{kg/m}^3$ 的流体,流经一装有孔板流量计的管道,管道内径为 $D=0.5\text{m}$,孔板开孔直径 $d_0=0.30\text{m}$,流体粘度为 $\mu=1.29\text{cp}$,设 $C_0=0.65$,孔板前后压差计读得压降为 $2.5\text{mH}_2\text{O}$,试求该流体的体积流量为多少。

解　由题意知,$p_1-p_2=2.5\text{mH}_2\text{O}=2.5\times9807=24500\text{Pa}$

而
$$\beta^2=\left(\frac{d_0}{D}\right)^2=0.36$$

$$Q_v=C_0\ \frac{\pi}{4}d_0^2\sqrt{\frac{2(p_1-p_2)}{\rho}}=0.65\times\frac{\pi}{4}\times0.3^2\sqrt{\frac{2\times24500}{1000}}=0.321\text{m}^3/\text{s}\quad(10\text{-}19)$$

10.3.3　V形锥流量传感器

10.3.3.1　内锥流量计及其工作原理

(1)内锥流量计结构

内锥流量计源于美国麦克罗米特(McCrometer)公司,因其节流部件呈圆锥形,英文名称为V-Cone Flowmeter,引入我国后被称为内V锥流量计(见图10-3),内V锥流量计与孔板流量计同属于差压式流量计。其主要的理论基础是密闭管道中能量守恒定律和流动连续性方程,即伯努力(Benoulli)定理。

节流装置包括一个测量管、管中同轴安装的尖圆锥体和相应取压口,如图10-4所示,此差压的高压是在上游流体收缩前的管壁取压口处测得静压 P_1,其压力比较平稳,而低压是在圆锥体朝向下游端面,锥心轴线处所开取压孔处压力 P_2。圆锥体的顶尖朝向来流方向,圆锥体与其尾随面之间是一个尖锐的锐角,这会使得流体在进入下游区时有一个平滑的过度区,由于流体不是被迫收缩到管道中心,也不是一个阻挡物强迫流体改变流动方向,而是使用流线形锥体渐进的实现对流体朝向管壁收缩,这将在流量计节流件的下游产生高频低幅的涡流,使得下游压力信号是低噪声信号。所以,差压信号灵敏度高、量程比宽、重复性高。其技术原理图:

图10-3　V形锥结构

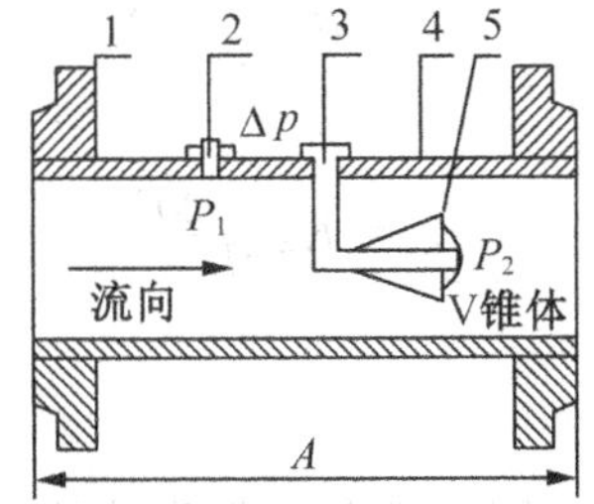

图10-4　V形锥流量传感器结构示意图

1—法兰　2—高压取压口　3—低压取压口　4—管道　5—V形锥体

(2)内 V 锥流量计理论基础

如图 10-4 所示，流体在接近内锥节流计时其压力为 P_1，取这一点压力作为参照流速下的基准静压，当流体流经内锥节流区时，由于管道截面积变小而流速增大以维持能量恒定，并且在锥体末端取压口处压力降到最小，引出该处压力作为流速变化量 P_2。测取这两处的压力差 $\Delta P=P_1-P_2$，根据伯努力定理，由 ΔP 即可计算出流速的大小。

内锥流量计流体压力分布如图 10-5 所示，实际节流装置的变形。根据流体的连续方程和伯努力方程，可以得到流量方程。

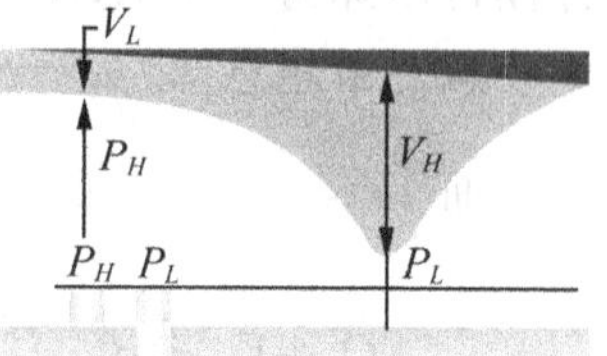

图 10-5　V 锥压力分布

设节流前流体平均流速为 v_1，密度为 ρ_1，管道截面积为 S_1；节流后流体平均速度为 v_2，密度为 ρ_2，管道面积为 S_2。根据流体流动连续原理有如下关系

$$v_1 \cdot S_1 \cdot \rho_1 = v_2 \cdot S_2 \cdot \rho_2 \tag{10-20}$$

若流体为液体，前后密度相等。则

$$\frac{v_1}{v_2}=\frac{S_2}{S_1}=\frac{\pi\left(\frac{D}{2}\right)^2-\pi\left(\frac{d}{2}\right)^2}{\pi\left(\frac{D}{2}\right)^2}=\frac{D^2-d^2}{D^2}=\left(\frac{d'}{D}\right)^2$$

式中：D——管道内径；

d——锥体底部直径。

体积流量：

$$Q_V=v_1 \cdot S_1=v_2 S_2 \tag{10-21}$$

根据伯努力方程(能量守恒)，则

$$P_1+\frac{\rho_1 v_1^2}{2}=P_2+\frac{\rho_2 v_2^2}{2} \tag{10-22}$$

则差压为：

$$\Delta P=P_1-P_2=\frac{1}{2}\rho_1(v_1^2-v_2^2) \tag{10-23}$$

令 $\beta=\frac{d'}{D}$(等效直径比)，经过推导可得(考虑到介质膨胀系数)：

$$Q_V=\frac{c\varepsilon}{\sqrt{1-\beta^4}}\frac{\pi}{4}d'^2\sqrt{\frac{2\Delta P}{\rho_1}} \tag{10-24}$$

可以将此关系式进行简化的：

$$Q_V=K\varepsilon\sqrt{\frac{\Delta P}{\rho}} \tag{10-25}$$

10.3.3.2　内锥流量计优点

(1)整流作用

V 形锥差压式流量计的关键部件，即节流件为独特的 V 形圆锥体，与其他差压式流量计相比，是一项突破性创新，克服了其他节流装置的缺点。虽然 V 形锥差压式流量计的测量原理与其他差压式仪表相似，但几何结构却完全不同，悬挂在管线中心的 V 形锥体具有独特的“整流”功能。流体在节流元件的作用下，流场将经过“非稳定流→稳定流→恒(常)流”的变化过程，如图 10-6 所示。

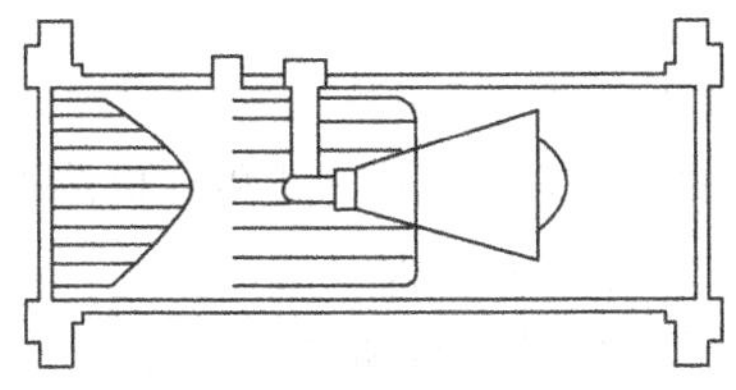

图 10-6　V 形锥流量传感器自整流功能原理图

(2)差压信号低噪声

普通的孔板会引起持续的涡流，产生低频、大幅度的干扰信号，影响差压的准确性，但 V 形锥的情况正好相反。正是节流元件独特的“整流”功能和无锐利缘口的物理特性，决定了 V 形锥差压式流量计具有优越的性能。

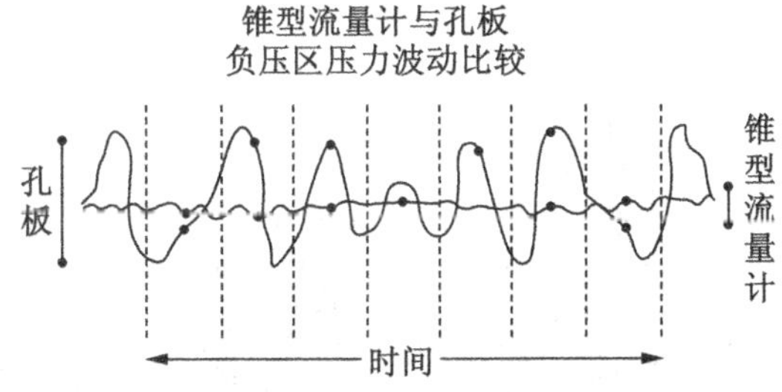

图 10-7　V 形锥与孔板负压对比

(3)其他优点

显著改善了传统差压流量计的使用局限，提高了精确度和重复性，安装时几乎无直管段要求，自清洗功能，适用于容易结垢的脏污介质，气液两项测量。

(1)前后直管段要求较短，一般上游只需 $0\sim3D$，下游只需 $0\sim1D$。

(2)精度高，差压输出值可实现±0.1%的重复性。

(3)压损小，仅为孔板的 1/2～1/3。

(4)V 锥体后缘产生旋涡小，差压输出稳定，波动小。

(5)V 锥体受到流体的冲刷，无杂物滞留。

10.4　电磁流量计

电磁流量计是根据法拉第电磁感应定律，研制成的一种测量导电液体体积流量的仪表，所以，这种流量传感器只适应导电液体的计量。近年由于电子技术快速发展，电磁流量计性能有了很大提高，得到了广泛的应用。它主要有如下特点：

(1)测量通道是一段无阻流检测件的光滑直管，因不易阻塞。适用于测量含有固体颗粒或纤维的液、固二相流体，如纸浆、煤水浆、矿浆、泥浆和污水等。

(2)不产生因检测流量所形成的压力损失，能量无损耗。

(3)测得的体积流量不受流体密度、黏度、温度、压力和电导率(只要在某一阈值以上)变化明显的影响。

(4)前置直管段要求较低。

(5)测量范围度大,通常为 20∶1～50∶1。

(6)不能测量电导率很低的液体,如石油制品和有机溶剂等。

(7)不能测量气体、蒸汽和含有较多较大气泡的液体。

(8)通用型电磁流量计由于受衬里材料和电气绝缘材料限制,不能用于较高温度液体的测量。

10.4.1 电磁流量计结构与原理

10.4.1.1 电磁流量计原理

由法拉第电磁感应定律可知,导体在磁场中切割磁力线运动时,在其两端产生感应电动势。如图 10-8 所示。

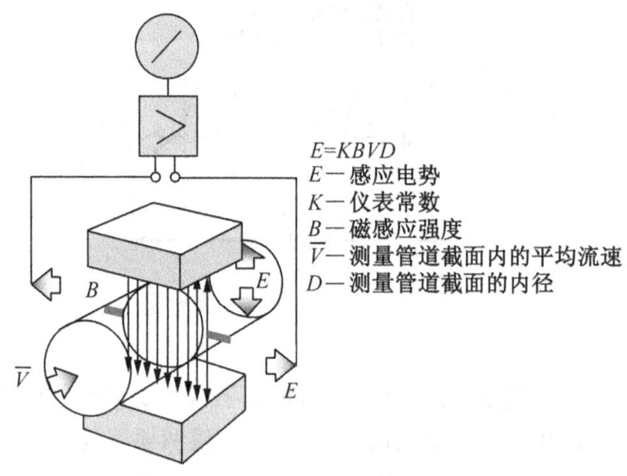

图 10-8 电磁流量传感器原理

导电性液体在垂直于磁场的非磁性测量管内流动,会切割与流动方向垂直的方向的磁场,产生与流量成比例的感应电势,电动势的方向按右手规则判定,其值为

$$E=BDv \tag{10-26}$$

式中:E——感应电动势(V);

B——磁感应强度(T);

D——测量管内径(m);

v——平均流速(m/s)。

液体的体积流量为:

$$Q_V=\frac{\pi D^2 v}{4},\text{则 } v=\frac{4Q_V}{\pi D^2} \tag{10-27}$$

所以,

$$E=\frac{4B}{\pi D}Q_V=KQ_V \tag{10-28}$$

由式(10-27)可知，在管道直径已确定、磁感应强度不变的条件下，体积流量与电磁感应电势有一一对应的线性关系，而与流体密度、黏度、温度、压力和电导率无关。

10.4.1.2 电磁流量计的构成

电磁流量传感器外形和结构分别如图 10-9 和 10-10 所示，电磁流量计分为流量传感器和转换器两大部分。测量管上下装有励磁线圈，通过励磁电流后产生磁场穿过测量管，一对电极装在测量管内壁与液体相接触，引出感应电势，送到转换器。励磁电流则由转换器提供。

图 10-9 外形

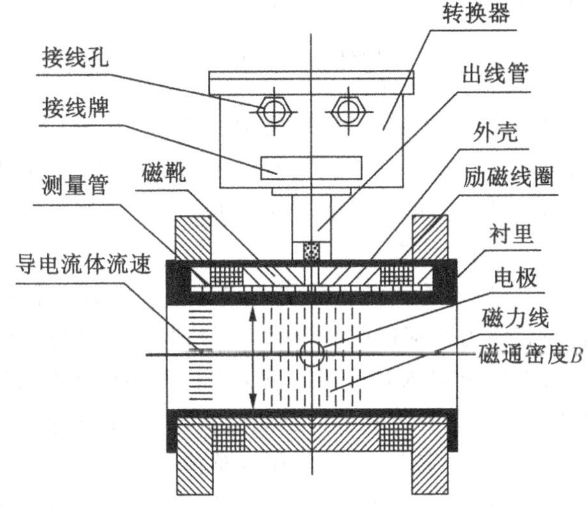

图 10-10 结构

(1)电磁流量计流量传感器结构

电磁流量计流量传感器由外壳、磁路系统、测量管、衬里和电极组成。

①外壳。外壳应用铁磁材料制成，可以保护励磁线圈的外罩，又隔离外磁场的干扰。

②磁路系统。产生均匀的直流或交流磁场，直流磁场可以用永久磁铁来实现，其结构比较简单。但是，在电极上直流电势能够将被测液体的电解，因而在电极上发生极化现象，破坏了原有的测量条件；当管道直径较大时，永久磁铁也要求很大，这样既笨重又不经济。在工业现场的电磁流量计，一般都采用交变磁场，由铁心和励磁线圈构成，励磁电源的频率为 50Hz，其磁感应强度为 $B=B_m\sin\omega t$，则感应电势为

$$E=DvB_m\sin\omega t \tag{10-29}$$

③测量管。电磁流量计的主要部分，被测流体流过磁场时切割磁力线，测量管的两端设有法兰，法兰用于将传感器与管道连接和安装。测量管采用不导磁、低电导率、低热导率，并且机械强度高的材料制成，通常可选用不锈钢、玻璃钢、铝及其他高强度的材料。

④内衬。内衬要保证测量管与测量流体绝缘，它是被放置在测量管内壁的一层耐磨、耐腐蚀、耐高温的绝缘材料。它的主要功能是增加测量管的耐磨性与腐蚀性，阻止感应电势被金属测量管管壁短路。

⑤输出电极。电极的就是将产生的感应电势信号引出，通常电极采用不锈钢，非导磁

材料制成，安装时要求与内衬齐平。

(2)转换器

流体流动时切割磁力线产生感应电势随着流体的速度变化，通常很微小，励磁电源的频率一般选为50Hz，因此，各种干扰因素的影响很大。转换器就是要将感应电势放大，并且能抑制主要的干扰信号，得到与流量成比例的信号。为了克服了磁场对流体的极化现象，通常采用交变磁场，这也增加了电磁正交干扰信号。正交干扰信号的相位和感生电势的相差90°。造成正交干扰的主要原因是：电磁流量计工作时，管道内充满导电液体，电极引线、被测导管、被测液体和转换器的输入阻抗就构成了闭合回路，而交变磁通有部分要穿过该闭合回路，闭合回路中就会产生交变的感应电势，为

$$e_t = -K\frac{\mathrm{d}B_m \sin\omega t}{\mathrm{d}t} = -K'B_m \sin\left(wt - \frac{\pi}{2}\right) \tag{10-30}$$

由式(10-29)和式(10-30)可知，信号感应电势 E 和正交干扰信号 e_t 的频率相同，而相位相差90°，所以，称为正交干扰。此干扰信号较大，有时可以将有用信号埋没。因此，必须消除这一干扰信号，否则该流量计很难正常工作。

消除正交干扰的方法常用两种方式。

①转换器与电磁流量传感器连线自动补偿方式。从一根电极上引出两根线，分别绕过磁极形成两个回路，当有磁力线穿过这两个闭合回路时，在两回路内产生方向相反的感应电势，通过调零电位器 RP，使进入转换器的正交干扰电势相互抵消。

②转换器组成原理。转换器的功能是将感应电势放大，并抑制主要的干扰信号。转换器由前置放大器、主放大器、正交干扰抑制、相敏整流、功率放大、线圈、霍尔乘法器、电位分压器组成。抑制正交干扰由主放大器的正交干扰抑制反馈电路完成。霍尔乘法器用以消除励磁电压幅值和频率变化引起的误差。

10.4.2 电磁流量计的选用与安装注意事项

电磁流量计应用领域十分广泛。大口径仪表较多应用于给、排水工程。中小口径仪表常用于固液二相流等难测流体或高要求场所，如测量造纸工业纸浆液和黑液、有色冶金业的矿浆、选煤厂的煤浆、化学工业的强腐蚀液，以及钢铁工业高炉风口冷却水控制和监漏、长距离管道煤的水力输送的流量测量和控制。小口径、微小口径仪表常用于医药工业、食品工业、生物工程等有卫生要求的场所。

10.4.2.1 选用考虑要点

①精度。市场上通用型电磁流量计的性能有较大差别，有些精度高、功能多，有些精度低、功能简单。精度高的仪表基本误差为(0.5%～1%)FS，精度低的仪表则为(1.5%～2.5%)FS，两者价格相差1～2倍。因此，测量精度要求不很高的场所(例如，非经济核算仪以控制为目的，只要求高可靠性和优良重复性的场所)选用高精度仪表在经济上是不合算的。

②流速。选定仪表口径不一定与管径相同，应视流量而定。工业输送水等黏度不同的液体，管道流速一般为经济流速1.5～3m/s。电磁流量计用在这样的管道上，传感器口径与管径相同即可。

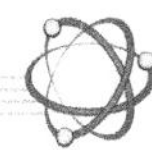

电磁流量计满度流量时，液体流速可在 1～10m/s 范围内选用，范围是比较宽的。上限流速在原理上是不受限制的，然而通常建议不超过 5m/s，除非衬里材料能承受液流冲刷，实际应用很少超过 7m/s，超过 10m/s 则更为罕见。满度流量的流速下限一般为 1m/s，有些型号仪表则为 0.5m/s。有些新建工程运行初期流量偏低或在流速偏低的管系，从测量精度角度考虑，仪表口径应小于管径，以异径管连接之。

用于有易黏附、沉积、结垢等物质的流体，选用流速不低于 2m/s，最好提高到 3～4 m/s或以上，起到自清扫、防止黏附沉积等作用。用于矿浆等磨耗性强的流体，常用流速应低于 2～3m/s，以降低对衬里和电极的磨损。

用在测量接近阀值的低电导液体，应尽可能选定较低流速(小于 0.5～1m/s)。因流速提高，流动噪声会增加，从而出现输出晃动现象。

③测量范围。电磁流量计的测量范围是比较大的，通常不低于 20，带有量程自动切换功能的仪表，可超过 50～100。

④口径。国内可以提供的定型产品的口径从 10～3000mm，虽然实际应用还是以中小口径居多，但与大部分其他原理流量仪表(如容积式、涡轮式或科里奥利质量式等)相比，大口径仪表占有较大比重。例如，某企业的近万台仪表中，50mm 以下小口径、65～250mm 中口径、300～900mm 大口径、1000mm 以上超大口径分别占 37%，45%，15% 和 3%。

⑤液体电导率。使用电磁流量计的前提是被测液体必须是导电的，不能低于阈值(即下限值)。电导率低于阈值，会产生测量误差直至不能使用，超过阈值即使变化也可以测量，示值误差变化不大。通用型电磁流量计的阈值在 $5\times10^{-6}\sim10^{-4}$ S/cm 之间，视型号而异。使用时还取决于传感器和转换器间流量信号线长度及其分布电容，制造厂使用说明书中通常规定电导率相对应的信号线长度。

10.4.2.2 流量传感器的安装

①安装场所

● 测量混合相流体时，选择不会引起相分离的场所；测量双组分液体时，避免安装在混合尚未均匀的下游；测量化学反应管道时，要按照在反应充分完成段的下游。

● 尽可能避免测量管内变成负压。

● 选择振动小的场所，特别对一体型仪表。

● 避免附近有大电机、大变压器等，以免引起电磁场干扰。

● 易于实现传感器单独接地的场所。

● 尽可能避开周围环境有高浓度腐蚀性气体。

● 环境温度在－25℃～＋50℃范围内，一体型结构温度还受制于电子元器件，范围要窄些。

● 环境相对湿度在 10%～90%范围内。

● 尽可能避免受阳光直照。

● 避免雨水浸淋，不会被水浸没。

②直管段长度要求。为获得正常的测量精确度，电磁流量传感器上游也要有一定长度直管段，但其长度与大部分其他流量仪表相比要求较低。90°弯头、T 形管、同心异径

管、全开闸阀后通常认为只要离电极中心线(不是传感器进口端连接面)5 倍直径(5D)长度的直管段,不同开度的阀则需 10D;下游直管段为(2～3)D 或无要求;但要防止蝶阀阀片伸入到传感器测量管内。各标准或检定规程所提出的上、下游直管段长度亦不一致,其要求比通常要高。这是由于为保证达到当前 0.5 级精度仪表的要求。

③安装位置和流动方向。传感器安装方向水平、垂直或倾斜均可,不受限制。但测量固液两相流体时,最好垂直安装,自下而上流动。这样能避免水平安装时衬里下半部局部磨损严重,低流速时固相沉淀等缺点。

④接地。传感器必须单独接地(接地电阻在 100Ω 以下)。按照分离型原则,接地应在传感器一侧,传感器接地应在同一接地点。如传感器庄在有阴极腐蚀的保护管道上,除了传感器和接地环一起接地外,还要用较粗铜导线($16mm^2$)绕过传感器跨接在管道两连接法兰上,使阴极保护电流与传感器之间隔离。

10.5 涡轮流量计

涡轮流量计是叶轮式速度流量计的主要品种,图 10-11 为涡轮流量传感器照片。涡轮式流量计,还包括叶轮风速计和各种水表等。其共同的工作原理是:在测量管道内置于流体中的叶轮,在流体作用下其旋转角速度与流体流速成正比,通过测量叶轮的旋转角速度就可以得到流体的流速,进而得到管道内的流量值。在工业上使用的高准确度叶轮式流量计,称为涡轮流量计。本节介绍涡轮流量计的结构、工作原理、主要特点、应用场合及安装注意事项。

图 10-11 涡轮流量传感器

10.5.1 结构和工作原理

涡轮流量计一次仪表由壳体、导向体(导流器)、叶轮、轴、轴承及信号检测器组成,其结构如图 10-12 所示。

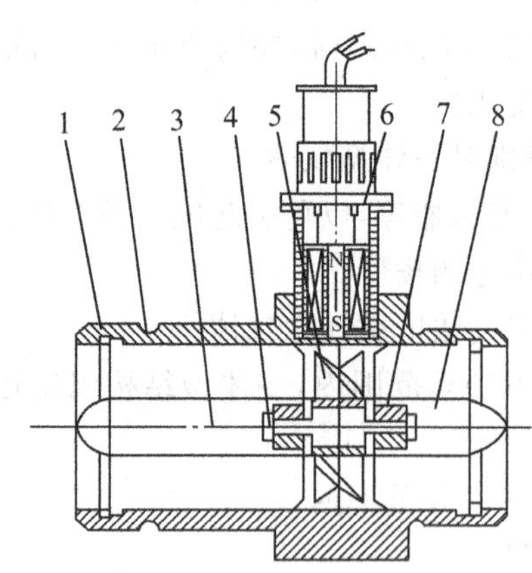

图 10-12 涡轮流量传感器结构

1—紧固件 2—壳体 3—前导向件 4—止推片 5—叶轮
6—电磁感应式信号检出器 7—轴承 8—后导向件

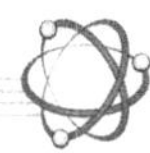

(1)壳体　壳体又称表体,是流量计的主体部件,它起到承受被测流体的压力、固定安装检测部件和连接管道的作用。壳体采用不导磁不锈钢或硬铝合金制造。对于大口径流量计,可用碳钢与不锈钢组合的镶嵌结构,壳体外壁装信号检测器。

(2)导向体　在流量计进出口装有导向体,它对流体起导向整流及支撑叶轮的作用,通常选用不导磁不锈钢或硬铝材料制作。反推式涡轮流量计的后导向体还要求能产生足够的反推力,其结构形式很多。

(3)涡轮　亦称叶轮,是流量计的检测元件,它由高导磁性材料制成。叶轮由直板叶片、螺旋叶片和丁字形叶片等几种。叶轮由支架中轴承支撑,与表体同轴,其叶片数视口径大小而定。叶轮几何形状及尺寸对传感器性能有较大影响,要根据流体性质、流量范围、使用要求等设计。叶轮的动平衡很重要,直接影响仪表性能和使用寿命。

(4)轴与轴承　它支撑叶轮旋转,需要有足够的刚度、强度和硬度、耐磨性、耐腐蚀性等。它决定了一次仪表的可靠性和使用期限。一次仪表失效通常是由轴与轴承引起的,因此,它的结构与材料的选用及维护是很重要的。

(5)信号检测器　国内常用变磁阻式信号检测器。由永久磁钢、导磁棒(铁心)和线圈等组成。永久磁钢对叶片有吸引力,产生磁阻力矩,小口径一次仪表在小流量时,磁阻力矩在诸力矩中成为主要项,为此将永久磁钢分为大小两种规格,小口径配小规格,以降低磁阻力矩。输出信号有效值在10mV以上的可直接配用流量计算机,配上放大器则输出伏级频率信号。

涡轮流量计在管道中心安放一个涡轮,两端由轴承支撑。当流体通过管道时,冲击涡轮叶片,对涡轮产生驱动力矩,使涡轮克服摩擦力矩和流体阻力矩而产生旋转。在一定的流量范围内,对一定的流体介质黏度,涡轮的旋转角速度与流体流速成正比。由此,流体流速可通过涡轮的旋转角速度得到,从而可以计算得到通过管道的流体流量。

涡轮的转速通过装在外壳上的检测线圈来检测。当被测流体流过时,在流体作用下,叶轮受力旋转,切割壳体内永久磁钢磁场的磁力线,引起检测线圈中磁通的变化。将检测线圈检测到的磁通周期变化信号送入前置放大器,经过放大、整形,产生与流速成正比的脉冲信号,送入单位换算与流量积算电路,得到并显示累积流量值;同时将脉冲信号送入频率-电流转换电路,转换成模拟电流,进而指示瞬时流量值。

涡轮流量计的流量方程为

$$Q_v = \frac{f}{K} \tag{10-31}$$

式中:Q_v——体积流量(m^3/s);

f——流量计输出信号的频率(Hz);

K——流量计的仪表系数(脉冲数/m^3)。

流量计的仪表系数与流量的关系曲线如图10-12所示。可见,仪表系数可分为两段,即线性段和非线性段。线性段约为工作段的2/3,其特性与流量积结构尺寸及流体黏性有关。在非线性段,特性受轴承摩擦力和流体黏性阻力影响较大。当流量低于流量计流量下限时,仪表系数随着流量迅速变化。压力损失与流量近似为平方关系。当流量超过流量上限时,要注意防止空穴现象。

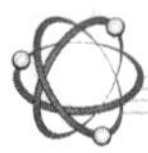

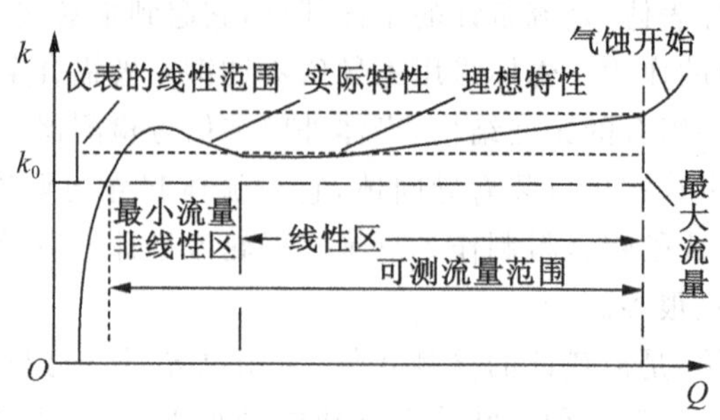

图 10-12 仪表常数与流量关系曲线

流量计的仪表系数由流量校验装置校验得出，它和流量计内部流体的流动机理完全无关，把流量计作为一个黑匣子，根据输入（流量）和输出（频率脉冲信号）确定其转换系数，便于实际应用。但要注意，此转换系数（仪表系数）是有条件的，其校验条件是参考条件，如果使用时偏离此条件，系数将发生变化，变化的情况视流量计类型、管道安装条件和流体物性参数的情况而定。

10.5.2 特点和应用

(1)精度高　对于液体一般为 0.25%～0.5%R(R 为读数，或表显示量)，高精度型可达 0.15%R；而当介质为气体时，一般为 1%～1.5%R，特殊专用型为 0.5%～0.1%R。

(2)重复性好　短期重复性可达 0.05%～0.2%，正是由于其具有良好的重复性，如经常校准或在线校准可得极高的精确度，在贸易结算中它是优先选用的流量计。

(3)输出脉冲频率信号，适于总量计量及与计算机连接，无零点漂移，抗干扰能力强，可获得很高的频率信号(3～4kHz)信号分辨率强。

(4)测量范围宽　中大口径可达 40：1～10：1，小口径为 6：1 或 5：1。

(5)适用于高压测量，仪表表体上不必开孔，易制成高压型仪表。

(6)难以长期保持校准特性，需要定期校验。对于无润滑性的液体，液体中含有悬浮物或腐蚀性，造成轴承磨损及卡住等问题，限制了其适用范围，采用耐磨硬质合金轴和轴承后情况有所改进。对于贸易储运和高精度测量要求的，最好配备现场校验设备，可定期校准以保持其特性。

(7)不适用于较高黏度介质(高黏度型除外)，随着黏度的增大，流量计测量下限值提高，测量范围缩小，线性度变差。

(8)液体物性(密度、黏度)对仪表特性有较大影响。气体流量计易受密度影响，而液体流量计对黏度变化反应敏感。由于密度和黏度与温度、压力关系密切，在现场温度、压力波动都是难免的情况下，要根据它们对精确度影响的程度采取补偿措施，才能保持高的计量精度。

(9)流量计受来流流速分布畸变和旋转流影响较大，一次仪表上、下游侧需设置较长的直管段，如安装空间有限制，可加装流动调整器(整流器)以缩短直管段长度。

(10)对被测介质的清洁度要求较高，限制了其适用领域，虽可安装过滤器以适应脏物介质，但亦带来压损增大、维护量增加等副作用。

10.5.3 安装注意事项

涡轮流量计应安装在便于维修,管道无震动、无强电磁干扰与热辐射影响的场所。液体涡轮流量计的典型安装管路系统。图中各部分的配置可视被测对象情况而定,并不一定全部都需要。涡轮流量计对管道内流速分布畸变及旋转流是敏感的,因此,要根据流量计上游侧阻流件类型配备必要的直管段或整流器。若上游侧阻流件情况不明确,一般推荐上游直管段长度不小于 20D,下游直管段长度不小于 5D,如安装空间不能满足上述要求,可在阻流件与流量计之间安装整流器。流量计安装在室外时,应有避直射阳光和防雨淋的措施。

10.6 涡街流量计

在特定的流动条件下,将流体动能转化为流体旋转、产生旋涡或震动,其频率与流速(流量)有确定的比例关系,依据这种原理工作的流量计称为流体旋转(或旋涡、或震动)流量计。具有以下一些特点:

①输出为脉冲频率,其频率与被测流体的实际体积流量成正比,它不受流体的工况状态如:组分、密度、压力、温度的影响;

②测量范围宽,一般测量范围可达 10∶1 以上;

③精确度为中上水平;

④无可动部件,可靠性高;

⑤结构简单牢固,安装方便,维护费较低;

⑥应用范围广泛,可适用液体、气体和蒸汽。涡街流量计应用最广泛,因此,这里只介绍涡街流量计。

10.6.1 工作原理与结构

10.6.1.1 卡门涡街的产生与现象

为说明卡门涡街的产生,我们来考虑黏性流体绕流圆柱体的流动。当流体速度很低时,流体在前驻点速度为零,来流沿圆柱左右两侧流动,在圆柱体前半部分速度逐渐增大,压力下降,后半部分速度下降,压力升高,在后驻点速度又为零. 这时的流动与理想流体绕流圆柱体相同,无旋涡产生,如图 10-13(a)所示。

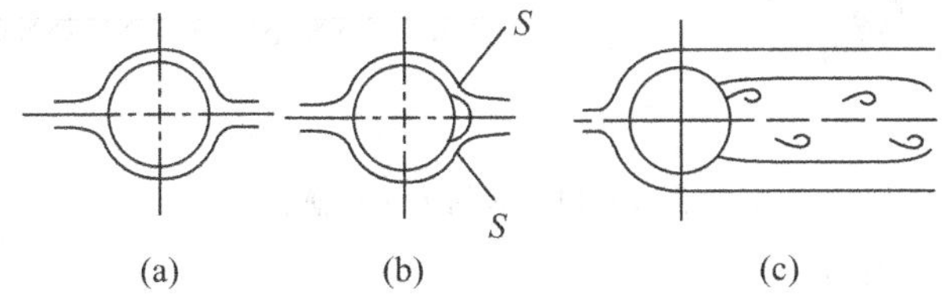

图 10-13 圆柱绕涡街产生示意图

随着来流速度增加,圆柱体后半部分的压力梯度增大,引起流体附面层的分离,如图

10-13(b)所示。当来流的雷诺数 Re 再增大，达到 40 左右时，由于圆柱体后半部附面层中的流体微团受到更大的阻滞，就在附面层的分离点 S 处产生一对旋转方面相反的对称旋涡，如图(c)所示。

在一定的雷诺数 Re 范围内，稳定的卡门涡街的及旋涡脱落频率与流体流速成正比。

10.6.1.2 卡门涡街的稳定条件

并非在任何条件下产生的涡街都是稳定的。冯·卡门在理论上已证明稳定的涡街条件是：涡街两列旋涡之间的距离为 h，单列两涡之间距离为 l，若两者之间关系满足

$$\sinh\left(\frac{\pi h}{l}\right)=1$$

或

$$\frac{h}{l}=0.281 \tag{10-32}$$

时所产生的涡街是稳定的。

10.6.1.3 流量传感器结构

涡街流量传感器产品如图所示。在传感器的测量管内放置旋涡发生体(阻流体)，则在旋涡发生体后两侧交替地产生有规则的旋涡，这种旋涡成为卡曼涡街，如图 10-14 所示。设旋涡的发生频率为 f，管道内被测介质的平均速度为 v，旋涡发生体迎面宽度为 d，表体通径为 D，根据卡曼涡街原理，有如下关系式：

$$f=S_r\frac{v_1}{d}=S_r\frac{v}{md} \tag{10-33}$$

$$m=1-\frac{2}{\pi}\left[\frac{d}{D}\sqrt{1-\left(\frac{d}{D}\right)^2}+\arcsin\frac{d}{D}\right] \tag{10-34}$$

式中：v——旋涡发生体两侧平均流速(m/s)；

S_r——斯特劳哈尔数；

m——旋涡发生体两侧弓形面积与管道横截面面积之比。

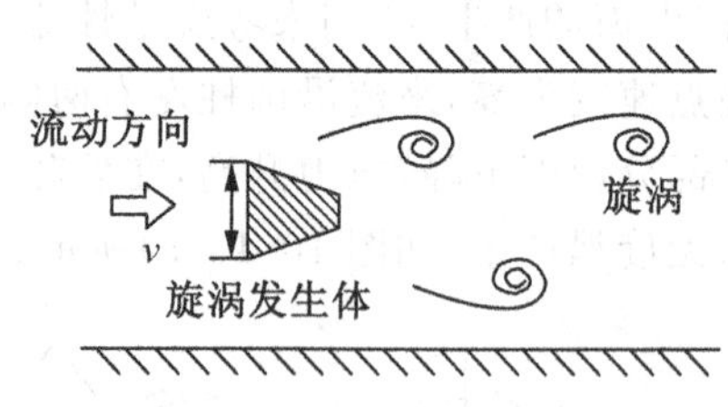

图 10-14 涡街流量传感器

管道内体积流量 Q_v 为

$$Q_v=\frac{\pi}{4}D^2\frac{md}{S_r}f=\frac{f}{K} \tag{10-35}$$

式中：K——流量计的仪表系数(脉冲数/m^3)。

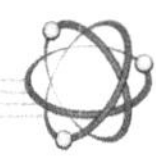

K 除了与旋涡发生体、管道的几何尺寸有关外，还与斯特劳哈尔数有关。斯特劳哈尔数为无量纲参数，它与旋涡发生体形状及雷诺数有关，图 10-15 所示为圆柱状旋涡发生体的斯特劳哈尔数与管道雷诺数的关系图。由图可见，Re 在 $2\times10^4\sim7\times10^6$ 范围内，S_r 可视为常数，这是仪表正常的工作范围。

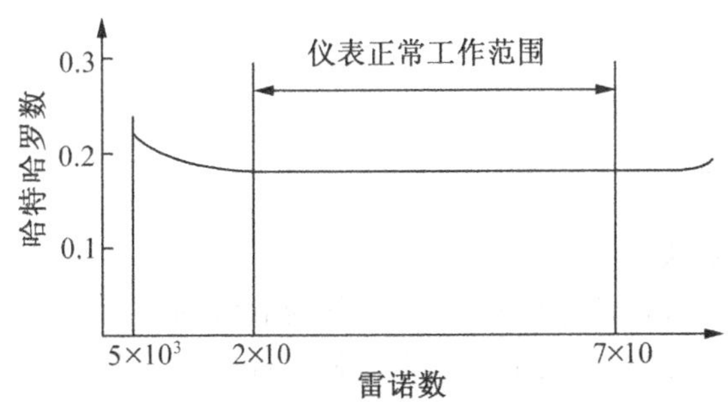

图 10-15　斯特哈罗数和雷诺数的关系

由此可知，涡街流量计输出的脉冲频率信号，不受流体物性和组分变化的影响，即仪表系数在一定雷诺数范围内，仅与旋涡发生体及管道的形状尺寸等有关。

10.6.1.4　涡街流量计各部分功能

涡街流量计由传感器和转换器两部分组成。传感器包括旋涡发生体（阻流体）、检测元件、仪表表体等；转换器包括前置放大器、滤波整形电路、支架和防护照等。近年来，智能式流量计还把微处理器、显示通信及其他功能模块也装在转换器内。

（1）旋涡发生体

旋涡发生体是检测器的主要部件，它与仪表的流量特性（仪表系数、线性度、测量范围等）和阻力特性（压力损失）密切相关，对旋涡发生体的要求如下：

①能控制旋涡在旋涡发生体轴线方向上同步分离；

②在较宽的雷诺数范围内，有稳定的旋涡分离点，保持恒定的斯特劳哈尔数；

③涡街信号的信噪比高；

④形状和结构简单，便于加工和几何参数标准化，以及各种检测元件的安装和组合；

⑤材质应满足流体性质的要求，耐腐蚀、耐磨，耐温度变化；

⑥固有频率在涡街信号的频带外。

（2）检测元件

流量计检测旋涡信号有 5 种方式。

①用设置在旋涡发生体内的检测元件直接检测发生体两侧差压；

②旋涡发生体上开设导压孔，在导压孔中安装检测元件检测发生体两侧差压；

③检测旋涡发生体周围交变环流；

④检测旋涡发生体背面交变差压；

⑤检测尾流中旋涡列。

根据这 5 种检测方式，采用不同的检测技术（热敏、超声、应力、应变、电容、电磁、光电、光纤等）可以构成不同类型的涡街流量计。

（3）转换器

检测元件把涡街信号转换成电信号，该信号既微弱又含有不同成分的噪声，必须进行放大、滤波、整形等处理才能得出与流量成比例的脉冲信号，流程处理如图 10-16 所示。

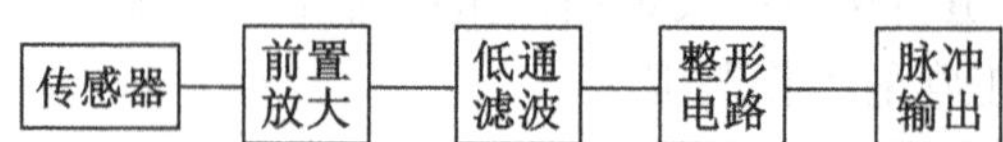

图 10-16　信号处理流程

10.6.2　安装使用注意事项

10.6.2.1　安装注意事项

涡街流量计属于对管道流速分布畸变、旋转流和流动脉动等敏感的流量计。因此，对现场管道安装条件应充分重视，遵照生产厂家使用说明书的要求执行。

涡街流量计可安装在室内或室外。如果安装在地井里，有水淹的可能，要选用涎水型传感器。传感器在管道上可以水平、垂直或倾斜安装，但测量液体和气体时，为防止气泡和液滴的干扰。

涡街流量计必须保证上、下游直管段有必要的长度。各种资料中数据有差异，其原因可能是：旋涡发生体尚未标准化，形状尺寸的差异有多少影响尚待验证；对各类阻流件必要的直管段长度试验研究尚不够，即还不成熟，对比节流式差压流量计，这方面工作还处于初始阶段。

10.6.2.2　使用注意事项

(1)现场安装完毕通电和通流前的检查

①主管和旁通管上各法兰、阀门、测压孔、测温孔及接头应无渗漏现象。

②管道震动情况是否符合说明书规定。

③传感器安装是否正确，各部分电器连接是否良好。

(2)接通电源静态调试

在通电不通流时转换器应无输出，瞬时流量指示为零，累积流量无变化。否则，应首先检查是否因信号线屏蔽或接地不良，或管道震动强烈而引入干扰信号。如确认不是上述原因时，可调整转换器内的电位器，降低放大器增益或提高整形电路触发电平，直至输出为零。

(3)通流动态调试

关闭旁通阀，打开上下游阀门，流动稳定后转换器输出连续的脉宽均匀的脉冲流量指示稳定无调变，调阀门开度，输出随之改变。否则，应细致检查并调整电位器，直至仪表输出及无误触发又无漏脉冲为止。

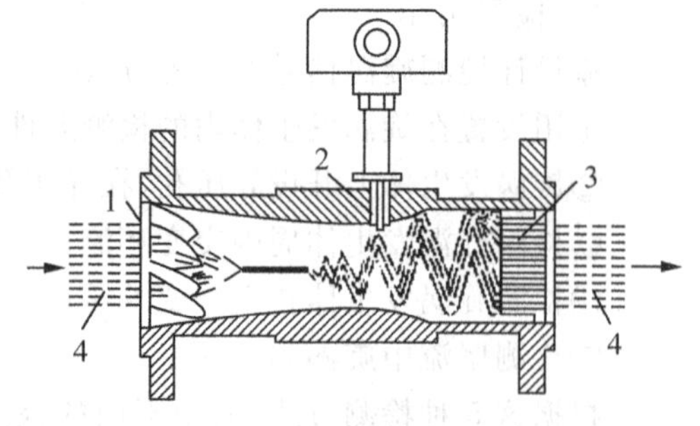

图 10-17　旋进旋涡流量计

另外，常用的旋涡流量传感器是旋进旋涡流量计，如图 10-17 所示，当流体进入传感器时，首先遇到流体旋转发生器，流体开始旋

转，传感器探头可以检测到旋转流体的波峰的变化，由此可以检测到流体的流速，进而得到流体的流量。当流体流出传感器时，将流体进行整流，恢复到原来的层流状态。

10.7 超声流量计

超声流量计是通过检测流体流动时对超声束(或超声脉冲)的作用，来测量流体流量的仪表。本节以测量封闭管道液体流量为例的超声流量计。超声流量计的特点是：

可做非接触测量；无流动阻挠测量，无额外压力损失；适用于大型圆形管道和矩形管道；多普勒超声流量计可测量固相含量较多或含有气泡的液体；超声流量计也可测量非导电性液体，在无阻绕流量测量方面是对电磁流量计的一种补充。

10.7.1 工作原理及组成

封闭管道用超声流量计按测量原理分类有：传播时间法；多普勒(效应)法；波束偏移法；相关法；噪声法。本节将讨论用得最多的传播时间法和多普勒(效应)法的仪表。

10.7.1.1 传播时间法

传播时间法比多普勒法的测量精度高。声波在流体中传播，顺流方向声波传播速度会增大，逆流方向则减少，同一传播距离就有不同的传播时间。利用传播速度之差与被测流体流速的关系求取流速，称之传播时间法。按测量具体参数不同，分为时差法、相位差法和频差法。现以时差法说明其工作原理。

(1)流速方程式

如图 10-18 所示，超声波顺流从换能器 1 送到换能器 2 的传播速度 c 被流体流速 v_m 所增加，为

$$\frac{L}{t_{12}}=c+v_m\frac{d}{L} \tag{10-36}$$

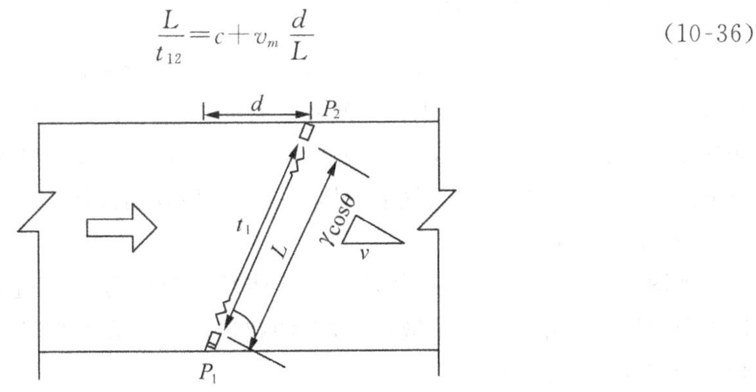

图 10-18 传播时间法原理图

反之，超声波逆流从换能器 2 传送到换能器 1 的传播速度则被流体流速减慢，为

$$\frac{L}{t_{21}}=c-v_m\frac{d}{L} \tag{10-37}$$

式(10-36)减去式(10-37)，并变换之，得

$$v_m=\frac{L}{2d}\left(\frac{1}{t_{12}}-\frac{1}{t_{21}}\right) \tag{10-38}$$

式中：L——超声波在换能器之间传播路径的长度(m)；

d——传播路径的轴向分量(m)；

t_{12}——从换能器 1 到换能器 2，t_{21}从换能器 2 到换能器 1 的传播时间(s)；

c——超声波在静止流体中的传播速度(m/s)；

v_m——流体通过换能器 1、2 之间声道上的平均流速(m/s)。

(2)流量方程式

传播时间法所测量和计算的流速是声道上的线平均流速，而计算流量所需的是流通横截面的面平均流速，二者的数值是不同的，其差异取决于流速分布状况。因此，必须用一定的方法对流速分布进行补偿。此外，对于夹装式换能器仪表，还必须对折射角受温度变化进行补偿，才能精确地测得流量。体积流量 Q_v为

$$Q_v=\frac{v_m}{K}\cdot\frac{\pi D^2}{4} \tag{10-39}$$

式中：K——流速分布修正系数，即声道上线平均流速 v_m和平面平均流速 v 之比，$K=v_m/v$；

D——管道内径。

K 是单声道通过管道中心(即管轴对称流场的最大流速处)的流速(分布)修正系数。管道雷诺数 Re 变化，K 值将变化，仪表测量范围为 10 时，K 值变化约为 1%；测量范围为 100 时，K 值约变化 2%。流动从层流转变为紊流时，K 值要变化约 30%。所以要精确测量时，必须对 K 值进行动态补偿。

10.7.1.2 多普勒(效应)法

多普勒(效应)法超声流量计是利用在静止点检测来自移动源发射声波而产生多普勒频移现象原理，多普勒频移正比于两者之间的相对速度。多普勒法流量计要比传播时间法适用悬浮颗粒含量上限高得多，而且可以测量连续混入气泡的液体。但不能测量含有影响超声波传播的连续混入气泡或体积较大固体物的液体。

(1)流速方程式

如图 10-19 所示，超声换能器 1 向流体发出频率为 f_1的连续超声波，经照射域内液体中散射体悬浮颗粒或气泡散射，散射的超声波产生多普勒频移 f_d，接收换能器 2 收到频率为 f_2的超声波，其值为

$$f_2=f_1\left(1-\frac{2v\cos\theta}{c}\right) \tag{10-40}$$

式中：v——散射体运动速度。

多普勒频移 f_d正比于散射体流动速度，即

$$f_d=f_1-f_2=f_1\frac{2v\cos\theta}{c} \tag{10-41}$$

测量对象确定后，式(10-41)右边除 v 外均为常量，整理后得

$$v=\frac{cf_d}{2f_1\cos\theta} \tag{10-42}$$

(2)流量方程式

多普勒法超声流量计的流量方程式形式上与式(10-42)相同，只是所测得的流速是各散射体的速度 v(代替式中的 v_m)，与载体液体管道平均流速数值并不一致；方程式中流速分布修正系数 K_d 以代替 K。K_d 是散射体的“照射域”在管中心附近的系数；其值不适用于在大管径或含较多散射体达不到管中心附近就获得散射波的系数。

$$Q_V=\frac{\pi D^2 v}{4K_d} \tag{10-43}$$

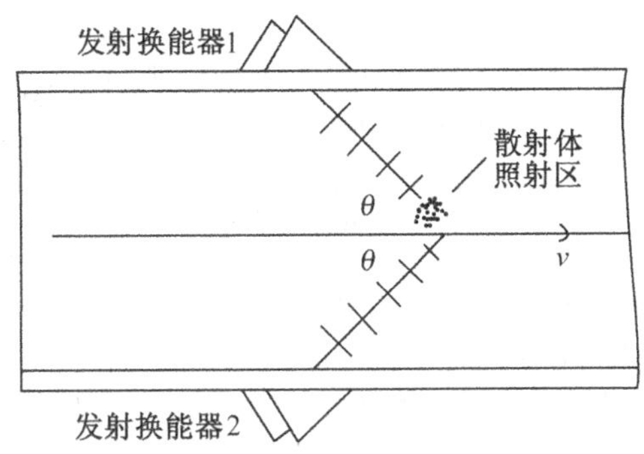

图 10-19　多普勒效应法原理图

(3)液体温度影响的修正

式(10-42)中的流体声速 c 是温度的函数，液体温度变化会引起测量误差。由于固体的声速温度变化影响比液体小一个数量级，即在式(10-43)中的流体声速 c 用声楔的声速 c_0 取代，以减小用液体声速时的影响。因为从图 10-20 可知，$\cos\theta=\sin\varphi_0$，再按菲涅耳定律 $\sin\varphi/c=\sin\varphi_0/c_0$，可得

$$v=\frac{c_0 f_d}{2f_1\sin\varphi_0} \tag{10-44}$$

式中：$c_0/2\sin\varphi_0$ 可视为常量。

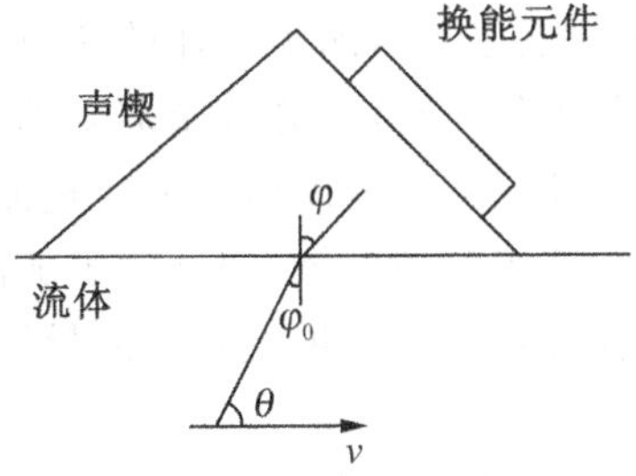

图 10-20　声楔的射角

(4)散射体的影响

实际上多普勒频移信号来自速度参差不一的散射体，而所测得各散射体速度和载体

液体平均流速间的关系也有差别。其他参量如散射体粒度大小组合与流动时分布状况、散射体流速非轴向分量、声波被散射体衰减程度等均影响频移信号。

10.7.2 选型

首先要考虑测量原理是传播时间法，还是多普勒法，其主要判断要素是：液体洁净程度或杂质含量和测量精度要求。基本适用条件如表 10-1 所示。

表 10-1 超声波流量传感器基本适用条件

测量条件	传播时间法	多普勒法
适用液体	水类（江河水、海水等），油类（纯净燃油、润滑油等），化学试剂、药液等	含杂质的水（污水、农业用水），浆类（泥浆、纸浆、化工料浆），油类（非净燃油、重油、原油等）
适用悬浮颗粒含量	体积含量＜1%时，不影响测量精度	浊度＞50～100mg/L
仪表基本误差	有测量管、湿式大口径多声道 0.5%～1%R 湿式小口径多声道、夹装式 1.5%～3%R	(3～10)%FS 固体粒子含量基本不变时 0.5%～3%
重复性误差	0.1%～0.3%	1%
价格	较高	较低

此外，对于外夹装式仪表还要考虑管壁材料和厚度、锈蚀状况、衬里材料和厚度；对于现场安装换能器式仪表要考虑换能器类型；对于大管径传播时间法仪表要考虑声道数，等等。

10.8 质量流量计

前面介绍的各种流量检测方法是直接测出流体的流速，通过乘以管道截面积得到体积流量。但在工业生产中，物料平衡、经济核算等都需要的是质量流量。在一般情况下，对于液体，可以将已测得的体积流量乘以密度换算成质量流量；而对于气体，由于密度随气体的温度和压力而变化；对于多组分的气体，密度除了随温度和压力而变化外，还受组分变化的影响；给质量流量的换算带来了麻烦。质量流量计的检测方法是用一定的测量原理直接测量质量流量。

质量流量计的检测方法可以分为两大类：

直接式　检测装置的输出信号可以直接表示质量流量的大小。

间接式　检测两个以上有关质量流量的物理量，然后通过计算得出质量流量。

10.8.1 直接式质量流量计

目前，直接式质量流量常用的检测方法有：差压式质量流量计、涡轮式质量流量计、动量式质量流量计、热式质量流量计和科里奥利式质量流量计等，下面主要介绍后两种。

10.8.1.1 热式质量流量计

热式质量流量计是利用传热原理，即流动中的流体与热源（流体中加热的物体或测量管外加热体）之间热量交换关系来测量流量的仪表，当前主要用于测量气体。

热式流量仪表用得最多的有两类：一是利用流动流体传递热量改变测量管壁温度分布的热传导分布效应的热分布式流量计；二是利用热消散（冷却）效应的热式质量流量计。

（1）热分布式热式质量流量计

热分布式热式质量流量计的工作原理如图 10-21 所示，薄壁测量管 3 外壁绕着两组兼做加热器和检测元件的绕组 2 组成惠斯顿电桥，由恒流电源 5 供给恒定热量，通过线圈绝缘层、管壁、流体边界层传导热量给管内流体。边界层内热的传递可以看做热传导方式实现的。在流量为零时，测量管上的温度分布如图下部虚线所示，相对于测量管中心的上下游是对称的，由线圈和电阻组成的电桥处于平衡状态；当流体流动时，流体将上游的部分热量带给下游，导致温度分布变化如实线所示，由电桥测出两组线圈电阻值的变化，求得两组线圈平均温度差 ΔT。可按下式导出质量流量 Q_m，即

$$Q_V = K\frac{A}{c_p}\Delta T \tag{10-45}$$

式中：c_p——被测气体的质量定压热容；

A——测量管绕组（即加热系统）与周围环境热交换系统之间的热传导系数；

K——仪表常数；

ΔT——两组线圈平均温度差。

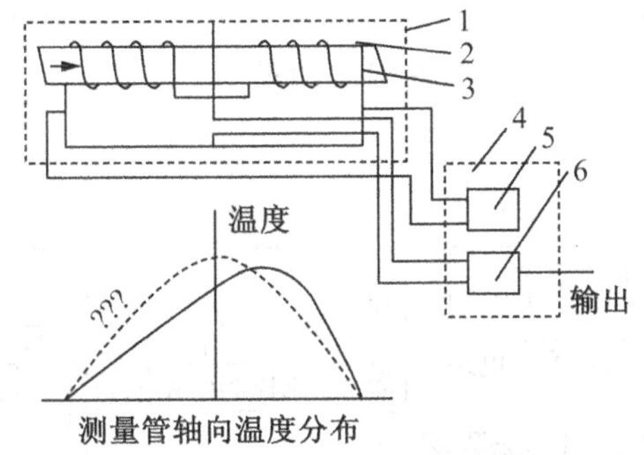

图 10-21 热分布式质量流量计工作原理

1—流量传感器 2—绕组 3—测量管 4—转换器 5—恒流电源 6—放大器

总的热传导系数 A 中，因测量管壁很薄且具有相对较高的热导率，仪表制成后其值不变，因此，A 的变化可简化认为主要是流体边界层热导率的变化。当使用于某一特定范围的流体时，则 A，c_p 均视为常量，则质量流量仅与绕组平均温度差成正比，仪表出口处流体不带走热量，或者说带走热量极微；流量增大到有部分热量被带走而呈现非线性。

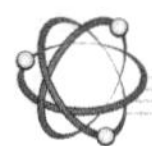

测量管加热方式大部分产品采用两绕组或三绕组的线绕电阻；除管外电阻丝绕组加热方式外，还有利用管材本身电阻加热方式。测量管形状有直管形、还有Ⅱ字形结构。三绕组中一组在中间加热，两组分绕两臂测量温度。

为了获得良好的线性输出，必须保持层流流动，测量管内径 D 设计得很小而长度 L 很长，即有很大的 L/D 比值。为扩大仪表流量，还可采用在管道内装管束等层流阻流件；扩大更大流量和口径还常采用分流方式，在主管道内装层流阻流件以恒定比值分流部分流体到流量传感部件。有些型号仪表也有用文丘里喷嘴等代替层流阻流件。

市场上热分布式质量流量计按测量管内径分为细管型（也有称毛细管型）和小型两大类，结构上有较大区别。小型测量管仪表只有直管型，内径为 4mm；细管型测量管内径仅为 0.2～0.5mm，稍大者为 0.8～1mm，极容易堵塞，只适用于净化无尘气体。

（2）浸入式热式质量流量计

金氏定律的热丝热散失率表述各参量间关系，如下式所示。

$$\frac{H}{L}=\Delta T[\lambda+2(\pi\lambda c_v\rho vd)^{1/2}] \tag{10-46}$$

式中：H/L——单位长度热散失率[J/(m·h)]；

ΔT——热丝高于自由流束的平均升高温度(K)；

λ——流体的热导率[W/(m·K)]；

c_V——质量定容热容[J/(kg·K)]；

ρ——密度(kg/m³)；

v——为流体的流速(m/s)；

d——热丝直径(m)。

如图 10-22 所示，两温度传感器（热电阻）分别置于气流中两金属细管内，一热电阻测得气流温度为 T；另一细管经功率恒定的电流加热，其温度为 T 高于气流温度，气体静止时 T 最高，随着质量流速 ρv 的增加，气流带走更多热量，温度下降，测得温度差为 $\Delta T=T_2-T_1$，这种方法称为温度差测量法或温度测量法。

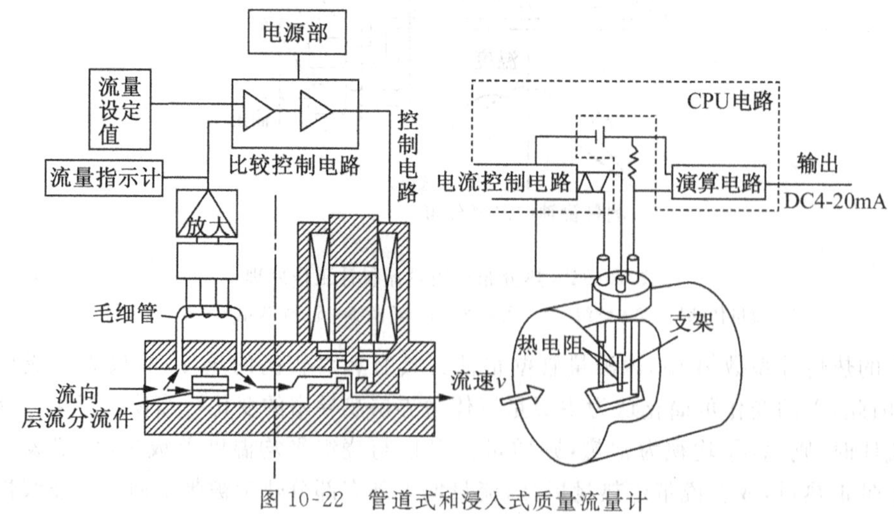

图 10-22　管道式和浸入式质量流量计

消耗功率 P 和温度差 ΔT 存在如式(10-47)所示的比例关系，式中 B,C,K 均为常数。从式(10-47)便可算出质量流速，乘上点流速与管道平均流速间系数和流通面积的质量流量 q_m，再将式(10-47)变换成式(10-48)，即

$$P=[B+C(v\rho)^K]\Delta T \tag{10-47}$$

$$\therefore \frac{P}{\Delta T}=D+Eq_m^K \tag{10-48}$$

式(10-48)中，E 是与所测气体物性如热导率、比热容、黏度等有关的系数，如果气体成分和物性恒定则是为常数；D 则是与实际流动有关的常数。若保持 ΔT 恒定，控制加热功率随着流量增加而增加，这种方法也称为功率消耗测量法。

(3)安装注意事项

①热分布式。大部分热分布式热式质量流量计的流量传感器可为任何姿势(水平、垂直或倾斜)安装，有些仪表只要安装好后在工作条件如压力、温度下进行电气零点调整。然而有些型号仪表对安装姿势具有敏感性，大部分制造厂会对此就安装姿势影响和安装要求做出说明。应用于高压气体时，流量传感器则选择水平安装，因为这样便于做到调零的零偏置。

②浸入式。大部分浸入式热式质量流量计性能不受安装姿势的影响。然而在低流速测量时，因受管道内气体对流的热流影响，使安装姿势显得十分重要。因此，在低和非常低流速流动时要获得精确测量，必须遵循制造厂依据仪表设计结构而确定的安装建议。

10.8.1.2　科里奥利质量流量计

科里奥利质量流量计是利用流体在直线运动的同时处于一旋转系中，产生与质量流量成正比的科里奥利力原理而制成的一种直接式质量流量仪表，。科里奥利质量流量计的特点有：精度高、量程比大、动态特性好、无直管段要求、压力损失大等。

(1)工作原理和结构

如图 10-23 所示，当质量为 m 的质点以速度 v 在对 P 轴做角速度旋转的管道内移动时，质点受到两个分量的加速度及其力。

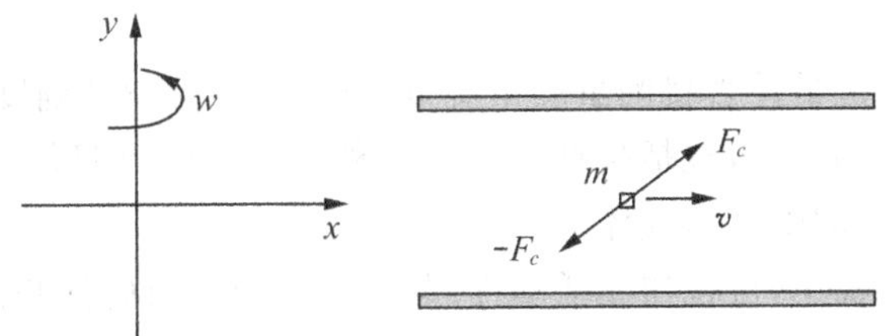

图 10-23　科里奥利力

①法向加速度。即向心力加速度 α_r。其量值等于 $\omega^2 r$，方向朝向 P 轴。

②切向加速度。即科里奥利加速度 α_t，其量值等于 $2wv$，方向与 α_r 垂直。由于复合运动，在质点的 α_t 方向上作用着科里奥利力 $F_c=2\omega vm$，管道对质点作用着一个反向力 $-Fc=-2wvm$。当密度为 ρ 的流体在旋转管道中以恒定速度 v 流动时，任何一段长度 Δx 的管道都将受到一个 ΔF_c 的切向科里奥利力，即

$$\Delta F_c = 2wv\rho A\Delta x$$

式中：A——管道的流通内截面积。

由于质量流量为 $q_m = \rho vA$，所以

$$\Delta F_c = 2wq_m\Delta x$$

因此，直接或间接测量在旋转管道中流动流体产生的科里奥利力就可以测得质量流量，这就是科里奥利质量流量计的基本原理。

但是，通过旋转运动产生科里奥利力的测量是困难的，现在产品均是通过管道振动产生科里奥利力，即由两段端固定的薄壁测量管，在中点处以测量管谐振的频率(或其高次谐波频率)所激励，在管内流动的流体产生科里奥利力，使测量管中点前后两半段产生方向相反的挠曲，用光学或电磁学方法检测挠曲量，以求的质量流量。

科里奥利质量流量计由流量传感器和转换器(或流量计算机)两部分组成。图 10-23 所示为流量传感器实例，主要由测量管及支撑固定桥架、测量管振动激励系统中驱动线圈 A、检测测量管挠曲的光学检测探头或电磁检测探头 B、修正测量管材料杨氏模量温度影响的测温组件等组成。转换器主要由振动激励系统的振动信号发生单元、信号检测和信号处理单元等组成；流量计算机则还有组态设定、工程单位换算、信号显示和与上位机通信等功能。

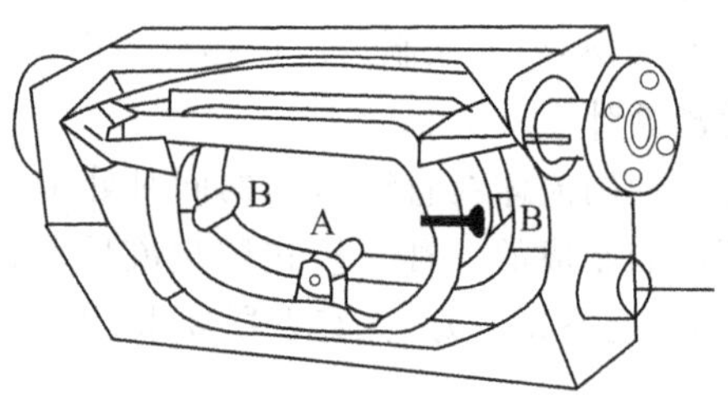

A—驱动线圈　B—检测探头

图 10-23　科里奥利力质量流量传感器

(2)主要优点

①科里奥利质量流量计直接测量质量流量，有很高的测量精确度。

②可测量流体范围广泛，包括高粘度液的各种液体、含有固形物的浆液、含有微量气体的液体、有足够密度的中高压气体。

③测量管的振动幅小，可视作非活动件，测量管路内无阻碍件和活动件。

④对应对迎流流速分布不敏感，因而无上下游直管段要求。

⑤测量值对流体粘度不敏感，流体密度变化对测量值得值的影响微小。

⑥可做多参数测量，如同期测量密度，并由此派生出测量溶液中溶质所含的浓度。

(3)主要缺点

①零点不稳定形成零点漂移，影响其精确度的进一步提高，使得许多型号仪表只得采用将总误差分为基本误差和零点不稳定度量两部分。

②不能用于测量低密度介质和低压气体；液体中含气量超过某一限制(按型号而异)会显着著影响测量值。

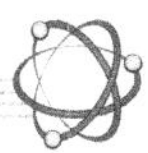

③对外界振动干扰较为敏感，为防止管道振动影响，大部分型号 CMF 的流量传感器安装固定要求较高。

④不能用于较大管径，目前尚局限于 150(200)mm 以下。

⑤测量管内壁磨损腐蚀或沉积结垢会影响测量精确度，尤其对薄壁管测量管的 CMF 更为显着。

⑥压力损失较大，与容积式仪表相当，有些型号 CMF 甚至比容积式仪表大 100%。

⑦价格昂贵。为同口径电磁流量计的 2～5 倍。

10.8.2　间接式质量流量计

间接式质量流量计检测原理是在管道上串连多个检测元件，通常利用前面各种体积流量传感器，测量出体积流量；并通过其他信号检测出流体介质的实时密度，在通过联立求解方程间接推导出流体的质量流量。目前，间接式质量流量常用检测方法有：差压式流量计与密度计的组合；体积流量计（涡街流量传感器）与密度计的组合；差压流量计或靶式流量计与体积流量计的组合等。

思考与习题

1. 什么是瞬时流量？什么是累计流量？什么是体积流量和质量流量？
2. 简述差压式流量传感器的工作原理？
3. V 形锥流量传感器比普通孔板式流量传感器有什么优点？
4. 电磁流量传感器由哪些部分构成？
5. 简述电磁流量传感器的工作原理。
6. 简述涡轮流量传感器的工作原理。
7. 什么是卡门涡街？
8. 简述涡街流量传感器的工作原理。
9. 简述时间法超声波流量传感器的工作原理。
10. 什么是科里奥力？
11. 简述科里奥质量流量传感器的工作原理。

第11章　成分检测

11.1　成分检测仪器概述

成分检测仪器是对待检测物品组成化学成分进行定性或者定量分析的仪器。随着社会工业化、电气化、信息化进程的加快，成分检测仪器在化工、炼油、冶金、半导体材料生产及环境监测等方面都得到广泛的应用。

成分检测仪器的工作原理互不相同，但其基本结构和环节大致相同。一般都由取样、传感、信号处理、显示等几部分构成。取样即将待测样品以合理方式引入到仪器中或使其能被仪器所探测。取样的过程应该保持被测样品组分的恒定。传感部分是成分检测仪器的心脏，其主要任务是将被测参数的变化转变为某种电量的变化，使这种变化通过一定的测量电路容易地转变为相应的电压或电流输出。传感器输出的电信号往往比较微弱，一般要配置放大器进行放大后送给二次仪表显示或记录，也可送给调节器或微处理机进行自动调零或数据处理，这部分功能由信号处理部分实现。显示部分则主要显示分析的最终结果。

按照所依据的工作原理不同，成分检测仪器可分为光学式分析仪器、磁性分析仪器、电化学式分析仪器、热学式分析仪器、射线式分析仪器、色谱仪等等；按分析的对象不同成分检测仪器又可分为气体分析器、液体分析器、湿度计等等。本章简要介绍其中的几种。

11.2　热导式气体检测仪器

11.2.1　工作原理简介

热导式气体检测仪器是目前气体检测仪器中最基本的一种。它是基于气体的百分比含量(体积)变化引起导热系数随之变化这一物理特性而制造的一种气体分析仪器，即通过对混合气体导热系数的测量来分析待测组分的体积百分含量。导热系数是衡量物质导热能力的物理量。导热系数大者，传热就快，反之传热则慢。不同的介质，导热系数的大小是不同的。一般说来，固体和液体的导热系数比较大，气体的导热系数比较小。各种气体的导热系数与空气的导热系数之比，称为各种气体的相对导热系数。常见气体相对导热系数见表11-1。

表 11-1 常见气体相对导热系数

气体名称	0℃时相对导热系数	气体名称	0℃时相对导热系数
空气	1.000	氨	0.897
氢	7.130	氩	0.685
氧	1.015	氧化亚氮	0.646
氮	0.998	硫化氢	0.538
一氧化碳	0.964	二氧化硫	0.344
二氧化碳	0.614	丙酮	0.406
甲烷	1.318	汽油	0.370
乙烷	0.807	氖	1.991
乙烯	0.735	氯	0.322
二乙醚	0.543	水蒸气	0.973(100℃)时

对于彼此无相互作用的多组分混合气体，它的导热系数可认为是各组分导热系数的算术平均值，即：

$$\lambda = \sum_{j=1}^{n} \lambda_i p_i \tag{11-1}$$

其中：λ 为混合气体平均导热系数；λ_j 为某一组分的导热系数；p_j 为该组分的体积百分比含量。当混合气体中只有两种组分时：

$$\lambda = \lambda_1 p_1 + \lambda_2 p_2 \tag{11-2}$$

根据该式，知道该两种气体的导热系数后（即知道混合气体由哪两种气体组成），只要测得混合导热系数即可确定待测组分的含量。

而对于两种以上的混合气体，由于各组分的含量本身需要测定，要准确测定某种成分的含量是不可能的。但在满足一些条件后仍可利用上式近似测量：

(1)除待测组分外，其余组分的导热系数相等或非常接近，则其他各种气体可以当作一种背景气体考虑。背景气体导热系数接近的程度越高，仪器的测量精度越高。若个别气体的 λ 值与其他背景气体的 λ 值相差较远时，可通过适当的方法在分析之前消除掉。

(2)待测组分与其余组分的导热系数相差很大，以保证仪器有较高的灵敏度。

例如，在合成氨生产中，需要测量循环气中氢的含量。而循环气中除了氢、氮外还有一定量的甲烷、氨、氯气等。显然，即使氢含量不变，循环气的导热系数也要随甲烷、氨、氩气等气体百分含量的波动而变化，使测量的结果误差很大。为了使测量准确，首先要对循环气进行净化处理，除掉甲烷、氨气、氯气等，然后再分析循环气中氢的含量就很准确了。

11.2.2 热导池

热导式气体检测仪器需要检测物质导热系数。而气体的导热系数很小，实际测量时多是把测量导热系数的变化转化为测量随其变化的热敏元件的电阻的变化。即通过测量电阻的变化测量导热系数。热导池就是这种检测部件。

11.2.2.1 热导池基本结构和工作原理

热导池具体结构形式多样。但一般大都由腔体、进气口、出气口、支撑架、电阻丝以及绝缘部件构成，如图 11-1 所示为其结构原理图。电阻为发热元件，当通过电流 I 时，电阻从电源吸收的功率将转换成热量。在测量过程中，腔体温度保持恒定(需要恒温装置)，在待测气体流量很小的情况下，气体流通散失热量可忽略不计，则电阻元件在上升到一定温度后，会在电源供电发热、待测气体热传导和腔体之间达到平衡。电阻元件和腔体内温度保持不变。由相关热力学定律可推得热导池的特性方程：

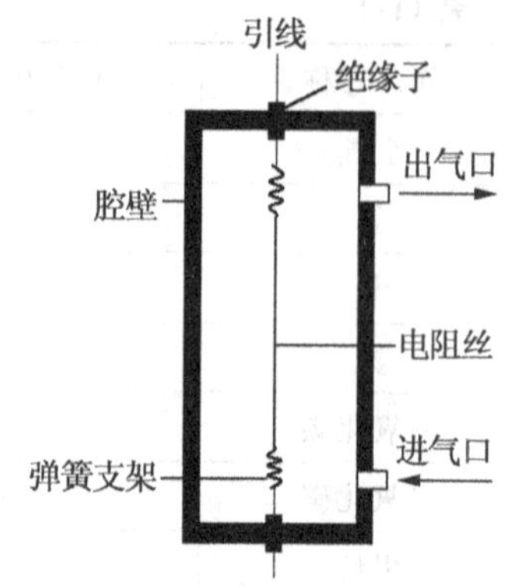

图 11-1　热导池原理结构图

$$R=\frac{R_0(1+\alpha t_c)}{1-\frac{\alpha I^2 R_0}{K\lambda_m}} \tag{11-3}$$

其中 K 为热导池常数：

$$K=\frac{2\pi l}{\ln\frac{r_C}{r_W}} \tag{11-4}$$

电阻丝的半径 r_W，腔体半径 r_C。电阻丝长度 l。待分析气体导热系数 λ_m。电阻丝在 0 度时阻值 R_0，在 t_W 时的阻值 R，电阻丝材料的电阻温度系数 α，热导池腔壁温度 t_c。

11.2.2.2 影响热导池特性的因素

实际上热导池工作时还存在其他一些散热损失，主要包括：①辐射散热；②引线导热损失；③气体对流散热；④气体带走的热量等。这些因素都会对热导池特性产生影响。另外热导池的壁面恒温装置效果以及电阻丝的参数和工作电流也可能影响热导池的工作特性。

11.2.3 测量电路

待测气体的浓度变化，被热导池转变为阻值的变化。阻值的变化可采用测量电桥测定。图 11-2 为一种简单的稳压源供电的直流单桥测量电路。其中，R_1、R_2 为电桥参比臂；R_3、R_4 为电桥工作臂；该电路可量程调节，零位调节。R_1、R_2、R_3、R_4 四臂采用恒温结构可以避免环境温度变化对测量精度的影响。

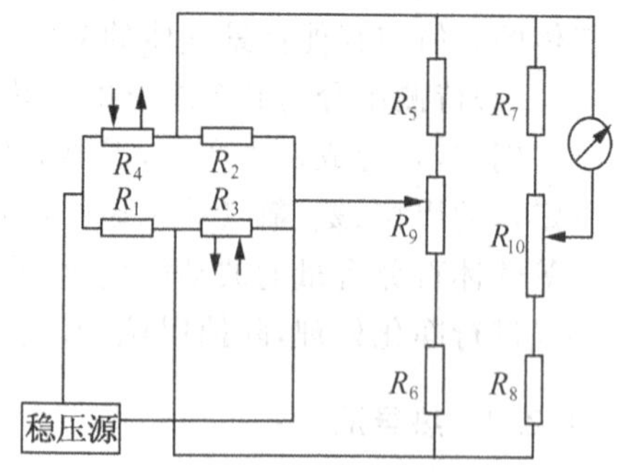

图 11-2　直流单桥热导池测量电路原理图

热导式成分检测仪器可以测量多种气体，测量范围宽，有广泛应用。

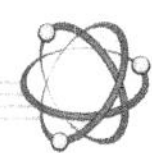

11.3 气相色谱仪

气相色谱仪是基于色谱法原理工作的成分分析仪器。色谱法是一种物理分离方法，即通过某种过程使混合物发生分离，再确定其含量。其基本工作过程是：

(1)组分分离。不同物质在两相——固定相和流动相之间具有不同的分配系数，这些物质同流动相一起运动时，在两相间进行反复多次的分配，使分配系数不同的物质在移动速度上产生显著差别，从而使各组分达到完全分离。

(2)组分鉴定。以适当的检测器对分离物进行定性定量鉴定。

色谱法依流动相不同可分为气相色谱法和液相色谱法。气相色谱法是一种以气体为流动相，采用柱色谱的分离分析技术，具有低检测限、高效能、高选择性、分析速度快、应用范围广等突出优点：

(1) 低检测限。能检测出 10^{-9} 级的杂质含量，而只需要不足 1mL 的气体样品或不足 $1\mu L$ 的液体样品。

(2) 高效能。对物理化学性能很接近的复杂混合物质都能很好地分离，进行定性、定量检测。有时在一次分离时，可同时解决几十甚至上百个组分的分离测定。

(3) 高选择性。可分离性能相近物质和多组分混合物。

(4)分析速度快。仅用几分钟至几十分钟就可完成一次分析，操作简单。由于计算机的应用，甚至在几秒钟内即可获得精确的分析结果。

(5)应用范围广。气相色谱法可以分析气体、易挥发的液体和固体样品。就有机物分析而言，应用极为广泛，可以分析约 20%的有机物。此外，某些无机物通过转化也可以进行分析。其局限性在于不能用于热稳定性差、蒸气压低或离子型化合物等的分析。

11.3.1 气相色谱仪的基本结构与工作流程

图 11-3 所示是气相色谱仪的结构框图。包括取样系统、载气流路系统、进样装置、色谱柱、检测器、色谱炉、温度控制系统、程序控制器、信息处理和显示记录装置等。下面详细介绍各部分的结构和性能。

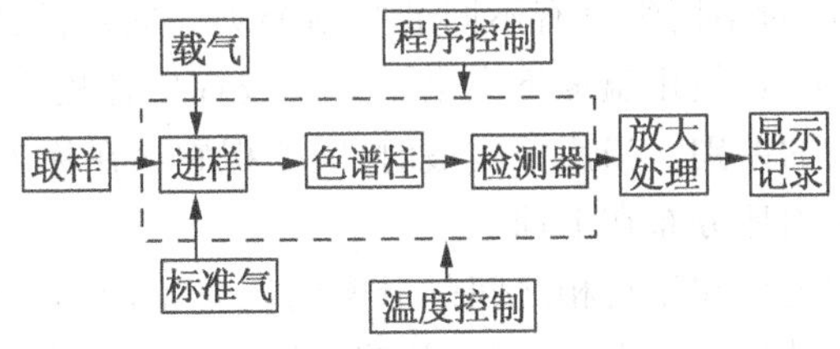

图 11-3 气相色谱仪的结构框图

11.3.1.1 取样

在气相色谱仪对样品分析前，应对样品进行初步的预处理，如减压、除水、除尘等，这靠取样系统完成。取样系统应具有调压、流路切换、流量监视、大气平衡和标准气(或标准液)校正等功能。

11.2.1.2 载气系统

在气相色谱分析中，流动相为载气，多数使用 N_2，H_2，He 等气体。通常使用钢瓶中的高压气体作为载气源，经干燥、净化装置除去杂质和水分提高载气纯度，达到稳定流量的目的。再经过计量、调节仪表使之以稳定的压力和精确的流量先后进入汽化室、色谱柱、检测器。

11.3.1.3 进样装置

进样系统的作用是将液体或固体试样，在进入色谱柱之前瞬间气化，然后快速定量地转入到色谱柱中。进样数量的恒定性、进样时间的长短、试样汽化的速度等都会影响定量结果的重复性和准确性。进样系统包括进样器和气化室两部分。

(1) 汽化室

当试样为液体时，要经汽化室加热使之瞬间汽化，成为气体试祥。为了让样品在气化室中瞬间气化而不分解，要求气化室热容量大，无催化效应。

(2)进样阀

被分析试样需要定量加入到色谱柱。气体样品的进样常用推拉式六通阀或旋转式六通阀定量进样。阀的原理如图 11-4 所示。从取样状态[图 11-4 (a)]切换至进样状态[图 11-4 (b)]，载气将充满定量管中的样品带入色谱柱。对进样阀的要求是气密性好，死体积小，可靠耐用，切换时间快。有的场合还要求能够耐腐蚀，能在一定温度条件下工作。

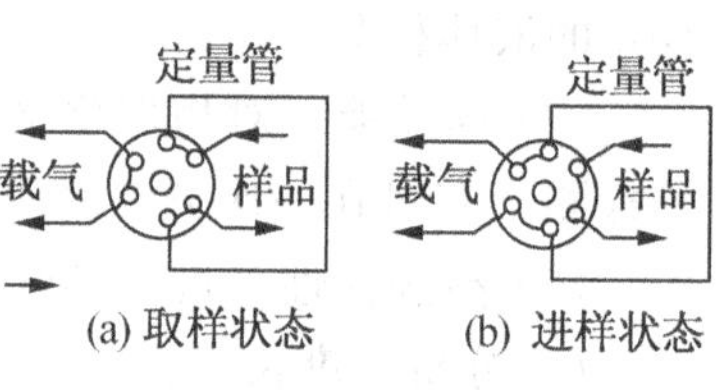

图 11-4 进样阀定量原理

11.3.1.4 色谱柱

试样分离由色谱柱完成。色谱柱有填充柱和毛细管柱两种。填充柱由不锈钢或玻璃材料制成，内装固定相，一般内径为 2 ～ 4mm，长 1 ～ 3m。填充柱的形状有 U 形和螺旋形二种。毛细管柱又叫空心柱，具有较高的分离效率，其材质一般为玻璃或石英，内径一般为 0.2 ～ 0.5mm，长度 30 ～ 300m，呈螺旋形。

色谱柱的分离效果除与柱长、柱径和柱形有关外，还与所选用的固定相和柱填料的制备技术以及操作条件等许多因素有关。固定相可分为固体固定相和液体固定相两种。固体固定相是一种吸附剂，对不同组分有不同的吸附能力。固定液是一些高沸点的有机液体，选择固定液的原则是:在使用温度下完全不挥发或挥发性极小，而对各分析组分有一定溶解能力及分配系数的差别。当用固定液时，需要把它涂在称为担体的固定材料上，担体的作用是使固定液牢固地分布在上面。

样品中各组分在固定相和流动相之间的分配情况是不同的。以气一液色谱法为例，在各个组分随流动相移动的过程中，分配系数较大的组分受到的阻滞力比较大，在固定相中停留的时间较多，移动较慢。分配系数较小的组分受到的阻滞力比较小，在固定相中停留的时间短，移动较快。这种分配在柱管中要进行多次。这就使得那些分配系数只有微小差别的物质的移动速度产生差别，只要有足够的分配次数和足够的时间，就可以使各组分达到完全分离。图 11-5 所示是试样在色谱柱中分离过程的示意图。两个组分 A 和 B 的混合物经过一定长度的色谱栓后，在不同时间流出色谱柱，进入检测器产生信号，于是

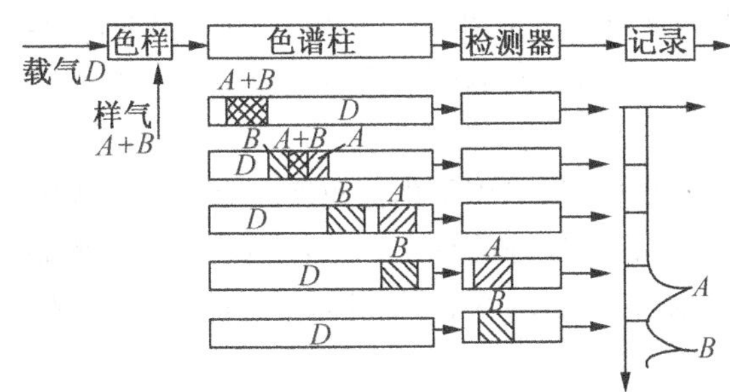

图 11-5　试样分离过程示意图

在记录仪中出现色谱峰。我们可以根据色谱峰出现的不同时间来进行定性分析，同时还可以根据色谱峰的高度或峰面积进行定量计算。

11.3.1.5　检测器

气相色谱仪的检测器也是仪器的关键部件，经过色谱柱分离的组分要用检测器把它们转化为电信号，从而进行定性和定量分析。一个优良的检测器应具有以下几个性能指标：灵敏度高；检出限低；死体积小；响应迅速；线性范围宽和稳定性好。根据检测原理的差别，检测器分为浓度型和质量型两大类。浓度型检测器的响应值正比于组分的浓度，如热导检测器。质量型检测器的响应取决于单位时间里进入检测器的组分质量，而输出正比于质量流量，如氢焰离子化枪测器。

(1)热导池检测器

有关热导池的基本原理、结构、性能已在 11.2 节介绍，在此不再重复。这里要作说明的是，气相色谱仪用的热导池检测器一般希望热导池半径大，混合气体导热系数小，以提高灵敏度。其次，色谱仪用热导池渐渐趋于小型化，使用小热导池可以避免组分被“稀释”，有利于减小峰宽，提高分离度。第三，为了测量微量试样，对热导池壁温控制要求较高。因此，色谱仪用热导池多采用直通式结构，以便发挥其响应快、灵敏度高的优点。

(2)氢焰离子化检测器

氢焰检测器以氢气和空气燃烧的火焰作为能源，利用含碳化合物在火焰中燃烧产生离子，在外加的电场作用下，使离子形成离子流，根据离子流产生的电信号强度，检测被色谱柱分离出的组分。图 11-6 所示为其结构原理图。其基本工作过程是：带有样品组分的载气从色谱柱出来和氢气混合进入检测器，由喷嘴(要求耐高温、化学稳定性好、热噪声小)喷出，点火丝通电后把氢气点燃，空气从侧面进入检测器帮助氢焰燃烧。含有碳氢原子的化合物在氢气的火焰中燃烧，生成带电的离子对。在火焰的上方有一筒状的收集电极，下方为一圆环状的阴极（发射电极）。

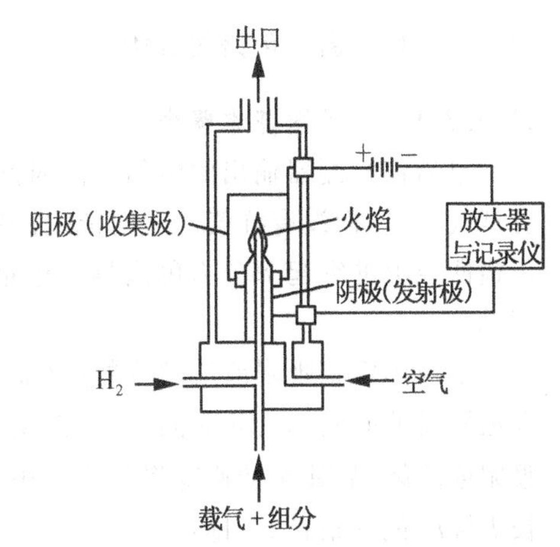

图 11-6　氢焰离子化检测器结构原理图

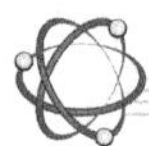

两电极间在恒定的电压下产生一个静电场。在电场的作用下，这些带电离子向两极做定向移动形成带电离子流，在电阻的两端变换为电压信号，经过放大器处理，然后送记录仪记录形成色谱图。

在整个气相色谱法分析中，氢焰离子化检测器的应用最为普遍。它具有结构简单，灵敏度高，死体积小，响应快，稳定性好的特点。但氢焰离子化检测器仅对含碳有机化合物有响应，对某些物质，如永久性气体、水、一氧化碳、二氧化碳、氮的氧化物、硫化氢等不产生信号或者信号很弱。

(3)电子捕获检测器

电子捕获检测器(ECD)是一个具有高灵敏度和高选择性的检测器，它只对具有电负性的物质，如含有卤素、硫、磷、氮的物质有响应，且电负性越强，检测器灵敏度越高。它经常被用来分析痕量的具有电负性元素的组分，如食品、农副产品的农药残留量，大气、水中的痕量污染物等。电子捕获检测器是浓度型检测器，其线性范围较窄，因此，在定量分析时应特别注意。

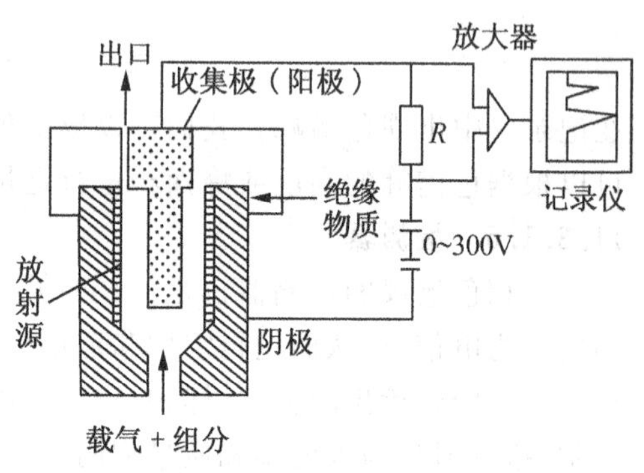

图 11-7　电子捕获检测器结构原理图

(4)其他类型检测器

除上述介绍的热导池检测器、氢焰离子化检测器、电子捕获检测器外，在工业气相色谱仪中还使用氮磷检测器、火焰光度检测器、光离子化检测器等，关于这些检测器的详细介绍可参阅有关文献。

11.3.1.6　温度控制、程序控制和数据处理

在色谱仪中，还要由计算机来完成数据记录和处理，实现对整个过程的控制。另外，温度是气相色谱仪最重要的操作条件。由于汽化室、色谱柱和检测器 3 个重要部件对温度各有不同的要求，所以应设置不同的温度控制装置。

11.3.2　色谱图及色谱图分析

11.3.2.1　色谱图基本概念

色谱仪检测器输出的电信号随时间的变化曲线就是色谱图。在实验操作条件下，只有载气通过，而没有样气注入时流出的曲线称为基线，稳定的基线应该是一条水平直线。色谱曲线上的突起部分为色谱峰。色谱峰顶点与基线之间的垂直距离即为峰高，多以 h 表示。

不被固定相吸附或溶解的物质(如空气、甲烷)进入色谱柱时，从进样到出现色谱峰极大值所需的时间称为死时间 t_0，它正比于色谱柱的空隙体积。因为这种物质不被固定相吸附或溶解，故其流动速度将与流动相流动速度相近。测定流动相平均线速 $\overline{u}$ 时，可用柱长 l 与 t_0 的比值计算，即：

$$\overline{u}=\frac{l}{t_0} \tag{11-5}$$

试样从进样到柱后出现峰极大点时所经过的时间，称为保留时间 t_r。某组分的保留时间扣除死时间后，称为该组分的调整保留时间 t_r'，即：

$$t_r' = t_r - t_0 \tag{11-6}$$

同样，色谱柱在填充后，柱管内固定相颗粒间所剩留的空间、色谱仪中管路和连接头间的空间以及检测器的空间的总和被称为死体积 V_0。从进样开始到被测组分在柱后出现浓度极大点时所通过的流动相的体积为保留体积 V_r。某组分的保留体积扣除死体积后，称为该组分的调整保留体积 V_r'：

$$V_r' = V_r - V_0 \tag{11-7}$$

另外，色谱峰所占区域宽度也是色谱图的重要参数，它反映了两个色谱峰分离条件的优劣。通常区域宽度有两种表示方法：(1)半峰宽，指色谱峰在峰高一半处的宽度。(2)基线宽，指通过流出曲线的拐点所作的切线在基线上的截距。

11.3.2.2 定性分析和定量分析

(1)定性分析

所谓的色谱定性分析就是要确定各色谱峰所代表何种化合物。由于各种物质在一定的色谱条件下均有确定的保留值，因此保留值可作为一种定性指标。但是不同物质在同一色谱条件下，可能具有相似或相同的保留值。因此仅根据保留值对一个完全未知的样品定性是困难的。在对样品的来源、性质有基本了解基础上，对样品组成作初步的判断，用下面的方法可确定色谱峰所代表的化合物。

①相对保留值法。相对保留值 α_{is} 是指组分 i 与基准物质 s 调整保留值的比值：

$$\alpha_{is} = tr_i' / tr_s' = Vr_i' / Vr_s' \tag{11-8}$$

它仅随固定液及柱温的变化而变化，与其他操作条件无关。

相对保留值的测定方法是：在某一固定相及柱温下，分别测出组分 i 和基准物质 s 的调整保留值，再按上式计算即可。用已求出的相对保留值与文献相应值比较即可对样品定性。

②加入已知物质增加峰高法。如果样品成分比较复杂，出峰时间接近或操作条件不易控制时，可采用此方法定性。首先，通过色谱图初步把可能范围缩小到某几种物质，然后用纯物质核对。其方法是把一种或几种纯物质依次加入到样品中，如果加入某种纯物质时有一色谱峰相对增高，那么该峰就代表这种物质。

除了上述两种方法，还可以通过保留指数定性法、纯物质对照方法定性分析色谱图。

(2)定量分析

对色谱图进行定量分析需要求出混合样品中各组分的百分含量，这是气相色谱分析的主要目的。色谱定量分析的依据是，当操作条件一致时，被测组分的质量(或浓度)与检测器给出的响应信号成正比。即：

$$\omega_i = f_i \cdot A_i \tag{11-9}$$

式中 ω_i 为被测组分 i 的质量；A_i 为被测组分 i 的峰面积；f_i 为被测组分 i 的校正因子。

可见，进行色谱定量分析时需要准确测量检测器的响应信号——峰面积或峰高；准确求得比例常数——校正因子；正确选择合适的定量计算方法，将测得的峰面积或峰高换算为组分的百分含量。

1)峰面积测量方法。峰面积是色谱图提供的基本定量数据,峰面积测量的准确与否直接影响定量结果。对于不同峰形的色谱峰应采用不同的测量方法。

①对称形峰面积的测量—— 峰高乘以半峰宽法

$$对称峰的面积\quad A=1.065\times h\times W_{1/2} \tag{11-10}$$

②不对称形峰面积的测量—— 峰高乘平均峰宽法

对于不对称峰的测量如仍用峰高乘以半峰宽,误差就较大,因此采用峰高乘平均峰宽法。

$$A=\frac{1}{2}h(W_{0.15}+W_{0.85}) \tag{11-11}$$

式中:$W_{0.15}$和$W_{0.85}$分别为峰高 0.15 倍和 0.85 倍处的峰宽。

2)定量校正因子。色谱定量分析的依据是被测组分的量与其峰面积成正比。但是峰面积的大小不仅取决于组分的质量,而且还与它的性质有关。即当两个质量相同的不同组分在相同条件下使用同一检测器进行测定时,所得的峰面积却不相同。因此,混合物中某一组分的百分含量并不等于该组分的峰面积在各组分峰面积总和中所占的百分率。这样,就不能直接利用峰面积计算物质的含量。为了使峰面积能真实反映出物质的质量,就要对峰面积进行校正,即在定量计算中引入校正因子。另一方面峰面积还与色谱条件有关。因此提出了相对校正因子的概念来解决色谱定量分析中的计算问题。相对校正因子定义为:

$$f_i'=f_i/f_s \tag{11-12}$$

即某组分 i 的相对校正因子 f_i' 为组分 i 与标准物质 s 的绝对校正因子之比。

$$f_i'=(m_i/m_s)\cdot(A_s/A_i) \tag{11-13}$$

可见,相对校正因子 f_i' 就是当组分 i 的质量与标准物质 s 相等时,标准物质的峰面积是组分 i 峰面积的倍数。若某组分质量为 m_i,峰面积 A_i,则 $f_i'A_i$ 的数值与质量为 m_i 的标准物质的峰面积相等。也就是说,通过相对校正因子,可以把各个组分的峰面积分别换算成与其质量相等的标准物质的峰面积,于是比较标准就统一了。这也是归一化法求算各组分百分含量的基础。

相对校正因子值只与被测物和标准物以及检测器的类型有关,而与操作条件无关。因此,可自文献中查出引用。

3)定量计算方法。

①归一化法

把所有出峰组分的含量之和按 100%计的定量方法称为归一化法。其计算公式如下:

$$P_i\%=(m_i/m)\cdot 100\%=\frac{A_if_i'}{\sum_1^n A_if_i}\cdot 100\% \tag{11-14}$$

式中:$P_i\%$为被测组分 i 的百分含量;A_i 为组分 1 ~ n 的峰面积;f_i' 为组分 1~n 的相对校正因子。当 f_i' 为质量相对校正因子时,得到质量百分数;当 f_i' 为摩尔相对校正因

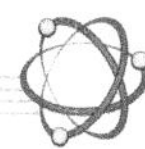

子时，得到摩尔百分数。

归一化法的优点是简单、准确，操作条件变化时对定量结果影响不大。但此法在实际工作中仍有一些限制。比如，样品的所有组分必须全部流出，且出峰。某些不需要定量的组分也必须测出其峰面积及 f_i' 值。此外，测量低含量尤其是微量杂质时，误差较大。

②内标法

当样品各组分不能全部从色谱柱流出，或有些组分在检测器上无信号，或只需对样品中某几个出现色谱峰的组分进行定量时可采用内标法。所谓内标法，是将一定量的纯物质作为内标物加入到准确称量的试样中，根据试样和内标物的质量以及被测组分和内标物的峰面积可求出被测组分的含量。由于被测组分与内标物质量之比等于峰面积之比，即

$$\frac{m_i}{m_s}=\frac{A_i f_i'}{A_s f_s'} \tag{11-15}$$

所以：

$$m_i=\frac{m_s A_i f_i'}{A_s f_s'} \tag{11-16}$$

式中：下标 s 代表内标物，i 代表组分。若试样质量为 m，则

$$P_i\%=(m_i/m)\cdot 100\%=\frac{m_s A_i f_i'}{m A_s f_s'}\cdot 100\% \tag{11-17}$$

内标法的关键是选择合适的内标物，它必须符合条件：

a. 内标物应是试样中原来不存在的纯物质，性质与被测物相近，能完全溶解于样品中，但不能与样品发生化学反应。

b. 内标物的峰位置应尽量靠近被测组分的峰，或位于几个被测物峰的中间并与这些色谱峰完全分离。

c. 内标物的质量应与被测物质的质量接近，能保持色谱峰大小差不多。

内标法的优点主要有三，首先因为 m_s/m 比值恒定，所以进样量不必准确；其次，又因为该法是通过测量 A_i/A_s 比值进行计算的，操作条件稍有变化时对结果没有什么影响，因此定量结果比较准确。第三，该法适宜于低含量组分的分析，且不受归一法使用上的局限。

内标法的主要缺点是每次分析都要用分析天平准确称出内标物和样品的质量，这对常规分析来说是比较麻烦的；其次，在样品中加入一个内标物，显然对分离度的要求比原样品更高。

③标准曲线法

首先要用纯物质配制一系列不同浓度的标准试样，在一定的色谱条件下准确定量进样，测量峰面积（或峰高），绘制标准曲线。在对样品测定时，要在与绘制标准曲线完全相同的色谱条件下准确进样，根据所得的峰面积（或峰高），从曲线查出被测组分的含量。

11.4 光谱分析仪器

11.4.1 光谱分析概述

按照基本的物理理论，任何物质都是由分子或原子构成的。原子是由原子核和绕核运动的电子组成的，原子核外的电子按其能量的高低分层分布而形成不同的能级。因此，物质内部可具有多种能级状态。能量最低的能级状态称为基态能级，其余能级称为激发态能级。正常情况下，原子处于能量最低，状态最稳定的基态。如果将一定外界能量如光能提供给该基态原子，当外界光能量 E 恰好等于该基态原子中基态和某一较高能级之间的能级差时，该物质将吸收这一特征波长的光，而产生吸收光谱(如白光通过物质时，某些波长的光被物质吸收后产生的光谱)。较高能级上的物质处于不稳定的激发态，容易返回基态或其他较低能级，并将多余的能量以光的形式释放出去，这个过程产生的光谱称为发射光谱。由于不同物质的独特组成和结构，各种物质都能发出具有本征特性的某些波长的光，通常称之为物质的特征光谱。实验证明，物质的吸收光谱中的每一条暗线，都跟该种物质的发射光谱中的一条明线相对应。即低温原子吸收的光，恰好就是这种原子在高温时发出的光。

由于物质特征光谱的存在，研究物体的发光或吸收光情况，就可以了解它的化学组成和相对含量。根据物质的光谱来鉴别物质及确定它的化学组成和相对含量的方法叫光谱分析。单色平行光通过均匀介质，能量被介质吸收时符合朗伯—比尔定律：

$$I=I_0\mathrm{e}^{-kcl} \tag{11-18}$$

即光强度为 I_0 的单色平行光通过均匀介质后，剩余光强度的大小随着介质浓度 c 和光程 l 按指数规律衰减。吸收系数 k 的大小取决于介质的特性，不同介质有不同的 k 值。而一种介质的 k 值又会随着光的波长值而变化。因此，对于不同的介质或不同波长的光，吸收的光强也是不同的。

因此，使光(包含待测物质特征光谱)通过样品的蒸汽中，被待测元素的原子所吸收，由发射光谱被减弱的程度，就可求得样品中待测元素的含量：

$$A=-\lg I/I_0=-\lg T=kcl \tag{11-19}$$

式中：I 为透射光强度，I_0 为发射光强度，T 为透射比，l 为光通过的光程。

紫外荧光光谱仪，可见分光光谱仪，红外光谱仪，原子吸收光谱仪，原子荧光光谱仪，火焰光谱仪等都是光谱吸收的仪器。光谱分析类仪表的特点是测量范围宽、灵敏度高、响应速度快、结构简单，并且可以测量微量和常量等。下面我们介绍广泛应用的红外光谱仪。

11.4.2 红外光谱仪

红外光谱在可见光区和微波光区之间，波长范围为 0.75～1000μm，根据仪器技术和应用不同，习惯上又将红外光区分为三个区：近红外光区(0.75～2.5μm)，中红外光区(2.5～25μm)，远红外光区(25～1000μm)。在红外线气体分析仪器中实际使用的红外线波长在 1～50μm。包含整个中红外光区。同时，由于中红外光谱仪最为成熟、简单，而且目前已积累了该区大量的数据资料，因此它是应用极为广泛的光谱区。通常，红外光谱法又称为中红外光谱法。

红外光谱法主要研究在振动中伴随有偶极矩变化的化合物。因此，除了单原子和同核分子如 Ne、He、O_2、H_2等之外，几乎所有的有机化合物在红外光谱区均有吸收。凡是具有结构不同的两个化合物，一定不会有相同的红外光谱。通常红外吸收带的波长位置与吸收谱带的强度，反映了分子结构上的特点，可以用来鉴定未知物的结构组成或确定其化学基团；而吸收谱带的吸收强度与分子组成或化学基团的含量有关，可用以进行定量分析和纯度鉴定。因此，红外光谱法不仅与其他许多分析方法一样，能进行定性和定量分析，而且该法是鉴定化合物和测定分子结构的最有用方法之一。图 11-8 是几种常见气体的吸收光谱。

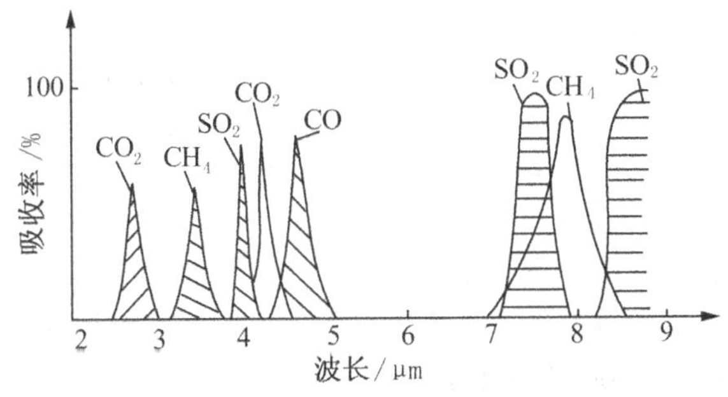

图 11-8 几种常见气体的吸收光谱

目前主要有两类红外光谱仪：色散型红外光谱仪和非色散型。如果红外线分析仪带有分光系统，这种借分光系统将红外光分为单色光的仪器，称为色散型红外光谱仪。不带分光系统的红外线分析仪，称为非色散型红外光谱仪。

11.4.2.1 非分散红外吸收法光谱仪结构

非分散红外线气体分析仪由红外光源、切光器、气室、光检测器，相应的供电、放大、显示和记录用的电子线路和部件组成，结构如图 11-9 所示。

(1)光源与切光器

光源的任务是要产生具有一定调制频率、两束能量相等且稳定的平行红外光束。红外光谱仪中所用的光源通常是一种惰性固体，常用的是 Nernst 灯或硅碳棒。Nernst 灯是用氧化锆、氧化钇和氧化钍烧结而成的中空棒或实心棒，通电加热使之发射高强度的连续红外辐射。但在室温下是非导体。它的特点是发射强度高，使用寿命长，稳定性较好。缺点是价格比硅碳棒贵，机械强度差，操

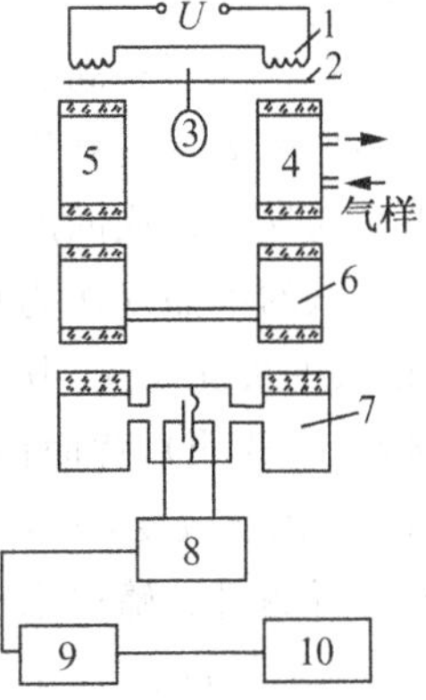

图 11-9 非色散红外吸收法光谱仪基本结构

1—光源 2—切光片 3—马达 4—测量气室

5—参比气室 6—滤光气室 7—检测气室

8—前置放大器 9—主放大器 10—记录器

作不如硅碳棒方便。硅碳棒是由碳化硅烧结而成，工作温度为1200℃～1500℃。灯丝发出的光并不能直接应用，需要将其转化为平行光并作一定的调制。图11-9中所示为双灯丝发光，由于其发光的不一致性，很难获得所需要的两束能量相等的平行光。常用另一种光源结构，即单光源反射型。光的调制主要用于滤除干扰，具体由马达带动的切光片实现。根据切光片上齿片的多少、马达转速对光做不同频率的调制，如图11-10。

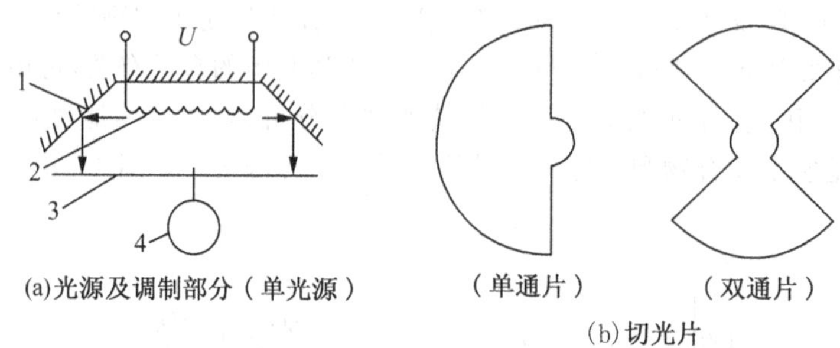

图11-10　单光源结构及切光片

1—反光镜　2—光源　3—切光片　4—马达

(2)气室

气室包括测量气室、参比气室和滤光气室。结构一般都是圆筒形。除测量气室有气样进出口之外，参比气室和过滤气室都是密封的。所有气室内壁非常光洁，要求不吸收红外线，不吸附气体，对气体不起任何化学作用。

滤光气室封入一定浓度的干扰组分，以将干扰组分特征吸收波长的光全部滤去。有的光谱仪不采用滤光气室，而用滤光片，这种结构更简单。即所有气室两端用窗片密封，既保证气室的密封性，又具有良好的透光性，并且因各种透光材料允许透过光波长的不同，又起到了滤光作用。

检测器两气室所充的气体就是需要测量的气体，一般用中性气体氮气(N_2)或氩气(Ar)与被测气体制成一定浓度的混合气体充入检测室中。

(3)检测器

常用的红外检测器有高真空热电偶、热释电检测器、碲镉汞检测器和电容式薄膜微音检测器。这些检测器都是利用吸收参比光和检测光所产生的温差而进行工作。高真空热电偶是利用不同导体构成回路时的温差电现象，将温差转变为电位差。热释电检测器是利用硫酸三苷肽的单晶片作为检测元件。硫酸三苷肽(TGS)是铁电体，在一定的温度以下，能产生很大的极化反应，其极化强度与温度有关，温度升高，极化强度降低。将TGS正面真空镀铬(半透明)，背面镀金，形成两电极。当红外辐射光照射到薄片上时，引起温度升高，TGS极化度改变，表面电荷减少，相当于“释放”了部分电荷，经放大，转变成电压或电流方式进行测量。碲镉汞检测器是由宽频带的半导体碲化镉和半金属化合物碲化汞混合形成，其组成为$Hg_{1-x}Cd_xTe$，$x\approx0.2$，改变x值，可获得测量波段不同灵敏度各异的各种MCT检测器。电容式薄膜微音检测器则将温度差转变为电容量，进而再进行处理。

11.4.2.2　非分散红外吸收法光谱仪工作原理

假设图11-9所示为使用电容式薄膜微音检测器检测CO的红外光谱仪。从红外光

源射出能量相等的两束平行光，被马达带动的切光片交替切断，调制成断续的交变光，减少信号源漂移。一路通过滤波室（内充 CO_2 和水蒸气，用以清除干扰光）、参比室（内充不吸收红外光的气体，如氮气）射入检测室，这束光即为参比光束，其 CO 特征吸收波长光强度不变；另一束光为测量光束，通过测量室、滤波室、射入检测室。由于测量室内有气样通过，则气样中的 CO 吸收了部分特征波长的红外光，使射入检测室的光束强度减弱，且 CO 含量越高，光强减弱越多。检测室中的电容薄膜微音检测器（图 11-11）内部被一金属薄膜（厚 5～10μm）分隔为上、下两室，均充等浓度 CO 气体，当红外光束射入检测室，被 CO 气体吸收，可使气体温度升高，内部压力升高。由于射入检测室的参比光束强度大于测量光束强度，使两室中气体的温度产生差异，导致下室中的气体膨胀压力大于上室，使金属薄膜偏向固定金属片一方，从而改变了电容器两极间的距离，也就改变了电容量，由其变化值即可得出气样中 CO 的浓度值。采用电子技术将电容量变化转变成电位变化，经放大及信号处理后，由指示表和记录仪显示和记录测量结果。

色散型红外光谱仪的组成与非色散型红外光谱仪比较，主要多了用于分光的单色器。单色器由色散元件、准直镜和狭缝构成。色散元件常用闪耀光栅。由于闪耀光栅存在次级光谱的干扰，因此，需要将光栅和用来分离次光谱的滤光器或前置棱镜结合起来使用。关于单色器可参阅相关资料。

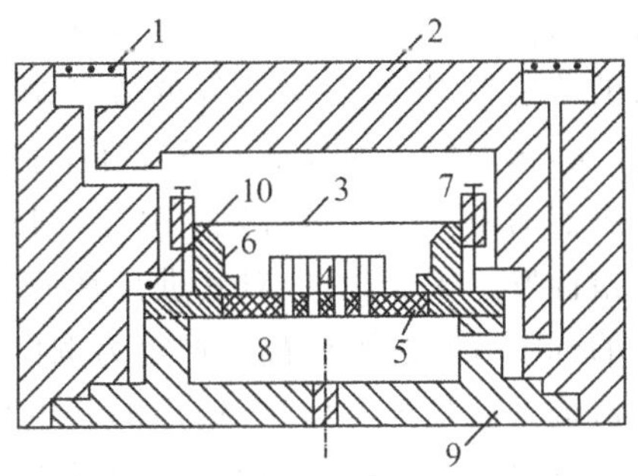

图 11-11 电容式薄膜微音检测器

1—光学玻璃窗 2—壳体 3—薄膜 4—定片 5—绝缘体 6—支架 7—气室 8—气室 9—盖子 10—密封圈

思考与习题

1. 影响热导池工作的影响因素有哪些？

2. 简述色谱仪的工作原理及色谱图的形成过程。

3. 朗伯—比尔定律的物理意义是什么？为什么红外光谱仪能分析混合气体中的单一组分？

第12章　传感器的标定与校准

12.1　概　述

12.1.1　标定与校准的概念

传感器作为检测系统的信号变换输入环节，它的准确度自然会影响到整个检测系统或者检测结果的精度。通常新研制或生产的传感器需要对其技术性能进行全面的检定，以确定其基本的静、动态特性，包括灵敏度、重复性、非线性、迟滞、精度及固有频率等，称为标定；使用了一段时间后的传感器、损坏后又修复的或者搁置了一段时间后的传感器，也理应进行检定来确定其性能，这通常称为校准。校准在某种程度上说也是一种标定，它是传感器的复测，以检测传感器的基本性能是否发生变化，判断它是否可以继续使用。在校准过程中，传感器的某些指标发生了变化，应对其进行修正。标定与校准在本质上是相同的，校准实际上就是再次的标定，因此，下面都以标定为例作介绍。

通常，压电式压力传感器输入的是压力信号，输出的是电荷信号，这样我们就可以把压力信号经传感器转换为电荷信号。在进行实际应用的过程中，我们要知道究竟多大压力能使传感器产生多少的电荷。这个问题只靠传感器本身是无法确定的，必须依靠专用的标准设备来确定。这样我们就通过试验来建立传感器输入量与输出量之间的关系，这个过程就是标定。与此同时，还确定出不同使用条件下的误差关系。简单地说，利用标准器具对传感器进行标度的过程称为标定。具体到压电式压力传感器来说，我们用专用的标定设备，产生一个大小已知的标准力作用在传感器上，再用精度已知的标准检测设备去测量传感器输出的相应电荷信号，由此得到一组输入—输出关系，这就是对压电式压力传感器的标定过程，如图12-1所示。

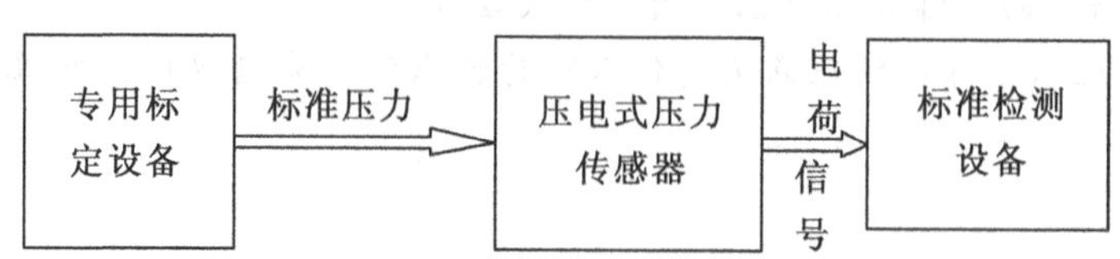

图12-1　压电式传感器标定过程原理图

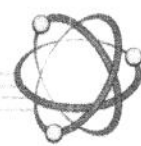

传感器的标定系统通常包括以下几部分:标准测试系统、标准发生器、信号调节器、显示器、记录设备等。

标定设备是针对不同功能的传感器进行设计的,即使同一种传感器,出于精度等级要求不同,标定设备也不同。例如,力标定设备有测力砝码、拉(压)式测力计等;压力标定设备有活塞式压力计、水银压力计、麦氏真空计等;位移标定设备有深度尺、千分尺、块规等;温度标定设备有铂电阻温度计、热电偶、基准光电高温比色仪等。通常,标定传感器的测量设备的精度要求比待标定的传感器要高出一个数量级或者至少高出 1/3 以上。

12.1.2 标定的分类

传感器的标定工作一般可分为如下几个方面:

(1)新研制的传感器需进行全面技术性能的检定,用检定数据进行量值传递,同时检定数据也是改进传感器设计的重要依据。

(2)经过一段时间的储存或使用后对传感器的复测工作。

同时,传感器的标定还可以分为静态标定和动态标定。

静态标定:目的是确定传感器的静态特性指标,如线性度、静态灵敏度、滞后和重复性等。

动态标定:目的是确定传感器的动态特性参数,如频率响应、时间常数、固有频率和阻尼比等。

12.2 标定的基本方法

标定的基本方法是,利用标准设备产生已知的非电量(如标准的力、位移、压力等),作为输入量输入到待标定的传感器,然后将得到的传感器的输出量与输入的标准量作比较,从而得到一系列的标定数据或曲线(见图 12-2)。例如,电阻式温度传感器,利用标准设备产生已知大小的温度,输入传感器后,得到相应的输出信号,这样就可以得到其标定曲线,根据标定曲线确定拟合直线,可作为测量的依据。

当输入的标准量是由标准传感器检测而得到的时候,标定实质上是把待标定传感器与标准传感器做比较。输入量发生器产生的输入信号同时作用在标准传感器和待标定传感器上,根据标准传感器的输出信号可确定输入信号的大小,再测出待标定传感器的输出信号,就可得到其标定曲线。

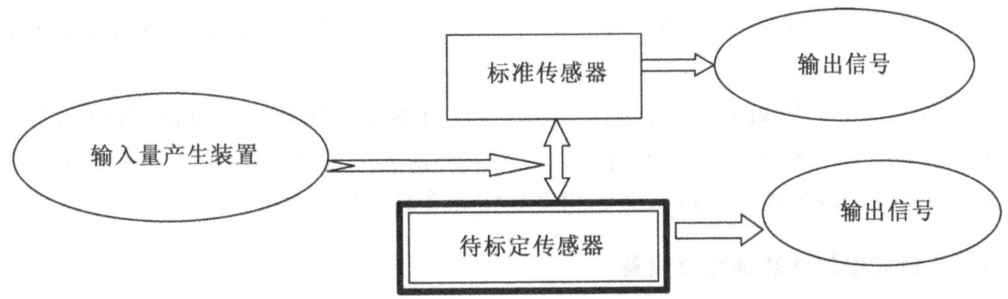

图 12-2 由标准传感器进行标定示意图

传感器的标定系统一般由以下两个部分组成：

(1)被测非电量的标准发生器；

(2)被测非电量的标准测试系统。

待标定传感器所配接的信号检测设备，如信号调节器和显示器、记录器等，其精度应是已知的。

为保证标定的精度和可靠性，在标定过程中应注意这样几个问题：

(1)为保证量值的准确一致，必须用上一级精度的标准装置来标定下一级精度的传感器，而且标定的相应操作规程应按计量部门规定的规程和管理办法进行。

(2)应在与工程测试中所用的传感器条件相似的环境下对其进行标定，以获得较可靠的标定精度。

(3)为提高标定精度，可将传感器与其配用的相关器件如连接电缆、信号滤波和放大环节等随测试系统一起标定，同时注意其安装条件限制。

12.2.1 传感器的静态特性标定

静态特性标定是指在静态标准条件下，对传感器的静态特性、静态灵敏度、非线性、迟滞性、重复性等指标的确定。

12.2.1.1 静态特性标定的标准条件

静态特性标定需要在没有加速度、振动、冲击(除非这些参数本身就是被测物理量)及环境温度一般为室温(20℃±5℃)、相对湿度不大于 85% 、大气压力为(101±7)kPa 的情况下进行。

12.2.1.2 标定仪器设备精度等级的确定

对传感器进行标定，是根据试验数据确定传感器的各项性能指标，实际上也是确定传感器的测量精度。标定传感器时，所用的测量仪器的精度至少要比被标定的传感器的精度高一个数量级或者至少高出 1/3 以上。这样，通过标定确定的传感器的静态性能指标才是可靠的，所确定的精度才是可信的。

12.2.1.3 静态特性标定的方法

标定过程的一般步骤：

(1)测试之前需要把传感器的整个量程分成若干个相等间距的测量点。

(2)根据(1)的分点情况，按照由小到大逐渐一点一点地输入标准量值，记录下与各输入值相对应的输出值。

(3)反向重复(2)，即再将输入值由大到小一点一点地减少，同时记录下与各输入值相对应的输出值。

(4)按(2)、(3)步骤内容，对传感器进行正、反行程往复循环多次测试，将得到的输出和输入测试数据用表格列出或画成曲线；对测试数据进行相应的处理，根据处理结果就可以确定传感器的线性度、灵敏度、滞后和重复性等静态特性指标。

12.2.2 传感器的动态标定及设备

传感器的动态标定主要用于检验、测试传感器的动态响应特性、与动态响应有关的参

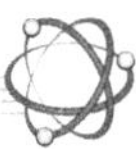

数，如动态灵敏度、频率响应和固有频率等。对传感器进行动态标定，需要对它输入一个标准激励信号，常用的是周期函数中的正弦波以及瞬变函数中的阶跃波。

传感器动态标定设备主要是指动态激振设备，低频下常使用激振器，如电磁振动台、低频回转台、机械振动台、液压振动台等，一般采用振动台产生简谐振动来作为传感器的输入量。对某些高频传感器的动态标定，采用正弦激励法标定时，很难产生高频激励信号，一般采用瞬变函数激励信号，这时就要用激波管来产生激波。

传感器的动态特性标定主要研究传感器的动态响应，而与动态响应有关的参数，一阶传感器只有一个时间常数 τ，二阶传感器则有固有频率 ωn 和阻尼比 ξ 两个参数。

标准激励信号：阶跃变化和正弦变化的输入信号

一阶传感器的单位阶跃响应函数为

$$y(t)=1-e^{-t/\tau}$$

$$z=\ln[1-y(t)]$$

则上式可变为

$$z=-\frac{t}{\tau} \tag{12-1}$$

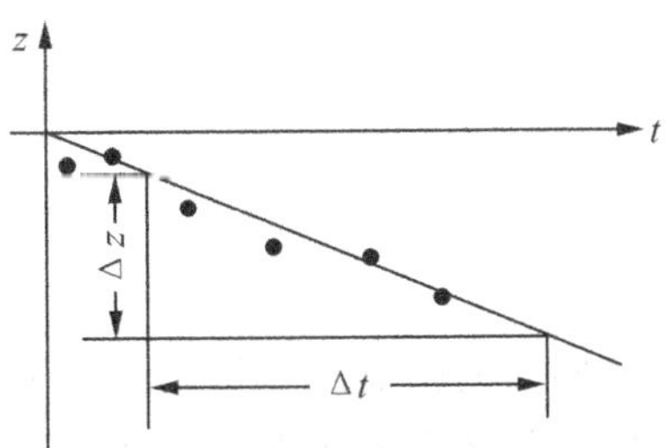

图 12-3 z 和时间 t 呈线性关系

并且有 $\tau=\Delta t/\Delta z$

可以根据测得的 $y(t)$ 值作出 $z—t$ 曲线，并根据 $\Delta t/\Delta z$ 的值获得时间常数 τ

二阶传感器（$\xi<1$）的单位阶跃响应为

$$y(t)=1-[e^{-\xi\omega_n t}/\sqrt{1-\xi^2}]\sin(\sqrt{1-\xi^2}\,\omega_n t+\arcsin\sqrt{1-\xi^2}) \tag{12-2}$$

其中

$$M=e^{-\left(\frac{\xi\pi}{\sqrt{1-\xi^2}}\right)} \tag{12-3}$$

$$\xi=\frac{1}{\sqrt{\left(\frac{\pi}{\ln M}\right)^2+1}} \tag{12-4}$$

图 12-4 为二阶传感哭的单位阶跃响应曲线。

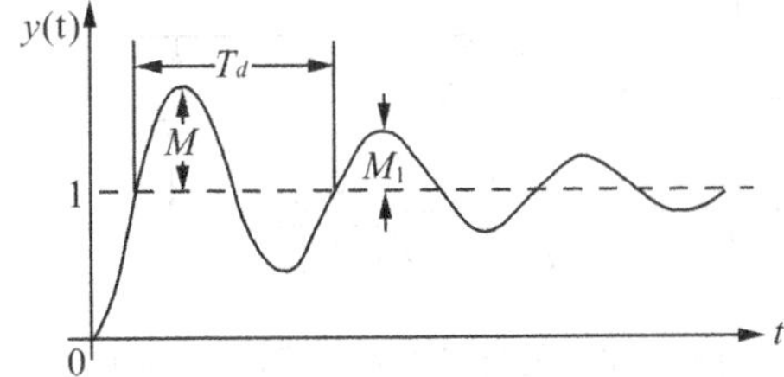

图 12-4 二阶传感器的阶跃响应（$\xi<1$）

如果测得阶跃响应的较长瞬变过程，则可利用任意两个过冲量 M_i 和 M_{i+n} 按式(12-4)求得阻尼比 ξ：

$$\xi=\frac{\delta_n}{\sqrt{\delta_n^2+4\pi^2 n^2}} \tag{12-5}$$

$$\delta_n=\ln\frac{M_i}{M_{i+n}} \tag{12-6}$$

其中 n 是该两峰值相隔的周期数(整数)。

当 $\xi<0.1$ 时，以 1 代替 $\sqrt{1-\xi^2}$，此时不会产生过大的误差(不大于 0.6%)，则可用式(12-2)计算 ξ，即

$$\xi=\frac{\ln\frac{M_i}{M_{i+n}}}{2n\pi} \tag{12-7}$$

若传感器是精确的二阶传感器，则 n 值采用任意正整数所得的 ξ 值，不会有差别。反之，若 n 取不同值获得不同的 ξ 值，则表明该传感器不是线性二阶系统。根据响应曲线测出振动周期 T_d，有阻尼的固有频率 ω_d 为

$$\omega_d=2\pi\frac{1}{T_d} \tag{12-8}$$

则无阻尼固有频率 ω_n 为

$$\omega_n=\frac{\omega_d}{\sqrt{1-\xi^2}} \tag{12-9}$$

利用正弦输入，测定输出和输入的幅值比和相位差来确定传感器的幅频特性和相频特性，然后根据幅频特性，分别按图 12-5 和图 12-6 求得一阶传感器的时间常数 τ 和欠阻尼二阶传感器的固有频率和阻尼比。

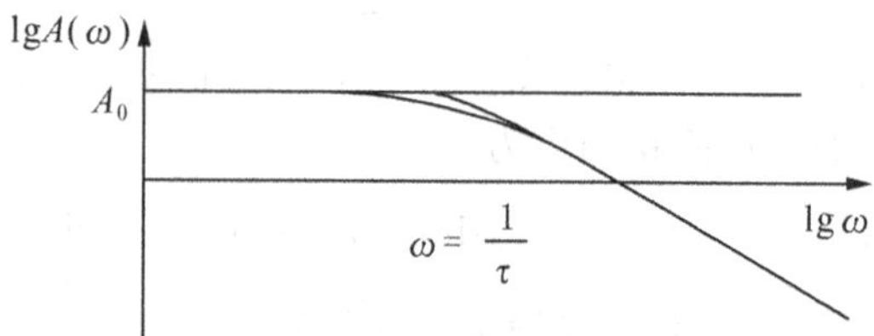

图 12-5　由幅频特性求时间常数 τ

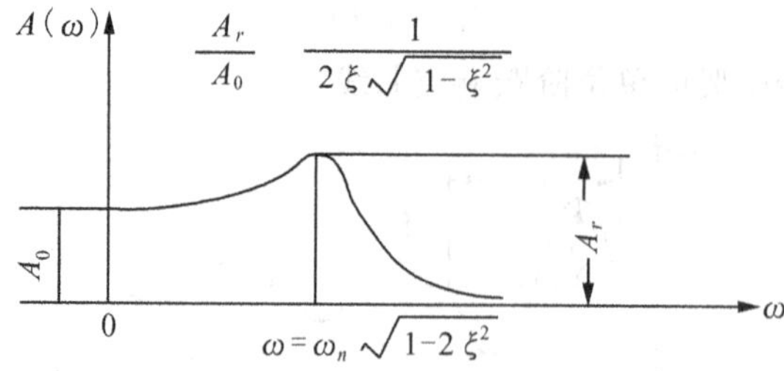

图 12-6　欠阻尼二阶传感器的 ωn 和 ξ

12.3 压力传感器的标定

12.3.1 压力传感器的静态标定

压力传感器的静态标定常用的标定装置有:活塞压力计、杠杆式和弹簧测力计式压力标定机。活塞压力计标定压力传感器的示意图如图 12-7 所示。

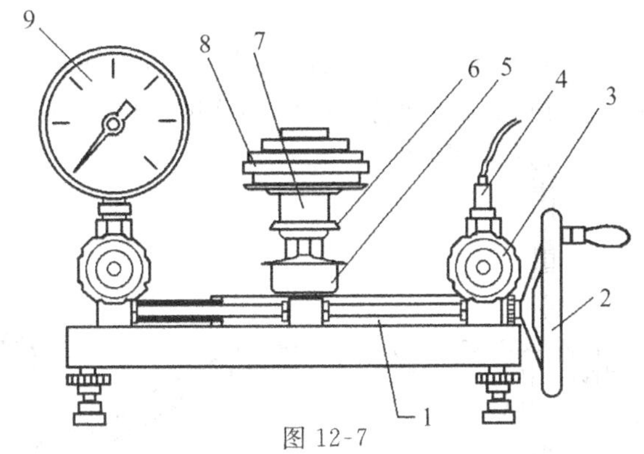

图 12-7

1—手摇压力泵 2—手轮 3—针形阀 4—被标传感器 5—油杯
6—进油阀 7—活塞 8—砝码 9—标准压力表

按照 12.2.1.3 静态特性标定的方法所讲述的步骤,可以得到如图 12-8 所示的压力标定曲线。

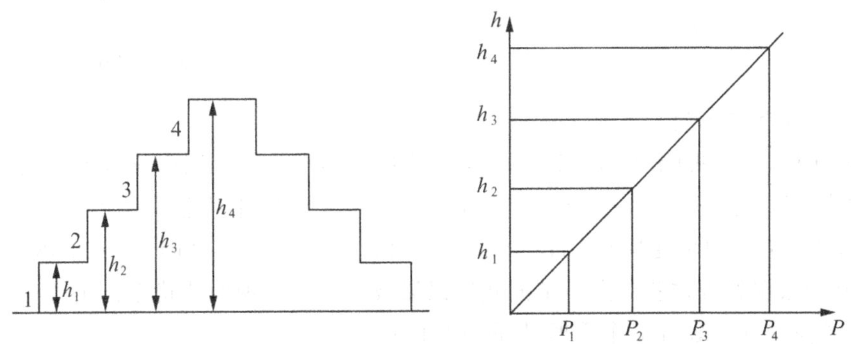

图 12-8 压力标定曲线

上述标定方法不适合压电式压力测量系统,因为活塞压力计的加载过程时间太长,致使传感器产生的电荷有泄漏,严重影响其标定精度。所以,对压电式测压系统一般采用杠杆式压力标定机或弹簧测力计式压力标定机。

为了保证压力传感器的测量准确度,需定期检定,检定周期最长不超过一年。

12.3.2 压力传感器的动态标定

给传感器加一个特性已知的校准动压信号作为激励源,从而得到传感器的输出信号,经计算分析、数据处理,即可确定传感器的频率特性。

动态信号压力源：产生满意的周期或阶跃压力；并能可靠地确定其真实压力—时间关系。

12.3.2.1 稳态标定(需周期性稳态压源)

活塞与缸筒式稳态压力源，如图 12-9 所示。调节手柄可以改变压力的幅值，可获得 70kg/cm² 的峰值压力，频率可达 100Hz。

凸轮控制喷嘴式稳态压力源(图 12-10)可获得 0.1kg/cm² 的峰值压力，频率可达 300Hz。

这两种周期性稳态压力源只能提供可变的稳态压力，不能提供确定的数值或时间特性，适合于将未知特性的传感器与已知特性的传感器进行比较的标定方法(比较法)。

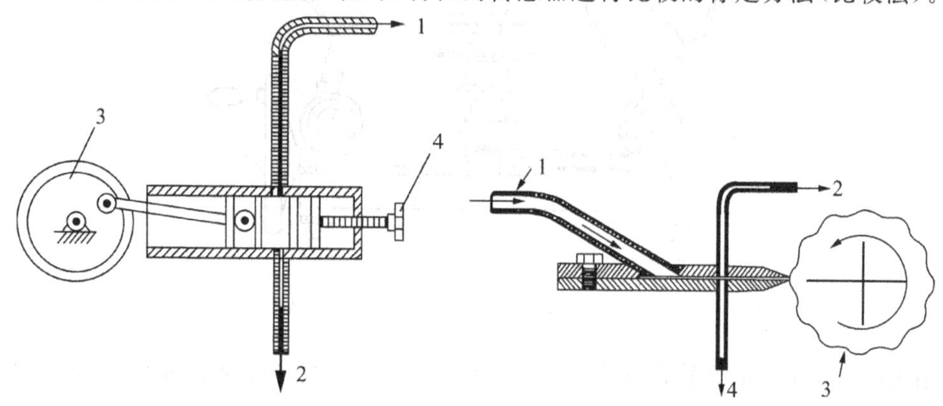

图 12-9 活塞式稳态压力源结构示意图
1—连接被检压力计 2—接标准压力计
3—飞轮 4—调节手柄

12-10 凸轮控制喷嘴稳态压力源
1—恒定压力入口 2—被检压力计连接端
3—凸轮 4—标准压力计连接端

12.3.2.2 非稳态标定

利用非稳态(阶跃)压力信号和阶跃函数理论进行标定。非稳态(阶跃)压力源有：快卸荷阀；脉冲膜片；闭式爆炸器；激波管等。压力传感器在标定时广泛采用激波管法。这是因为激波管法具有压力幅度范围宽，便于改变压力值；频率范围宽 (2kHz ～ 2.5MHz)；便于分析研究和数据处理这些优点。下面我们以激波管为例来说明非稳态标定方法。

(1)激波管标定装置工作原理(见图 12-11)

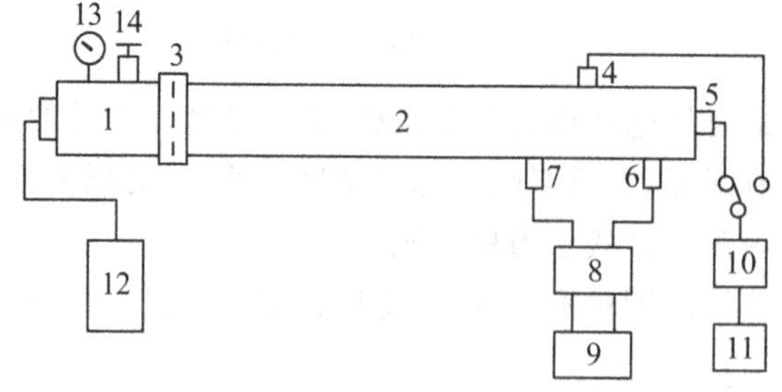

图 12-11 激波管标定装置系统原理框图

1—高压室 2—低压室 3—膜片 4—侧面被标定的传感器 5—底面被标定的传感器 6、7—测速压力传感器 8—测速前置级 9—数字频率计 10—测压前置级 11—记录装置 12—气源 13—气压表 14—泄气门

激波管标定装置系统包括激波管、入射激波测速系统、标定测量系统、气源。激波管所产生的激波如图 12-12 所示，激波管中压力与波动情况分为 4 种情况。

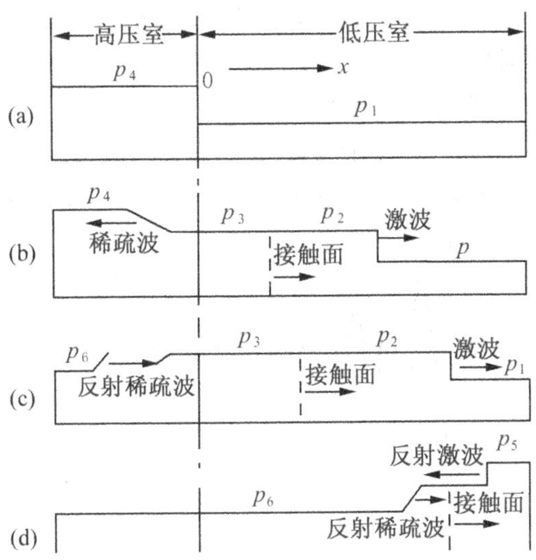

(a) 膜片爆破前的情况　(b) 膜片爆破后稀疏波反射前的情况

(c) 稀疏波反射后的情况　(d) 反射激波的波动情况

图 12-12　入射激波的阶跃压力

入射激波的阶跃压力为　$\Delta p_2 = p_2 - p_1 = \frac{7}{6}(M_s^2 - 1)p_1$

反射激波的阶跃压力为　$\Delta p_5 = p_5 - p_1 = \frac{7}{3}(M_s^2 - 1)\frac{2+4M_s^2}{5+M_s^2}p_1$

$$v = \frac{l}{t} = \frac{l}{nT}$$

$$M_s = \frac{v}{v_T} = \frac{v}{v_0\sqrt{1+\beta T}}$$

$$\Delta p_5 = p_5 - p_1 = \frac{7}{3}(M_s^2 - 1)\frac{2+4M_s^2}{5+M_s^2}p_1$$

式中：M_s—马赫数，由测速系统决定。

(2)入射激波测速系统

由压电式压力传感器 6 和 7、前置电荷放大器 8 和频率计组成。

$$v = \frac{l}{t} = \frac{l}{nT}$$

M_s 定义为：

$$M_s = \frac{v}{v_T} = \frac{v}{v_0\sqrt{1+\beta_T}}$$

式中：v_0——0℃时的声速；

$v_0 = 331.36\text{m/s}$；

v_T——T℃时的声速；

$\beta=1/273=0.00366$。

(3)标定测量系统

由被标定传感器5和6、前置电荷放大器10及记忆示波器11等组成,可测阶跃响应波形。传感器在激波的激励下按固有频率产生一个衰减振荡。其波形由显示系统记录下来用以确定传感器的动态特性。如图12-13所示。

由响应波形进行数据分析处理,直接求得传感器的幅频特性及动态灵敏度。

传感器5响应入射激波阶跃压力,传感器6响应反射激波阶跃压力。

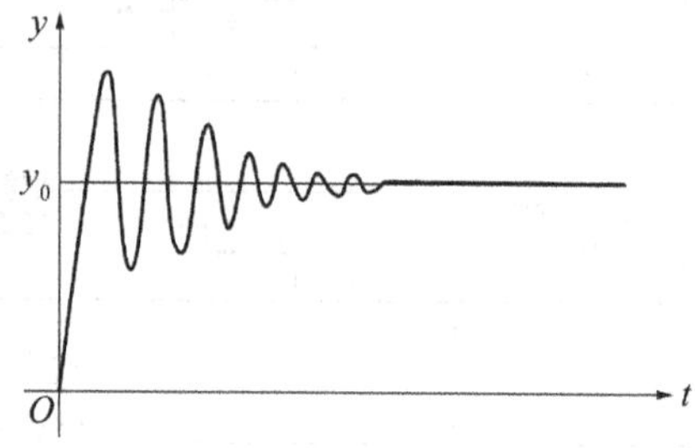

图12-13　被标定传感器的输出波形

(4)气源系统

由气源、气压表、泄气门等组成。常采用压缩空气或氮气。

思考与习题

1. 名词解释:标定和校准。
2. 什么是传感器的静特性、动特性?
3. 传感器的动态特性有哪些重要参数?
4. 什么是传感器的动态标定、静态标定?
5. 简述传感器的静态标定方法及步骤。

参考文献

[1]张广军. PSD 器件及其在精密测量中的应用. 北京航天航空大学学报，1997，20(3)

[2]袁峰，施平，蒋祖军，黄鸿斌. 位敏传感器 PSD 应用系统的设计. 哈尔滨科学技术大学学报，1994，18 (1)

[3]曾超等：光电位置传感器 PSD 特性及其应用. 光学仪器. 第 24 卷第 425 期

[4] 张文涛，李贤，胡渝. 空间光通信探测技术中象限探测器(QD)的研究. 量子电子学报，2003，1

[5]刘智深，何启岱，李志刚，吴松华. 激光雷达微弱信号检测电路设计. 中国海洋大学学报，第 38 卷第 1 期

[6]吴金宏. 光电倍增管原理特性与应用. 国外电子元器件

[7]蔡颖岚. 平面四象限光电定位传感器. 半导体光电，2004，2

[8]金锋，卢杨，王文松，张玉平. 光栅四倍频细分电路模块的分析与设计[J]. 北京理工大学学报，2006，12

[9]王庆有等. 光电传感器应用技术. 北京：机械工业出版社，2007

[10]何勇，王生泽. 光电传感器及其应用. 北京：化学工业出版社，2004

[11]范志刚. 光电测试技术. 北京：电子工业出版社，2004

[12]陈振官，陈宏威. 光电子电路及制作实例. 北京：国防工业出版社，2006

[13]徐科军. 传感器与检测技术. 北京：电子工业出版社，2004

[14]郭振宇. 自动成分分析仪表. 北京：化学工业出版社，1985

[15]陈杰. 传感器与检测技术. 北京：电子工业出版社，2002

[16] 栾桂东. 传感器及其应用. 西安：西安电子科技大学出版社，2002

[17] 熊诗波，黄长艺. 机械工程测试技术基础(第 3 版). 北京：北京机械工业出版社，2007

[18] 郁有文等. 传感器原理及工程应用(第 2 版)。西安：西安电子科技大学出版社，2005

[19]杜清府. 新型温度计 DS1820 及其与 8031 的多路测温接口[J]. 微型机与应用，1996，3

[20]杜清府．压电晶体式涡街流量传感器放大电路的设计．自动化仪表，2005，3
[21]杨永竹．比率法铂电阻测温及其在蒸汽计量中的应用．传感器技术学报，4
[22]周杏鹏．现代检测技术．北京：高等教育出版社，2004
[23]蔡平．现代检测技术与系统．北京：高等教育出版社，2004
[24]杜清府．基于涡街的介质密度计算．仪器仪表学报．2006，3
[25]施湧潮，涩福平，牛春晖．传感器检测技术．北京：国防工业出版社，2007
[26]严钟豪，谭祖根．非电量电测技术(第2版)．北京：机械工业出版社，1999
[27]朱蕴璞，孔德仁，王芳．传感器原理及应用．北京：国防工业出版社，2005
[28]杨清梅，孙建民．传感器与测试技术．哈尔滨：哈尔滨工程大学出版社，2004
[29]孟立凡，郑宾．传感器原理及技术．北京：国防工业出版社，2005